"十二五"职业教育国家规划教材

经全国职业教育教材审定委员会审定

高等职业教育土建类专业课程改革规划教材

防 水 工 程 施 工

第2版

主　编　李靖颉

副主编　张永刚

参　编　张志英　郑红勇

主　审　姬　慧

U0379382

机械工业出版社

本书为"十二五"职业教育国家规划教材,经全国职业教育教材审定委员会审定。全书根据《建筑工程施工质量验收统一标准》(GB 50300—2013)、《地下工程防水技术规范》(GB 50108—2008)、《屋面工程质量验收规范》(GB 50207—2012)、《建筑地面工程施工质量验收规范》(GB 50209—2010)、《屋面工程技术规范》(GB 50345—2012)等国家标准进行编写,突出高职教育的特色,以着力提高学生应用能力和技术服务能力为宗旨,体现"实用、规范、可操作性强"的特点,重点突出,与实践有机结合。本书共分六个单元,主要内容包括屋面防水工程,地下防水工程,厨房、厕浴间防水工程,建筑工程外墙防水,构筑物防水工程和实践性教学。推荐学时数为30。各院校可根据实际情况决定内容的取舍。

本书可作为高等职业院校建筑工程技术专业教材,还可作为从事土建施工、管理的技术人员的参考书。

为方便教学,本书配有电子课件,凡使用本书作为教材的教师可登录机械工业出版社教育服务网 www.cmpedu.com 注册下载。咨询邮箱:cmp-gaozhi@sina.com。咨询电话:010-88379375。

图书在版编目(CIP)数据

防水工程施工 / 李靖颌主编 . —2 版 . —北京:
机械工业出版社,2015.10
"十二五"职业教育国家规划教材 高等职业教育土建类专业课程改革规划教材
ISBN 978-7-111-51790-0

Ⅰ.①防… Ⅱ.①李… Ⅲ.①建筑防水—工程施工—高等职业教育—教材 Ⅳ.①TU761.1

中国版本图书馆 CIP 数据核字(2015)第 239835 号

机械工业出版社(北京市百万庄大街 22 号 邮政编码 100037)
策划编辑:覃密道 责任编辑:覃密道 于伟蓉
责任校对:纪 敬 封面设计:张 静 责任印制:乔 宇
北京铭成印刷有限公司印刷
2016 年 1 月第 2 版第 1 次印刷
184mm×260mm · 12.25 印张 · 300 千字
0001—3000 册
标准书号:ISBN 978-7-111-51790-0
定价:30.00 元

第 2 版前言

"防水工程施工"是建筑工程技术专业的一门专业课程,它研究的是建筑工程技术中建筑物防水的施工工艺、施工技术和施工方法。

本书在编写过程中以工艺流程为主线,严格遵守国家新修订的建筑工程质量及验收规范、规程和标准,重点解决建筑物防水施工中的技术问题。

本书的编写注重理论联系实际,加强施工技能的可操作性,重在实践能力、动手能力的培养。通过学习,完成教学中的预期目标和技能要求。力求做到文字通畅、图表兼备、内容精练、叙述清楚、深入浅出,并在每单元附有思考题,便于组织教学和自学。本书可作为从事土建施工和管理的技术人员的参考书。

本次(2 版)修订增加了构筑物防水工程的相关内容,并根据国家新的技术规范和工程质量验收规范对各单元的过时内容进行了修订。全书共分六个单元,主要内容包括屋面防水工程,地下防水工程,厨房、厕浴间防水工程、建筑工程外墙防水,构筑物防水工程和实践性教学。推荐学时数为30,各院校可根据实际情况决定内容的取舍。

参加本次修订编写工作的人员有:太原学院李靖颉(绪论、单元6),太原城市职业技术学院张永刚(单元1、单元3),长治职业技术学院张志英(单元2、单元4),太原学院郑红勇(单元5),全书由太原学院李靖颉任主编,太原城市职业技术学院张永刚任副主编,太原学院姬慧任主审。

本书在编写过程中,结合编者多年的教学实践,参考并引用了许多文献资料和有关施工技术的经验,在此向文献资料的作者和有关施工技术经验的创造者表示诚挚的感谢。

由于我们的编写时间仓促和水平有限,书中难免有不妥之处,望广大读者及同行专家不吝赐教,提出宝贵意见。

编　者

目 录

第 2 版前言

绪 论 ……………………………………………………………………………………………… 1

单元 1 屋面防水工程 ……………………………………………………………………… 3

课题 1 屋面工程防水等级 …………………………………………………………………… 3
  1.1.1 屋面防水等级的要求 ……………………………………………………………… 3
  1.1.2 屋面工程防水方案的选择 ………………………………………………………… 3
  1.1.3 屋面防水层的技术措施 …………………………………………………………… 3
  1.1.4 屋面工程防水材料的选择 ………………………………………………………… 4
课题 2 卷材防水屋面工程 …………………………………………………………………… 4
  1.2.1 卷材防水屋面的构造组成 ………………………………………………………… 5
  1.2.2 防水卷材及其质量要求 …………………………………………………………… 5
  1.2.3 防水卷材胶结材料 ………………………………………………………………… 8
  1.2.4 卷材防水屋面施工 ………………………………………………………………… 9
  1.2.5 屋面卷材防水层的质量通病与防治 ……………………………………………… 24
  1.2.6 卷材防水屋面工程的工程质量验收 ……………………………………………… 29
课题 3 涂膜防水屋面工程 …………………………………………………………………… 31
  1.3.1 涂膜防水材料的分类 ……………………………………………………………… 31
  1.3.2 涂膜防水材料组成与作用 ………………………………………………………… 32
  1.3.3 涂膜防水层及复合防水层 ………………………………………………………… 33
  1.3.4 涂料防水屋面施工技术 …………………………………………………………… 33
  1.3.5 涂膜防水屋面工程的工程质量通病与防治 ……………………………………… 48
  1.3.6 涂膜防水屋面工程施工质量验收 ………………………………………………… 52
课题 4 复合防水层 …………………………………………………………………………… 53
  1.4.1 复合防水层施工的基本规定 ……………………………………………………… 53
  1.4.2 复合防水层施工质量验收 ………………………………………………………… 53
课题 5 刚性防水屋面工程 …………………………………………………………………… 54
  1.5.1 刚性防水屋面分类与适用范围 …………………………………………………… 54
  1.5.2 刚性防水层的材料规格及质量要求 ……………………………………………… 56
  1.5.3 刚性防水屋面施工 ………………………………………………………………… 57
  1.5.4 刚性防水屋面工程的工程质量控制手段与措施 ………………………………… 67
  1.5.5 刚性防水屋面工程的工程质量通病与防治 ……………………………………… 67
  1.5.6 刚性防水屋面工程施工质量验收 ………………………………………………… 70

单元小结 ……………………………………………………………………………… 71
综合训练题 ………………………………………………………………………… 72

单元 2　地下防水工程 …………………………………………………………… 75

　课题 1　地下工程防水等级和设防要求 …………………………………………… 75
　　2.1.1　地下工程的防水等级 ………………………………………………… 75
　　2.1.2　地下工程防水设防要求 ……………………………………………… 76
　课题 2　地下工程卷材防水 ………………………………………………………… 78
　　2.2.1　地下工程卷材防水层的材料要求 …………………………………… 78
　　2.2.2　地下工程卷材防水层的施工 ………………………………………… 81
　　2.2.3　地下工程卷材防水层的施工质量通病与防治 ……………………… 83
　　2.2.4　地下工程卷材防水层的施工质量检查与验收 ……………………… 85
　课题 3　地下工程涂膜防水 ………………………………………………………… 86
　　2.3.1　地下工程涂膜防水层的材料规格及质量要求 ……………………… 86
　　2.3.2　地下工程涂膜防水层的施工 ………………………………………… 88
　　2.3.3　地下工程涂膜防水层的质量检查与验收 …………………………… 89
　课题 4　地下工程刚性防水 ………………………………………………………… 90
　　2.4.1　地下刚性材料防水的类型 …………………………………………… 90
　　2.4.2　地下工程混凝土结构自防水施工 …………………………………… 90
　　2.4.3　地下工程水泥砂浆防水层的施工 …………………………………… 95
　　2.4.4　地下工程刚性防水的工程质量通病与防治 ………………………… 97
　　2.4.5　地下工程刚性防水的施工质量检查与验收 ………………………… 98
　课题 5　膨润土防水材料防水层 …………………………………………………… 99
　　2.5.1　材料要求 ……………………………………………………………… 99
　　2.5.2　设计要求 …………………………………………………………… 100
　　2.5.3　膨润土防水材料防水层的施工 …………………………………… 100
　　2.5.4　膨润土防水材料防水层的质量检查与验收 ……………………… 101
　课题 6　地下混凝土结构细部构造防水 ………………………………………… 101
　　2.6.1　变形缝 ……………………………………………………………… 101
　　2.6.2　后浇带 ……………………………………………………………… 103
　　2.6.3　穿墙管(盒) ………………………………………………………… 104
　　2.6.4　埋设件 ……………………………………………………………… 104
　课题 7　特殊施工法的结构防水 ………………………………………………… 105
　　2.7.1　盾构法隧道 ………………………………………………………… 105
　　2.7.2　锚喷支护 …………………………………………………………… 108
　　2.7.3　地下连续墙 ………………………………………………………… 110
　单元小结 ………………………………………………………………………… 113
　综合训练题 ……………………………………………………………………… 114

单元3　厨房、厕浴间防水工程 ································· 116

课题1　厨房、厕浴间防水工程的等级和基本要求 ················ 116
　3.1.1　厨房、厕浴间防水等级与材料选用 ····················· 116
　3.1.2　厨房、厕浴间防水构造要求 ··························· 117
　3.1.3　厨房、厕浴间地面构造与施工要求 ····················· 119
　3.1.4　节点构造与施工要求 ································ 120

课题2　厨房、厕浴间地面防水层施工 ······················· 125
　3.2.1　厨房、厕浴间地面防水层施工的施工准备 ·················· 125
　3.2.2　厨房、厕浴间的地面涂膜防水层施工 ···················· 126
　3.2.3　厨房、厕浴间的地面刚性防水层施工 ···················· 128
　3.2.4　厕浴间地面防水施工的注意事项 ······················ 129
　3.2.5　厕浴间渗漏维修 ·································· 130

课题3　厨房、厕浴间防水工程的工程质量控制手段与措施 ··········· 132
　3.3.1　厨房、厕浴间防水工程的施工质量控制 ··················· 132
　3.3.2　厨房、厕浴间防水工程的成品保护措施 ··················· 133
　3.3.3　厨房、厕浴间防水工程的工程质量要求 ··················· 133
　3.3.4　厨房、厕浴间防水工程的工程质量通病与防治 ··············· 134
　3.3.5　厨房、厕浴间防水施工质量标准与检验 ··················· 137

单元小结 ··· 138
综合训练题 ·· 138

单元4　建筑工程外墙防水 ································· 140

课题1　外墙防水设防地区和建筑类型 ······················· 140
课题2　外墙防水设计与材料选用 ·························· 141
　4.2.1　外墙防水层构造设计 ······························ 141
　4.2.2　导排水措施 ··································· 142
　4.2.3　外墙防水层最小厚度 ······························ 142
　4.2.4　外墙防水材料选用 ······························· 142

课题3　外墙防水层构造与施工 ··························· 145
　4.3.1　外墙防水层构造及要求 ····························· 145
　4.3.2　外墙防水层的施工 ······························· 150

课题4　外墙防水工程的工程质量检查与验收 ··················· 153
　4.4.1　一般规定 ···································· 153
　4.4.2　砂浆防水层 ··································· 153
　4.4.3　涂膜防水层 ··································· 154
　4.4.4　防水透气膜防水层 ······························· 154
　4.4.5　分项工程验收 ································· 155

单元小结 ··· 156

综合训练题 ·· 156

单元5　构筑物防水工程 ··· 157

课题1　水池防水施工 ··· 157

5.1.1　水池防水等级要求 ··· 157

5.1.2　水池防水方案的选择 ··· 158

5.1.3　水池防水材料的选择 ··· 158

5.1.4　水池防水施工 ··· 158

5.1.5　水池防水成品保护 ··· 163

5.1.6　水池防水的工程质量通病与防治 ······································ 163

5.1.7　水池防水的工程质量验收 ··· 166

课题2　水箱防水施工 ··· 167

5.2.1　水箱防水方案的选择 ··· 167

5.2.2　水箱防水材料的选择 ··· 167

5.2.3　水箱防水混凝土施工 ··· 167

5.2.4　水箱防水砂浆施工 ··· 168

5.2.5　水箱刚性多层防水做法 ··· 169

5.2.6　水箱防水工程成品保护 ··· 170

5.2.7　水箱防水质量检验 ··· 171

课题3　冷库工程防潮、隔热施工 ·· 172

5.3.1　冷库工程防潮、隔热方案和材料 ······································ 172

5.3.2　冷库工程防潮施工 ··· 172

5.3.3　冷做法施工工艺 ·· 174

5.3.4　冷库工程防潮、隔热施工注意事项 ···································· 175

课题4　管道接口防水施工 ··· 175

5.4.1　管道接口方式分类 ··· 175

5.4.2　抹带接口施工 ··· 175

5.4.3　承插接口施工 ··· 176

5.4.4　套环接口施工 ··· 177

5.4.5　管道接口成品保护 ··· 177

5.4.6　管道接口施工质量检验 ··· 177

单元小结 ·· 177

综合训练题 ·· 178

单元6　实践性教学 ··· 179

参考文献 ·· 187

绪　　论

建筑施工是根据施工图对各类建筑物、构筑物进行建造或进行建筑设备的安装。防水工程施工是建筑施工中的一个重要组成部分,在整个建筑工程中属于分部分项工程,具有相对的独立性。

1. 防水工程简介

建筑物的防水工程可分为地上防水和地下防水(防潮)两部分,其中地上部分包括屋面防水、厨房及卫生间防水和外墙的防水等,地下防水包括基础防水和地下室防水等。

随着国民经济建设的发展,城市高层建筑和超高层建筑越来越多。特别是从 20 世纪 90 年代以来,我国的高层、超高层建筑不但数量激增,而且层数和高度不断提高。我国建筑高度超过 200m 的超高层建筑主要有上海金茂大厦、深圳地王大厦、广州中天广场、深圳赛格广场、青岛中银大厦、上海明天大厦、武汉世界贸易大厦、上海浦东国际金融大厦、北京京广大厦等。随着高层、超高层建筑的发展,根据建筑结构的要求,基础逐渐加深,如京广大厦所建造的四层地下室,深度达-23.5m。地下水位随着季节变化,使地下防水和防潮问题变得很复杂。建筑物屋面功能的多样化,对防水也提出了新的要求。为此,我国制定了新的《建筑工程施工质量验收统一标准》(GB 50300—2013)、《地下工程防水技术规范》(GB 50108—2008)、《屋面工程质量验收规范》(GB 50207—2012)、《建筑地面工程施工质量验收规范》(GB 50209 — 2010)、《屋面工程技术规范》(GB 50345—2012)、《地下防水工程质量验收规范》(GB 50208—2011)等国家标准,对建筑物的防水提出了具体的标准和要求。

建筑防水按其防水部位可分为屋面防水工程、地下防水工程、厨卫房间防水工程和外墙防水工程。

建筑防水按其采取的措施和手段不同,可分为材料防水和构造防水两大类。

材料防水是依靠防水材料经过施工形成整体封闭防水层来阻断水的通路,以达到防水的目的或增加抗渗漏的能力。材料防水按采用防水材料的不同,分为柔性防水和刚性防水两大类。柔性防水包括卷材防水和涂膜防水。柔性防水材料主要包括各种防水卷材和防水涂膜。柔性防水是通过施工将柔性防水涂料铺贴或涂布在防水工程的迎水面来达到防水的目的。刚性防水主要指混凝土防水,刚性防水材料主要有普通细石混凝土、补偿收缩混凝土等。混凝土防水是依靠增强混凝土的密实性及采取构造措施达到防水目的。

构造防水是采取合适的构造形式阻断水的通路,防止水侵入室内的统称。对各类接缝、各部位和构件之间设置的变形缝以及节点细部构造的防水处理均属于构造防水。

在防水工程施工中,为了取得良好的防水效果应该注意以下四方面的工作:

(1) 认真选择防水材料。

(2) 精心设计防水方案和构造。

(3) 认真组织防水工程施工。

(4) 及时进行防水工程的维修。

2. 防水工程施工在建筑工程施工中的地位和作用

建筑防水技术是一项综合性很强的系统工程，它涉及防水材料的质量、防水设计方案的选择、防水施工技术水平、质量的高低和使用过程中管理水平等。只有做好施工中的各个环节，才能确保建筑物的耐久性和使用年限。通过对防水材料的合理选择与施工，建筑物可防止浸水渗漏的发生，可保证建筑物充分发挥预定的功能要求，保证建筑物的正常使用要求，延长其使用年限。

对一般工业与民用建筑，防水工程要做到不漏水、不渗水，防止对建筑物的经常性侵蚀作用，提高建筑物的耐久性，满足正常使用条件。

总之，防水工程施工课程是一门综合性较强的应用学科，它要综合运用建筑材料、经济管理学科的知识，以及有关施工规范与施工规程，来解决防水工程施工中的问题。防水工程施工与生产实际联系也很紧密，生产实践是防水工程施工发展的源泉，生产的发展给防水工程施工提供了丰富的研究内容。因此，本课程也是一门实践性很强的课程。由于本课程内容综合性、实践性都很强，但每单元内容相互联系又不很紧密，系统性、逻辑性也不强，叙述内容还比较多，因此学习时看懂容易，但真正理解、掌握与正确应用又比较困难。读者在学习时，应认真学习教材内容，深刻领会其概念实质和基本原理，并选择一些典型的正在施工的工业与民用建筑工地进行现场参观学习，了解施工全过程。尤其对各单元的重点内容要精读、要真正理解和掌握。此外还要与作业练习、课程设计等环节紧密配合，相互补充，加深对理性知识的理解和掌握。

单元1 屋面防水工程

【单元概述】

屋面防水工程是指为防止雨水或人为因素产生的水从屋面渗入建筑物所采取的一系列结构、构造和建筑措施。本单元主要介绍屋面工程的防水等级、设防要求及有关屋面工程的防水规范；主要讲述屋面卷材防水、涂膜防水、复合防水的施工工艺、施工方法、质量检验及常出现的质量通病与防治。

【学习目标】

了解屋面工程防水等级及防水方案的选择；掌握屋面工程卷材防水、涂膜防水、复合防水的施工工艺和施工方法、质量检查、质量通病与防治等内容；了解相关的规范和规程。

课题1 屋面工程防水等级

1.1.1 屋面防水等级的要求

屋面工程应根据建筑物的类别、重要程度和使用功能来确定防水等级，并应按相应等级进行防水设计；对防水有特殊要求的屋面，应进行专项防水设计。屋面防水等级及设防要求应符合表1-1的规定。

表1-1 屋面防水等级和设防要求

项　目	建筑类别	设防要求	合理使用年限
Ⅰ级	重要建筑和高层建筑	两道防水设防	20年
Ⅱ级	一般建筑	一道防水设防	10年

1.1.2 屋面工程防水方案的选择

屋面工程应根据建筑物的防水等级、防水耐久年限、气候条件、结构形式和工程实际情况等因素来确定防水方案和选择防水材料，并应遵循"防排并举，刚柔结合，嵌涂合一，复合防水，多道设防"的总体方针。

1.1.3 屋面防水层的技术措施

屋面防水层设计应采取下列技术措施：
(1) 卷材防水层易拉裂部位，宜选用空铺、点粘、条粘和机械固定等施工方法。
(2) 结构易发生较大变形、易渗漏和损坏的部位，应选择卷材或涂膜附加层。

　　(3)在坡度较大和垂直面上粘贴防水卷材时，宜采用机械固定和对固定点进行密封的方法。

　　(4)卷材或涂膜防水层上应设置保护层。

　　(5)在刚性保护层与卷材、涂膜防水层之间应设隔离层。

1.1.4　屋面工程防水材料的选择

　　防水材料的选择应符合下列规定：

　　(1)外露使用的防水层，应选用耐紫外线、耐老化、耐候性好的防水材料。

　　(2)上人屋面，应选用耐霉变、拉伸强度高的防水材料。

　　(3)长期处于潮湿环境的屋面，应选择耐腐蚀、耐霉变、耐穿刺、耐长期水浸等性能好的防水材料。

　　(4)薄壳、装配式结构、钢结构和大跨度建筑屋面，应选用耐候性好、适应变形能力强的防水材料。

　　(5)倒置式屋面应选用适应变形能力强、接缝密封保证率高的防水材料。

　　(6)坡屋面应密封选用与基层粘结力强、感温性小的防水材料。

　　(7)屋面接缝防水，应选用与基层粘结力强和耐候性好、适应位移能力强的密封材料。

　　(8)基层处理剂、胶粘剂和涂料，应符合现行行业标准《建筑防水材料有害物质限量》(JC 1066—2008)的有关规定。

　　屋面工程所使用的防水材料在下列情况下应具有相容性：

　　(1)卷材或涂料与基层处理剂。

　　(2)卷材与胶粘剂或胶粘带。

　　(3)卷材与卷材复合使用。

　　(4)卷材与涂料复合使用。

　　(5)密封材料与接缝基材。

课题2　卷材防水屋面工程

　　卷材防水至今仍然是屋面防水的一种主要方法。卷材防水屋面是以不同的施工工艺将不同种类的卷材固定在屋面上起到防水作用的屋面，具有重量轻、防水性能好的优点，其防水层的柔韧性好，能适应一定程度的结构振动和胀缩变形。所用卷材有传统的沥青防水卷材、高聚物改性沥青防水卷材和合成高分子防水卷材等三大系列。

　　卷材、涂膜屋面防水等级和防水做法应符合表1-2的规定。

表1-2　卷材、涂膜屋面防水等级和防水做法

防 水 等 级	防 水 做 法
Ⅰ级	卷材防水层和卷材防水层、卷材防水层和涂膜防水层、复合防水层
Ⅱ级	卷材防水层、涂膜防水层、复合防水层

　　注：在Ⅰ级屋面防水做法中，防水层仅做单层卷材时，应符合有关单层防水卷材屋面技术的规定。

1.2.1 卷材防水屋面的构造组成

卷材防水屋面的构造层次（保温屋面）自下而上一般为结构层、隔汽层、找坡层、保温层、找平层、防水层、保护层等，如图 1-1 所示。如为非保温屋面，则不设隔汽层、保温层。

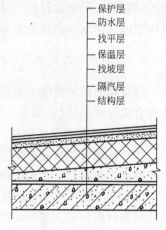

图 1-1 卷材防水屋面的构造图

1.2.2 防水卷材及其质量要求

1.2.2.1 沥青防水卷材

1. 石油沥青纸胎油毡、油纸

石油沥青纸胎油毡是用低软化点石油沥青浸渍原纸，然后用高软化点石油沥青涂覆油纸两面，再涂或撒隔离材料（石粉或云母片）所制成的一种纸胎防水卷材。表面撒石粉作隔离材料的称为粉毡，撒云母片作隔离材料的称为片毡。

石油沥青油纸是用低软化点石油沥青浸渍原纸所制成的一种无涂盖层的纯纸胎防水卷材。

油毡、油纸幅宽分为 915mm 和 1000mm 两种规格。石油沥青油毡分为 200 号、350 号和 500 号三种标号。石油沥青油纸分为 200 号和 350 号两种标号。

油毡按浸涂材料的总量和物理性能分为合格品、一等品、优等品三个等级。

石油沥青纸胎油毡、油纸的用途：

（1）200 号油毡适用于简易防水、临时性建筑防水、建筑防潮及包装等。

（2）350 号与 500 号粉毡适用于屋面、地下、水利等工程的多层防水；片毡适用于单层防水。

（3）油纸适用于建筑防潮和物品包装，也可用于多层防水层的下层。

2. 玻纤胎沥青防水卷材

玻纤胎沥青防水卷材是以玻璃布为胎体材料和以玻纤毡为胎体材料所生产的防水卷材的总称。

石油沥青玻璃布油毡是采用玻璃纤维经纺织而成的玻璃纤维布为胎体，用石油沥青涂盖材料涂布玻璃布胎体的两面，并撒布隔离材料而成的一种防水卷材。玻璃布油毡的幅度分为 915mm 和 1000mm 两种规格，长度规格为 20m/卷。产品按物理性能分为一等品和合格品两个等级。

玻纤胎油毡采用玻纤毡为胎体材料。幅宽为 1000mm，长度规格为 10m/卷。产品按重量分为 15 号、25 号、35 号三种标号。卷材的质量按物理性能分为优等品、一等品、合格品三个等级。

3. 其他胎体材料的沥青防水卷材

石油沥青麻布油毡是以麻布为胎体的防水卷材，采用麻布材料单位面积质量为 $300g/m^2$，制成油毡的厚度为 2.2~2.4mm。

石油沥青石棉纸胎油毡与纸胎油毡相比，抗拉强度较高；与麻布胎油毡相比，耐酸性和耐碱性也较好，但低温柔性差，属高强防水卷材之列。

聚乙烯膜沥青防水卷材是以聚乙烯膜为胎体，采用浇注工艺生产，再在卷材的两面覆以聚乙烯膜的一种防水材料。其幅度规格为1000mm，长度规格为10m，厚度范围为2~5mm；可用于地下建筑、市政及水利工程的防水，当用于屋面防水时须加保护层。

1.2.2.2 高聚物改性沥青防水卷材

高聚物改性沥青防水卷材是指用弹性及塑性体高聚物对沥青进行改性，并用玻璃纤维胎体或合成纤维胎体(主要是聚酯毡)材料生产出的一类新型建筑防水材料。

1. 弹性体沥青防水卷材

弹性体沥青防水卷材采用合成橡胶(弹性体)等高分子化合物对沥青进行改性，并以其为浸渍和涂布材料生产的一种防水卷材。

SBS改性沥青防水卷材是指以玻纤毡、聚酯毡等高强材料为胎体，浸渍并涂布用SBS改性的沥青材料，并在其两面撒以细砂或覆盖可熔性聚乙烯膜的防水卷材。其特点是：综合性能强，具有良好的耐高温和低温以及耐老化性能，施工简便。SBS改性沥青防水卷材的幅宽规格为1000mm，长度规格为10m/卷。以玻纤毡为胎体材料的防水卷材按重量分为25号、35号、45号三个标号。以聚酯毡为胎体材料的防水卷材则按重量分为25号、35号、45号和55号四个标号。卷材的质量依其物理性能分为优等品、一等品、合格品三个质量等级。

其他合成橡胶改性沥青防水卷材是采用废橡胶、丁苯橡胶、丁基橡胶等合成橡胶材料对沥青进行改性并生产的防水卷材。

2. 塑性体改性沥青防水卷材

塑性体改性沥青防水卷材系采用合成树脂来对沥青进行改性，具有高温不流淌、低温不脆裂的特性的一种防水卷材。

APP改性沥青卷材是以玻纤毡、聚酯毡等作胎体，以APP(无规聚丙烯)改性石油沥青为浸渍涂盖层，均匀致密地浸渍在胎体两面，采用片岩彩色矿线金属箔等作面层防粘隔离材料，底面复合塑料薄膜，经一定生产工艺加工而成的一种改性沥青防水卷材。其特点是：分子结构稳定、老化期长、具有良好的耐热性，拉伸强度高、伸长率大、施工简便、无污染。幅宽规格为1000mm，长度规格10m/卷。以玻纤毡为胎体材料的卷材分为25号、35号和45号三个标号。以聚酯毡为胎体材料的卷材分为35号、45号和55号三个标号。卷材按物理性能分为优等品、一等品和合格品三个等级。

其他合成树脂改性沥青防水卷材是以廉价合成树脂或以废旧塑料为主要原料的APP低掺量的改性沥青卷材，虽然耐热度、低温柔性等性能指标比纸胎油毡有不同程度的提高，但综合性能指标远低于APP改性沥青防水卷材。

3. 改性沥青聚乙烯胎防水卷材

改性沥青聚乙烯胎防水卷材是采用高密度聚乙烯膜为胎基，上下两面为改性沥青或自粘沥青，表面覆盖隔离材料制成的防水卷材，简称为PEE卷材。热熔型PEE卷材厚度为3mm、4mm，自粘型PEE卷材厚度为2mm、3mm；公称宽度为1000mm、1100mm；公称面积为10m²、11m²。改性沥青聚乙烯胎防水卷材适用于非外露的建筑与基础设施工程。

1.2.2.3 合成高分子防水卷材

合成高分子防水卷材是一类无胎体的卷材，亦称片材。按其材料的性质可分为合成橡胶和合成树脂两大类。

1. 合成橡胶类防水卷材

（1）三元乙丙橡胶防水卷材这是一种合成橡胶类高分子防水卷材。其厚度规格为 1.0mm、1.2mm、1.5mm、2.0mm，宽度规格为 1000mm，长度规格一般为 20m/卷，质量分为一等品与合格品两个等级。

三元乙丙橡胶防水卷材因其表面惰性较大，所以粘结性不佳，若不注意配套胶粘剂的开发，将会直接影响卷材的使用。

（2）其他合成橡胶防水卷材。除三元乙丙橡胶防水卷材外，合成橡胶防水卷材的主要品种还有氯丁橡胶防水卷材、丁基橡胶防水卷材、氯磺化聚乙烯防水卷材等。这些卷材的性能指标均低于三元乙丙橡胶防水卷材，只能作为高性能卷材的一种补充。

2. 合成树脂类防水卷材

（1）PVC 聚氯乙烯防水卷材分为 S 型、P 型两种。其厚度规格，S 型为 1.8mm、2.0mm、2.5mm，P 型为 1.2mm、1.5mm、2.0mm；宽度规格为 1000mm、1200mm、1500mm；长度规格为 10m/卷、15m/卷、20m/卷；质量等级，S 型分为一等品与合格品两级，P 型分为优等品、一等品、合格品三级。

（2）其他合成树脂防水卷材。除 PVC 防水卷材外，合成树脂类防水卷材还有氯化聚乙烯防水卷材、高密度聚乙烯防水卷材等。

卷材防水施工方法和适用范围见表 1-3，防水卷材的外观质量要求见表 1-4。

表 1-3　卷材防水施工方法和适用范围

工艺类别	名　称	做　法	适用范围
热施工工艺	热玛琋脂粘贴法	传统施工方法，边浇热玛琋脂、边滚铺油毡，逐层铺贴	石油沥青油毡三毡四油（二毡三油）叠层铺贴
	热熔法	采用火焰加热器熔化热熔型防水卷材底部的热熔胶进行粘结	有底层热熔胶的高聚物改性沥青防水卷材
	热风焊接法	采用热空气焊枪加热防水卷材搭接缝进行粘结	热塑性合成高分子防水卷材搭接缝进行焊接
冷施工工艺	冷玛琋脂粘贴法	采用工厂配制好的冷用沥青粘结材料，施工时不需加热，直接刮涂后粘贴油毡	石油沥青油毡三毡四油（二毡三油）叠层铺贴
	冷粘法	采用胶粘剂进行卷材与基层，卷材与卷材的粘结不需要加热	合成高分子防水卷材，高聚物改性沥青防水卷材
	自粘法	采用带有自粘胶的防水卷材，不用热施工，也不需涂刷胶结材料，直接进行粘结	带有自粘胶的合成高分子防水卷材与高聚物改性沥青防水卷材
机械固定工艺	机械钉压法	采用镀锌钢钉或铜钉等固定卷材防水层	多用于木基层上铺设高聚物改性沥青防水卷材
	压埋法	卷材与基层大部分不粘结，上面采用卵石等压埋，但搭接缝及周边要全粘	用于空铺法，倒置屋面

表 1-4 防水卷材外观质量要求

防水卷材类型	项 目	外观质量要求
沥青防水卷材	孔洞、烙伤	不允许
	露胎、涂盖不均匀	不允许
	折纹、折皱	距卷心 1000mm 以外，长度不应大于 100mm
	裂纹	距卷心 1000mm 以外，长度不应大于 10mm
	裂口、缺边	边缘裂口小于 20mm，缺边长度小于 50mm，深度小于 20mm，每卷不应超过 4 处
	接头	每卷不应超过 1 处
高聚物改性沥青防水卷材	断裂、皱折、孔洞、剥离	不允许
	边缘不整齐、砂砾不均匀	无明显差异
	胎体未浸透、露胎	不允许
	涂盖不均匀	不允许
合成高分子防水卷材	折痕	每卷不超过 2 处，总长度不应大于 20mm
	杂质	大于 0.5mm 颗粒不允许
	胶块	每卷不超过 6 处，每处面积不大于 4mm^2
	缺胶	每卷不超过 6 处，每处不大于 7mm，深度不超过本身厚度的 30%

每道卷材防水层最小厚度应符合表 1-5 的规定。

表 1-5 每道卷材防水层最小厚度 （单位：mm）

防水等级	合成高分子防水卷材	高聚物改性沥青防水卷材		
		聚酯胎、玻纤胎、聚乙烯胎	自粘聚酯胎	自粘无胎
Ⅰ级	1.2	3.0	2.0	1.5
Ⅱ级	1.5	4.0	3.0	2.0

1.2.3 防水卷材胶结材料

1. 沥青胶

沥青胶又称为沥青玛瑞脂，它是在沥青中加入填充料，如滑石粉、云母粉、石棉粉、粉煤灰等配制而成的，是沥青油毡和改性沥青类防水卷材的粘结材料，主要应用于卷材与基层、卷材与卷材之间的粘结，亦可用于水落口、管道根部、女儿墙等易渗部位细部构造处的附加增强嵌缝密封处理。

沥青胶可分为冷热两种，前者又称为冷沥青胶或冷玛瑞脂，后者则又称为热沥青胶或热玛瑞脂。两者又均有石油沥青胶及煤沥青胶之分。石油沥青胶适用于粘贴石油沥青类卷材，煤沥青胶适用于粘贴煤沥青类卷材。

2. 冷底子油

冷底子油是涂刷在水泥砂浆或混凝土基层以及金属表面上作打底之用的一种基层处理

剂。其作用可使基层表面与玛琋脂、涂料、油膏等中间具有一层胶质薄膜，提高胶结性能。

3. 合成高分子防水卷材的配套胶粘剂

铺贴合成高分子防水卷材时，应根据其不同的品种选用不同的专用胶粘剂，以确保粘结质量。大部分合成高分子防水卷材粘结时，卷材与基层、卷材与卷材（边部搭接缝）之间还需使用不同性质的胶粘剂。各类合成高分子防水卷材的配套胶粘剂的选用见使用说明书。胶粘剂除质量必须符合规定指标外，还应有质量证明文件，并经指定的质量检测部门认证，确保其质量符合材料标准和设计要求。胶粘剂进场后，也应按规定取样复试，不合格者严禁在工程中使用。

1.2.4　卷材防水屋面施工

1.2.4.1　施工准备

施工准备主要是做好技术准备、材料准备、现场条件准备、施工机具准备、防水工程施工方案的编制等工作。

1.2.4.2　屋面找平层施工

1. 找平层的分类及要求

在结构层上面或保温层上面起到找平作用并作为防水层依附的层次，俗称找平层。一般分为水泥砂浆找平层、细石混凝土找平层和沥青砂浆找平层。

找平层是防水层的依附层，其质量好坏将直接影响到防水层的质量，所以找平层必须做到"五要""四不""三做到"。五要：一要坡度准确、排水流畅；二要表面平整；三要坚固；四要干净；五要干燥。四不：一是表面不起砂；二是表面不起皮；三是表面不酥松；四是不开裂。三做到：一要做到混凝土或砂浆配比准确；二要做到表面一次压光；三要做到充分养护。

2. 水泥砂浆找平层施工

（1）材料及要求

1）水泥宜采用硅酸盐水泥、普通硅酸盐水泥，其强度等级不应小于42.5级。

2）砂宜采用中砂或粗砂，含泥量应不超过设计规定。

3）拌合用水宜采用饮用水。

（2）施工操作

1）基层清理：将结构层、保温层上表面的松散杂物清扫干净，凸出基层表面的灰渣等粘结杂物要铲平，不得影响找平层的有效厚度。

2）管根封堵：大面积做找平层前，应先将出屋面的管根、变形缝、屋面暖沟墙根部处理好。

3）抹水泥砂浆找平层

① 洒水湿润：抹找平层水泥砂浆前，应适当洒水湿润基层表面，以利于基层与找平层的结合。但不可洒水过量，以免影响找平层表面的干燥，使防水层施工后窝住水气，进而导致防水层产生空鼓。洒水的量应以使基层和找平层能牢固结合为度。

② 贴点标高、冲筋：根据坡度要求，拉线找坡，一般按1~2m贴点标高（贴灰饼）。铺

抹找平砂浆时，先按流水方向以间距1~2m冲筋，并设置找平层分格缝（宽度一般为20mm，最大间距为6m），且将缝与保温层连通。

③ 铺装水泥砂浆：按分格块装灰、铺平，用刮扛靠冲筋条刮平，找坡后用木抹子搓平，铁抹子压光。待浮水沉失后，人踏上去有脚印但不下陷时，再用铁抹子压第二遍。找平层水泥砂浆一般配合比$^\ominus$为1：3，拌合物稠度控制在7cm左右。

④ 养护：找平层抹平、压实24h以后可浇水养护，一般养护期为7d，经干燥后铺设防水层。

（3）技术要求：水泥砂浆找平层施工的技术要求见表1-6。

表1-6　水泥砂浆找平层施工的技术要求

序　号	项　　目	技术要求	备　注
1	配合比	1：2.5~1：3（水泥：砂）体积比，水泥强度等级不低于42.5级	
2	厚度/mm	基层为整体混凝土：15~20 基层为整体现浇或板状保温材料：20~25 基层为装配式混凝土板或松散材料保温层：20~30	
3	坡度（%）	结构找坡不应小于3% 材料找坡宜为2% 天沟纵坡不应小于1%，沟底水落差不得超过200mm	平屋顶
4	分格缝	位置：应留设在板端缝处 纵向间距：不宜大于6m 横向间距：不宜大于6m 缝宽：20mm	
5	泛水处圆弧半径/mm	当为沥青防水卷材时：100~150 当为高聚物改性沥青卷材时：50 当为合成高分子防水卷材时：20	
6	表面平整度	用2m直尺检查，不应大于5mm	
7	含水率	将1m²卷材平坦地干铺在找平层上，静置3~4h，掀开检查，覆盖部位与卷材上未见水印即可	
8	表面质量	应平整、压光，不得有酥松、起砂，起皮现象及过大裂缝	

3. 细石混凝土找平层施工

细石混凝土刚性好、强度大，适用于基层较松软的保温层或结构层刚度差的装配式结构。

（1）材料及要求

1）水泥宜采用强度等级不低于42.5级的普通硅酸盐水泥。

2）砂宜用中砂，含泥量不大于3%，不含有机杂质，级配要良好。

3）用于细石混凝土找平层的石子，最大粒径不应大于15mm，含泥量应不超过设计规定。

4）拌合用水宜采用饮用水。当采用其他水源时，水质应符合国家现行标准《普通混凝

$\ominus$　本书中的砂浆配合比均为体积比（注明除外）。

土配合比设计规程》(JGJ 55—2011)的规定。

（2）技术要求：细石混凝土找平层施工的技术要求见表1-7。

表 1-7　细石混凝土找平层施工的技术要求

序 号	项　目	技 术 要 求	备 注
1	混凝土强度等级	不应低于 C20	
2	厚度/mm	30~35（用于松散保温层上）	
3	坡度(%)	同水泥砂浆找平层(见表1-6)	
4	分格缝	同水泥砂浆找平层(见表1-6)	
5	泛水处圆弧半径	同水泥砂浆找平层(见表1-6)	
6	表面平整度	同水泥砂浆找平层(见表1-6)	
7	含水率	同水泥砂浆找平层(见表1-6)	
8	表面质量	应平整、压光、不得有酥松、起砂、起皮现象	

4. 沥青砂浆找平层施工

（1）材料及要求

1）沥青：采用 60 号甲、60 号乙的道路石油沥青或 75 号普通石油沥青。

2）砂：中砂，含泥量不大于 3%，不含有机杂质。

3）粉料：可采用矿渣、页岩粉、滑石粉等。

（2）施工操作

1）基层处理：基层处理的做法同水泥砂浆找平层。

2）涂、刷基层处理剂：在干燥的基层上满涂冷底子油一道，涂刷应薄而均匀，不得有气泡和空白。

3）分格缝：分格缝小木方的安放与水泥砂浆找平层的做法相同，其纵横缝的最大间距不宜大于 4m。

4）铺沥青砂浆：沥青砂浆的摊铺温度一般控制在 150~160℃；当环境温度在 0℃ 以下时，沥青砂浆的摊铺温度应控制在 170~180℃；成活温度不低于 100℃。

铺设沥青砂浆时，每层压实厚度不超过 30mm，虚铺厚度约为压实厚度的 1.3~1.4 倍。摊铺后，要及时将砂浆刮平，然后用平板振捣器振实或火磙（夏天可不生火）碾压，至表面平整、稳定、密实度达到要求，没有蜂窝，不出现压痕为止。碾压不到的边角处，可用热烙铁烫压平整。

铺设沥青砂浆时，尽量不留施工缝，一次铺成；不可避免时，应留斜槎，并拍实。

5）修补、养护：铺设完毕，随时检查，发现表面有空鼓、脱落、裂缝等缺陷时，应先将缺陷处铲除清理干净，然后涂一道热沥青，再用沥青砂浆趁热填补压实。

沥青砂浆找平层铺设完毕，最好在当天铺第一层卷材，否则，要用卷材盖好，防止雨水和潮气进入沥青砂浆层。

（3）技术要求：沥青砂浆找平层施工的技术要求见表1-8。

表 1-8　沥青砂浆找平层施工的技术要求

序号	项　目	技　术　要　求	备　注
1	配合比	质量比为 1：8(沥青：砂)	
2	厚度/mm	基层为整体混凝土：15~20 基层为装配混凝土板、整体或板状材料保温层：20~25	
3	分格缝	位置：尽量留设在板端缝处 纵向间距：不宜大于 4m 横向间距：不宜大于 4m 缝宽：20mm	
4	坡度(%)	同水泥砂浆找平层(见表 1-6)	平屋顶
5	泛水处圆弧半径	同水泥砂浆找平层(见表 1-6)	
6	表面平整度	同水泥砂浆找平层(见表 1-6)	

1.2.4.3　卷材防水层施工

1. 卷材防水层施工技术要求

（1）卷材施工顺序与铺贴方向

1）施工顺序：卷材铺贴应按"先高后低，先远后近"的顺序施工，即高低跨屋面，应先铺高跨屋面，后铺低跨屋面；在同高度大面积的屋面，应先铺距离上料点较远的部位，后铺较近部位。这样在操作和运料时，已完工的屋面防水层就不会遭受施工人员的踩踏破坏。

卷材大面积铺贴前，应先做好节点密封处理、附加层和屋面排水较集中部位(屋面与水落口连接处、檐口、天沟、檐沟、屋面转角处、板端缝等)的处理、分格缝的空铺条处理等，然后由屋面最低标高处向上施工。铺贴天沟、檐沟卷材时，宜顺天沟、檐沟方向铺贴，从水落口处向分水线方向铺贴，以减少搭接(图 1-2)。施工段的划分宜设在屋脊、天沟、变形缝等处。

2）卷材铺贴方向：屋面防水卷材的铺贴方向应根据屋面的坡度、防水卷材的种类及屋面工作条件确定，详见表 1-9。

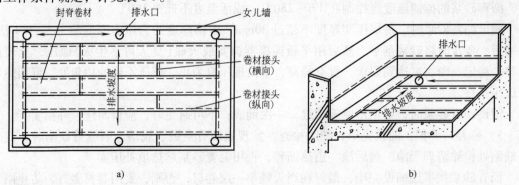

图 1-2　卷材配置示意图

a）平面图　b）剖示图

表1-9 卷材铺贴方向

卷材种类	屋面坡度			
	小于3%	3%~15%	大于15%或屋面有振动时	大于25%
沥青防水卷材	平行于屋脊	平行或垂直于屋脊	垂直于屋脊	应采取防止卷材下滑的措施
高聚物改性沥青卷材				
合成高分子卷材			平行或垂直于屋脊	
叠层铺贴时	上下层卷材不得相互垂直铺贴			
铺贴天沟，檐沟卷材时	宜顺天沟、檐沟方向，减少搭接			

（2）卷材与基层连接方式：卷材与基层连接方式有满粘、空铺、条粘、点粘四种。这四种连接方式是《屋面工程技术规范》正式公布的。在工程应用中根据建筑部位、使用条件、施工情况，可以用其1种或2种，在图样上应该注明。满粘法施工卷材是传统的习惯做法，空铺、点粘是较新的技术做法。

1）满粘法。满粘法是指卷材满粘在砂浆基层上，以防止被大风掀起。大风作用在屋面上的负压为0.8~1.0kPa，合成高分子卷材采用胶粘剂粘合，粘结强度为0.1~0.5kPa，每1m²粘结力达10kN；防水涂料与砂浆基层粘结强度为20~30kPa，每1m²粘结力达20kN以上，沥青卷材与基层的粘结力与涂料相同。因此不上人屋面也不必满粘，只需点粘或条粘即可，也可以采用机械固定或压重法。但女儿墙部位，距泛水边800mm处周围要满粘。

2）空铺法。空铺法是指卷材不粘结在基层上，只是浮铺在基层上面。空铺法有下列优点：施工速度快，施工方便；卷材不受基层断裂的制约；卷材施工不因基层含水率高而拖延工期；可降低防水造价。

上人屋面因铺砌地砖，地砖足以压住卷材不被风吹揭，所以宜用空铺法施工。

应注意的是卷材可以空铺，而防水涂料只能满粘，不能空铺。由于基层裂缝，涂膜极易拉断，造成渗漏，这是涂膜防水的一大缺点。补救措施：使用抗拉强度高的加筋材料，使防水涂膜抗拉强度大于粘结强度，在基层裂缝处出现剥离。传统的三毡四油做法就是以强大的抗拉强度对抗基层裂缝，从而弥补自身无延伸性的缺点。

3）条粘法和点粘法。条粘法和点粘法是介乎满粘法和空铺法之间的做法。条粘法只在卷材长向搭边处和基层粘结。点粘法在每平方米面积上粘结十几个点。近几年出现的机械固定法，是使用螺钉将卷材固定在屋面结构层上。这种做法和点粘法相类似，施工复杂，造价略高些，在东南沿海地区，台风多、风力大，不宜以点粘和机械固定法施工卷材。

（3）卷材的搭接：卷材搭接的方法、宽度和要求应根据屋面坡度、卷材品种和铺贴方法确定。

1）卷材搭接宽度：卷材防水层搭接缝的搭接宽度与卷材品种和铺贴方法有关，详见表1-10。

表 1-10　卷材搭接宽度

搭接方向		短边搭接宽度 /mm		长边搭接宽度 /mm	
卷材品种	铺贴方法	满粘法	空铺法 点粘法 条粘法	满粘法	空铺法 点粘法 条粘法
沥青防水卷材		100	150	70	100
高聚物改性沥青防水卷材		80	100	80	100
合成高分子防水卷材	粘结法	80	100	80	100
	焊接法	50			

2）搭接缝技术要求

① 上下层卷材不得相互垂直铺贴。垂直铺贴的卷材重缝多，容易漏水。

② 平行于屋脊的搭接缝应顺流水方向搭接；垂直于屋脊的搭接缝应顺当地年最大频率风向搭接。

③ 相邻两幅卷材的接头应相互错开 300mm 以上，以免多层接头重叠而使得卷材粘贴不平。

④ 叠层铺贴时，上下层卷材间的搭接缝应错开。两层卷材铺设时，应使上下两层的长边搭接缝错开 1/2 幅宽，如图 1-3 所示。三层卷材铺设时，应使上下层的长边搭接缝错开 1/3 幅宽，如图 1-4 所示。

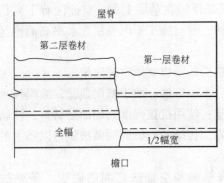

图 1-3　二层卷材铺贴

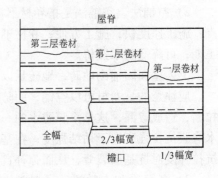

图 1-4　三层卷材铺贴

⑤ 叠层铺设的各层卷材，在天沟与屋面的连接处应采取叉接法搭接，搭接缝应错开；接缝宜留在屋面或天沟侧面，不宜留在沟底。

⑥ 在铺贴卷材时，不得污染槽口的外侧和墙面。

⑦ 高聚物改性沥青防水卷材和合成高分子防水卷材的搭接缝，宜用材料性能相容的密封材料封严。

（4）卷材粘结技术要求

1）沥青防水卷材屋面粘结：沥青防水卷材屋面均采用三毡四油或二毡三油叠层铺贴，用热玛琋脂或冷玛琋脂进行粘结，其粘结层的厚度见表 1-11。

表 1-11 玛琋脂粘结层厚度

粘 结 部 位	粘结层厚度/mm	
	热玛琋脂	冷玛琋脂
卷材与基层粘结	1.0~1.5	0.5~1.0
卷材与卷材粘结	1.0~1.5	0.5~1.0
保护层粒料粘结	2.0~3.0	1.0~1.5

2）高聚物改性沥青防水卷材屋面粘结：高聚物改性沥青防水卷材屋面一般为单层铺贴，随其施工工艺不同，有不同的粘结要求，见表 1-12。

表 1-12 高聚物改性沥青防水卷材粘结技术要求

热 熔 法	冷 粘 法	自 粘 法
1. 幅宽内应均匀加热，熔融至呈光亮黑色为度 2. 不得过分加热，以免烧穿卷材 3. 搭接部位溢出热熔胶后，立即刮封接口	1. 均匀涂刷胶粘剂，不漏底、不堆积 2. 根据胶粘剂性能及气温，控制涂胶后粘合的最佳时间 3. 辊压、排气、粘牢 4. 溢出胶粘剂后立即刮平封口	1. 基层表面应涂刷基层处理剂 2. 自粘胶底面的隔离纸应全部撕净 3. 辊压、排气、粘牢 4. 搭接部用热风焊枪加热，溢出自粘胶后立即刮平封口 5. 铺贴立面及大坡面时，应先加热后粘贴牢固

3）合成高分子防水卷材屋面粘结：合成高分子防水卷材屋面一般均系单层铺贴，随其施工工艺不同，有不同的粘结要求，见表 1-13。

表 1-13 合成高分子防水卷材粘结技术要求

冷 粘 法	自 粘 法	热风焊接法
1. 在找平层上均匀涂刷基层处理剂 2. 在基层或基层和卷材底面涂刷配套的胶粘剂 3. 控制胶粘剂涂刷后的粘合时间 4. 粘合时不得用力拉伸卷材，避免卷材铺贴后处于受拉状态 5. 辊压、排气、粘牢 6. 清理干净卷材搭接缝处的搭接面，涂刷接缝专用配套胶粘剂，辊压、排气、粘牢	同高聚物改性沥青防水卷材的粘结方法和要求（见表 1-12）	1. 先将卷材结合面清洗干净 2. 卷材铺放平整顺直，搭接尺寸准确 3. 控制热风加热温度和时间 4. 辊压、排气、粘牢 5. 先焊长边搭接缝，后焊短边搭接缝

2. 卷材防水施工工艺

卷材防水施工工艺分为热施工工艺、冷施工工艺和复合防水施工工艺。

（1）热玛琋脂粘贴法施工。热玛琋脂粘贴法用于沥青防水卷材的粘贴施工，其施工操作要点如下：

1）清理基层：将基层上的杂物、尘土清扫干净，节点处可用吹风机辅助清理。

2）檐口防污：为防止卷材铺贴时热玛琋脂污染檐口，可在檐口前沿刷上一层较稠的滑石粉浆或粘贴防污塑料纸，待卷材铺贴完毕，将滑石粉上的沥青胶铲除干净，或撕去防污塑料纸。

3）刷冷底子油：冷底子油的作用是增强基层与防水卷材间的粘结，可用喷涂法或涂刷法施工。一般要刷两遍。当用涂刷法时，基层养护完毕，表面干燥并清扫后，涂刷第一遍；待干燥后再刷第二遍。涂刷要均匀，越薄越好，但不得留有空白。涂刷时应顺着风向进行。快挥发性冷底子油涂刷于基层上的干燥时间为 5~10h，具体视气候情况定。刷冷底子油的时间宜在卷材铺贴前 1~2d 进行，待其表干不粘手后即可铺贴卷材。

4）节点附加层增强处理：按设计要求，事先根据节点的情况，剪裁卷材，铺设增强层。

5）定位、弹线试铺：为了便于掌握卷材铺贴的方向、距离和尺寸，事先应检查卷材有无弯曲，在正式铺贴前要进行试铺工作。试铺时，应在找平层上弹线，以确定卷材的搭接位置。否则卷材铺贴时容易歪斜，涂刷玛𹉺脂后就难以纠正，甚至还会造成卷材扭曲、皱褶等缺陷。

6）粘贴卷材：操作方法一般有浇油铺贴、刷油铺贴和刮油铺贴。

（2）热熔法施工。热熔法铺贴是采用火焰加热器熔化热熔型防水卷材底层的热熔胶进行粘贴，常用于 SBS 改性沥青防水卷材、APP 改性沥青防水卷材、氯磺化聚乙烯卷材、热熔橡胶复合防水卷材等与基层的粘结施工。热熔法施工的操作要点如下：

1）清理基层：剔除基层上的隆起异物，彻底清扫、清除基层表面的灰尘。

2）涂刷基层处理剂：基层处理剂采用溶剂型改性沥青防水涂料或橡胶改性沥青胶结料。基层处理剂应均匀涂刷在基层上，厚薄一致。

3）节点附加增强处理：待基层处理剂干燥后，按设计节点构造图做好节点附加增强处理。

4）定位、划线：在基层上按规范要求，排布卷材，弹出基准线。

5）热熔粘贴：将卷材沥青膜底面朝下，对正粉线，用火焰喷枪对准卷材与基层的结合面，同时加热卷材与基层。喷枪头距加热面约 50~100mm。当烘烤到沥青熔化，卷材底有光泽并发黑，有一薄的熔层时，即用胶皮压辊滚压密实。如此边烘烤边推压。当端头剩下300mm 左右时，将卷材翻放于隔热板上加热，如图 1-5 所示，同时加热基层表面，粘贴卷材并压实。

6）搭接缝粘结：搭接缝粘结之前，先熔烧下层卷材上表面搭接宽度内的防粘隔离层。处理时，操作者一手持烫板，一手持喷枪，使喷枪靠近烫板并距卷材 50~100mm，边熔烧，边沿搭接线后退，如图 1-6 所示。为防火焰烧伤卷材其他部位，烫板与喷枪应同步移动。

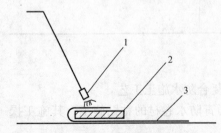

图 1-5　用隔热板加热卷材端头
1—喷枪　2—隔热板　3—卷材

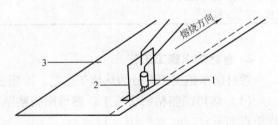

图 1-6　熔烧处理卷材上表面防粘隔离层
1—喷枪　2—烫板　3—已铺下层卷材

（3）热风焊接法施工。热风焊接施工是指采用热空气加热热塑性卷材的粘合面进行卷材与卷材接缝粘结的施工方法。卷材与基层间可采用空铺、机械固定、胶粘剂粘结等方法。热风焊接主要适用于树脂型（塑料）卷材。焊接工艺结合机械固定使防水设防更有效。目前采用焊接工艺的材料有 PVC 卷材、高密度和低密度聚乙烯卷材。这类卷材热收缩值较高，最适宜有埋置的防水层；宜采用机械固定、点粘或条粘工艺；具有强度大、耐穿刺、焊接后整体性好的特点。

热风焊接卷材在施工时，首先应将卷材在基层上铺平顺直，切忌扭曲、皱折，并保持卷材清洁，尤其在搭接处，要求干燥、干净，不能有油污、泥浆等，否则会严重影响焊接效果，造成接缝渗漏。如果采取机械固定，应先行用射钉固定；若采用胶粘剂粘结，也需要先行粘接，留准搭接宽度。焊接时应先焊长边，后焊短边，否则一旦有微小偏差，长边很难调整。

热风焊接卷材防水施工工艺的关键是接缝焊接，焊接的参数是加热温度和时间，而加热的温度和时间随着施工时的气象条件，如温度、湿度、风力等有关。优良的焊接质量必须使用经培训而真正熟练掌握加热温度、时间的工人才能保证。否则，温度过低或加热时间过短，会形成假焊，焊接不牢；温度过高或加热时间过长，会烧焦或损害卷材本身。当然漏焊、跳焊更是不允许的。

（4）冷玛碲脂粘贴法施工。沥青防水卷材冷玛碲脂粘贴法施工，所用的胶结材料为冷玛碲脂。要注意的是，冷玛碲脂使用时应搅匀，稠度太大时，可加入少量溶剂稀释搅匀。粘贴卷材时，冷玛碲脂的厚度宜为 0.5~1.0mm，面层的厚度宜为 1.0~1.5mm，冷玛碲脂一般采用刮涂法施工。

冷粘贴施工是合成高分子卷材的主要施工方法。各种合成高分子卷材的冷粘贴施工除由于配套胶粘剂引起的差异外，大致相同。下面以三元乙丙橡胶防水卷材的施工为例介绍冷粘贴施工的操作要点。

1）清理基层：剔除基层上的隆起异物，清除基层上的杂物，清扫干净尘土。

2）涂刷基层处理剂：将聚氨酯底胶按甲料∶乙料＝1∶3 的比例（质量比）配合，搅拌均匀，用长柄刷涂刷在基层上。涂布量一般以 0.15~0.2kg/m² 为宜。底胶涂刷后 4h 以上才能进行下道工序施工。

3）节点的附加增强处理：阴阳角、排水口、管子根部周围等构造节点部位，加刷一遍聚氨酯防水涂料（甲料∶乙料＝1∶1.5 的比例配合，搅拌均匀，涂刷宽度距节点中心 200~250mm，厚约 2mm，固化时间不少于 24h）做加强层，然后铺贴一层卷材。天沟宜粘贴二层卷材。

4）定位、弹基准线：按卷材排布配置，弹出定位和基准线。

5）涂刷基层胶粘剂：将胶粘剂分别涂刷在基层及防水卷材的表面。基层按事先弹好的位置线用长柄滚刷涂刷，同时，将卷材平置于施工面旁边的基层上，用湿布除去卷材表面的浮灰，划出长边及短边各不涂胶的接合部位（满粘法不小于 80mm，其他不小于 100mm）。然后在其表面均匀涂刷胶粘剂。涂刷时，按一个方向进行，厚薄均匀，不漏底，不堆积。

6）粘贴防水卷材：基层及防水卷材分别涂完后，晾干约 30min，手触不粘即可进行粘贴。操作人员将刷好胶粘剂的卷材抬起，使刷胶面朝下，将始端粘贴在定位线部位，然后沿基准线向前粘贴。粘贴时，卷材不得拉伸，随粘随用胶辊用力向前、向两侧滚压（图 1-7），排除空气，使两者粘结牢固。

7）卷材接缝粘结：卷材接缝宽度范围内（80mm 或 100mm），用油漆刷将丁基橡胶胶粘剂（按 A∶B＝1∶1 的比例配制、搅拌均匀）均匀涂刷在卷材接缝部位的两个粘结面上。涂胶后约 20min，指触不粘，随即进行粘贴。粘贴从一端顺卷材长边方向至短边方向进行，用手持压辊滚压，使卷材粘牢。

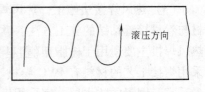

图 1-7　排气滚压方向

8）卷材接缝密封：卷材末端的接缝及收头处，可用聚氨酯密封胶或氯磺化聚乙烯密封膏嵌封严密，以防止接缝、收头处剥落。

9）蓄水试验。

10）保护层施工。屋面蓄水试验合格后，应放水，待面层干燥后及时按设计构造图进行保护层施工，以避免防水层受损。

（5）自粘法施工。自粘贴卷材施工是自粘型防水卷材的铺贴方法。自粘型卷材在工厂生产时，其底面被涂上一层压敏胶，该胶粘剂表面敷有一层隔离纸。施工时只要剥去隔离纸，即可直接铺贴。

自粘型防水卷材有自粘型彩色三元乙丙橡胶防水卷材、AAS 隔热防水卷材、DJ-5 型屋面隔热防水卷材、DJ-6 型自粘型屋面保温防水卷材等。自粘法施工的操作要点如下：

1）清理基层：同其他施工方法。

2）涂刷基层处理剂：基层处理剂可用稀释的乳化沥青或其他沥青基防水涂料。涂刷要薄而均匀，不漏刷、不凝滞。干燥 6h 后，即可铺贴防水卷材。

3）节点附加增强处理：按设计要求，在构造节点部位铺贴附加层或在做附加层之前，再涂刷一遍增强胶粘剂，再在此上做附加层。

4）定位、弹基准线：按卷材排铺布置，弹出定位线、基准线。

5）铺贴大面自粘型防水卷材：以自粘型彩色三元乙丙橡胶防水卷材为例，施工时三人一组，一人撕纸，一人滚铺卷材，一人随后将卷材压实。铺贴卷材时，应按基准线的位置，缓缓剥开卷材背面的防粘隔离纸，将卷材直接粘贴于基层上，随撕隔离纸，随将卷材向前滚铺。铺贴卷材时，卷材应保持自然松弛状态，不得拉得过紧或过松，不得出现褶皱。每当铺好一段卷材，应立即用胶皮压辊压实粘牢。自粘型卷材铺贴方法如图 1-8 所示。

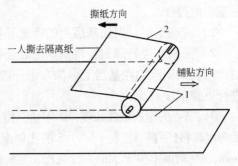

图 1-8　自粘型卷材铺贴
1—卷材　2—隔离纸

6）卷材封边：自粘型彩色三元乙丙防水卷材的长、短向一边约宽 50~70mm 不带自粘胶，故搭接缝处需刷胶封边，以确保卷材搭接缝处能粘结牢固。施工时，将卷材搭接部位翻开，用油漆刷将 CX-404 胶均匀地涂刷在卷材接缝的两个粘结面上，涂胶后约 20min，指触不粘时，立即进行粘贴。粘贴后用手持压辊仔细滚压密实，使之粘结牢固。

7）嵌缝：大面卷材铺贴完毕，所有卷材接缝处应用丙烯酸密封膏仔细嵌缝。嵌缝时，胶封不得宽窄不一，做到封闭严实。

（6）复合防水施工：复合防水施工主要是指涂料和卷材复合使用的一种施工方法。涂料是无接缝的防水涂膜层，但现场施工时均匀性不好，强度不大；而卷材在工厂生产，均匀性好，强度高，厚度完全可以保证，但接缝施工烦琐，工艺复杂。如两者上下组合使用，形成复合防水层，便弥补了各自的不足，使防水层的设防更可靠，尤其在复杂部位，卷材剪裁接缝多，转角处有涂料配合，能大大提高施工质量。

目前有一种做法是采用无溶剂聚氨酯涂料或单组分聚氨酯涂料上面复合合成高分子防水卷材。聚氨酯涂料既是涂膜层，又是可靠的粘结层。另一种做法是热熔 SBS 改性沥青涂料，它的粘结力强，刮涂后上部可粘合成高分子卷材，也可以粘贴改性沥青卷材，如 SBS 改性沥青热熔卷材。热熔改性沥青涂料的固体含量接近 100%，且不含水分或挥发溶剂，对卷材不侵蚀，固化或冷却后与卷材粘结牢固。卷材的接缝还可以采用原来的粘结方法，即冷粘、焊接、热熔等，也可以采用涂膜材料进行粘结。施工时，热熔涂料应一次性涂厚。按照每幅卷材宽度涂足厚度后，应立即展开卷材进行滚铺。铺贴卷材时，应从一端开始粘牢，滚动平铺，及时将卷材下的空气挤出，但注意在涂膜固化前不能来回行走踩踏，如需行走应铺上垫板，以免表面不平整。待整个大面铺贴完毕，涂料固化时，再行粘结搭接缝。聚氨酯一般应在第二天进行，热熔改性沥青在温度下降后即可进行。

1.2.4.4　屋面细部的防水构造与施工

1. 天沟、檐沟的防水构造与施工

（1）天沟、檐沟应增铺附加层。当采用沥青防水卷材时，应增铺一层卷材；采用改性沥青防水卷材或合成高分子防水卷材时，宜采用防水涂膜加强层。

（2）天沟、檐沟与屋面、交接处的附加层宜空铺，空铺宽度应为 200mm。

（3）天沟、檐沟卷材收头应固定密封（图 1-9、图 1-10）。

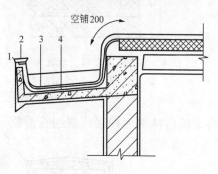
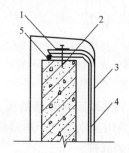

图 1-9　檐沟
1—密封材料　2—水泥钉
3—防水层　4—附加层

图 1-10　檐沟卷材收头
1—钢压条　2—水泥钉　3—防水层
4—附加层　5—密封材料

（4）高低跨内排水天沟与主墙交接处应采取能适应变形的密封处理，如图 1-11 所示。

2. 泛水的防水构造与施工

泛水的防水构造与施工应遵守下列规定：

（1）铺贴泛水处的卷材应采取满粘法；泛水收头应根据泛水高度和泛水墙体材料确定收头密封形式。

墙体为砖墙时，卷材收头可直接铺压在女儿墙压顶下，压顶应做防水处理，如图 1-12 所示。也可在砖墙留凹槽，卷材收头应压入凹槽内固定密封，凹槽距屋面找平层最低高度不

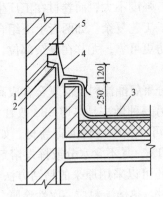

图 1-11　高低跨变形缝

1—密封材料　2—水泥钉　3—防水层

4—金属或高分子盖板　5—金属压条钉子固定

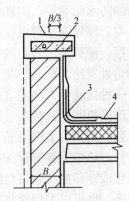

图 1-12　砖墙卷材泛水收头（一）

1—泛水处理　2—压顶

3—附加层　4—防水层

应小于 250mm，凹槽上部的墙体亦应做防水处理，如图 1-13 所示。

墙体为混凝土时，卷材的收头可采用金属压条钉压，并用密封材料封固，如图 1-14 所示。

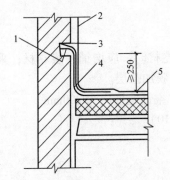

图 1-13　砖墙卷材泛水收头（二）

1—水泥钉　2—防水处理　3—密封材料

4—附加层　5—防水层

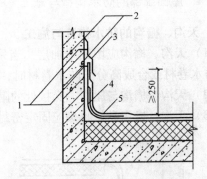

图 1-14　混凝土墙卷材泛水收头

1—水泥钉　2—密封材料　3—金属、合成

高分子盖板　4—附加层　5—防水层

（2）泛水宜采取隔热防晒措施，可在泛水卷材面砌砖后抹水泥砂浆或浇细石混凝土进行保护，也可采用涂刷浅色涂料或粘贴铝箔进行保护。

3. 变形缝的处理

变形缝内宜填充泡沫塑料或沥青麻丝，上部填放衬垫材料，并用卷材封盖，顶部应加扣混凝土盖板或金属盖板，如图 1-15 所示。

4. 水落口的防水构造与施工

水落口的防水构造与施工应符合下列规定：

（1）水落口杯宜采用铸铁或塑料制品。

（2）水落口杯埋设标高应考虑水落口设防时增加的附加层和柔性密封层的厚度及排水坡度加大的尺寸。

（3）水落口周围直径 500mm 范围内坡度不应小于 5%，并应用防水涂料或密封材料涂封，其厚度不应小于 2mm。水落口

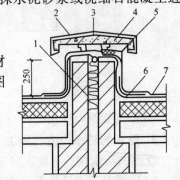

图 1-15　变形缝防水构造

1—沥青麻丝　2—水泥砂浆　3—衬垫材料

4—混凝土盖板　5—卷材封盖

6—附加层　7—防水层

杯与基层接触处应留宽 20mm、深 20mm 凹槽，并嵌填密封材料，如图 1-16 和图 1-17 所示。

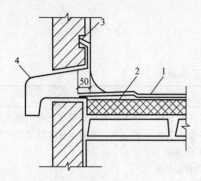 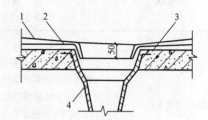

图 1-16 横式水落口　　　　　　　图 1-17 直式水落口
1—防水层　2—附加层　　　　　　1—防水层　2—附加层
3—密封材料　4—水落口　　　　　3—密封材料　4—水落口杯

5. 反梁过水孔的构造与施工

反梁过水孔的构造与施工应符合下列规定：

（1）应根据排水坡度要求留设反梁过水孔，图样应注明孔底标高。

（2）留置的过水孔高度不应小于 150mm，宽度不应小于 250mm；当采用预埋管做过水孔时，管径不得小于 75mm。

（3）过水孔可采用防水涂料、密封材料防水。预埋管道两端周围与混凝土接触处应留凹槽，用密封材料封严。

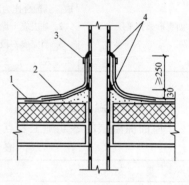

图 1-18 伸出屋面管道防水构造
1—防水层　2—附加层
3—金属箍　4—密封材料

6. 伸出屋面管道处的防水构造

伸出屋面管道周围的找平层应做成圆锥台；管道与找平层间应留凹槽，并嵌填密封材料；防水层收头处应用金属箍紧，并用密封材料封严。伸出屋面管道防水构造如图 1-18 所示。

7. 屋面出入口的防水构造与施工

屋面垂直出入口防水层收头应压在混凝土压顶圈下，如图 1-19 所示；水平出入口防水层收头应压在混凝土踏步下，防水层的泛水应设护墙，如图 1-20 所示。

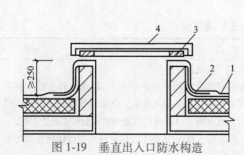 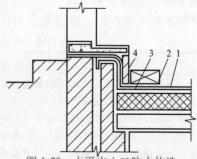

图 1-19 垂直出入口防水构造　　　　　图 1-20 水平出入口防水构造
1—防水层　2—附加层　3—混凝土压顶圈　4—上人孔盖　　　1—防水层　2—踏步　3—附加层　4—护墙

1.2.4.5 卷材防水屋面的冬期施工要求

1. 屋面找平层的冬期施工

屋面找平层的冬期施工要点见表 1-14。

表 1-14　屋面找平层的冬期施工要点

类　　别	施工要点
水泥砂浆找平层	1. 水泥砂浆中掺防冻外加剂，如氯盐、NC 复合早强剂、MS-F 复合早强减水剂等，掺入量一般为水泥用量的 2%~5%。砂浆的强度等级不得小于 M5。拌制时，先将水泥和砂子干拌均匀，然后加入防冻外加剂的水溶液。砂浆稠度在 6~9cm 2. 冬期室外抹水泥砂浆找平层温度控制应符合有关规定 3. 水泥砂浆找平层抹平压光后，白天应覆盖黑色塑料布进行养护，晚上再加盖草帘子等进行保温养护
细石混凝土找平层	1. 宜掺微膨胀剂和防冻外加剂；拌制混凝土的水及砂子宜进行加热处理；浇筑混凝土时的温度控制应符合有关规定 2. 混凝土养护与水泥砂浆冬期施工养护方法相同
沥青砂浆找平层	1. 沥青砂浆由 60 号甲、60 号乙道路石油沥青或 75 号普通石油沥青与中砂及粉料配制而成。其配合比为沥青：砂和粉料 =（1：8）~（1：10）（质量比），其中砂粉比为 3：1 2. 基层应干燥平整，先涂刷冷底子油 1~2 遍，干燥后方可做找平层 3. 当完成一段沥青砂浆后，应及时铺贴防水层，否则要用塑料膜或苫布盖好，以防止雨、雪浸入

2. 屋面保温层冬期施工

屋面保温层的冬期施工要点见表 1-15。

表 1-15　屋面保温层的冬期施工要点

类　　别	施工要点
松散材料保温层	按屋面保温与隔热的规定执行
板状材料保温层整体现浇保温层	1. 用沥青胶结的整体保温层和板状保温层应在气温不低于 −10℃ 时施工；用水泥石灰或乳化沥青胶结的整体保温层和板状保温层应在气温不低于 5℃ 时施工。如气温低于上述要求，应采取保温防冻措施 2. 雪天和 5 级大风以上天气不得施工 3. 其他按屋面保温与隔汽规定执行

3. 卷材防水屋面冬期施工

卷材防水屋面冬期施工要点见表 1-16。

表 1-16　卷材防水屋面的冬期施工要点

类　　别	施工要点
沥青防水卷材	不宜在负温下施工，如必须在负温下施工时，应采取以下措施： 1. 将卷材移入温度高于 15℃ 的室内或暖棚中进行解冻保温，时间应不少于 48h，以保证开卷温度高于 10℃ 以上。在温室内按所需长度下料，并反卷成卷，保温运到现场，随用随取，以防因低温脆硬折裂。另外，应对玛琋脂的贮运容器进行保温或在施工现场进行二次加温，以确保玛琋脂的使用温度不低于 190℃ 2. 宜在干净、干燥的基层表面上涂刷基层处理剂（俗称冷底子油），干燥 12h 以上后再进行铺贴卷材防水层的施工

（续）

类　别	施 工 要 点
沥青防水卷材	3. 做保护层。①用水泥砂浆做保护层时，应用掺防冻外加剂的 1∶（2.5~3）（体积比）水泥砂浆，水泥强度等级不应低于 42.5 级，砂浆厚度不小于 20mm，表面应抹平压光，并要设置表面分格缝，分格面积宜为 1m² 左右。同时找平层还要留置分格缝，分格缝纵横间距不宜大于 6m。砂浆保护层完工后，白天应覆盖黑色塑料布养护，晚间再加盖草帘子等进行保温养护。②用细石混凝土做保护层时，混凝土中应掺防冻外加剂，拌制混凝土用的水、砂、石宜加热，浇筑混凝土温度应在 10℃ 以上。混凝土强度等级不低于 C15，分格缝的纵横间距不宜大于 6m，其养护方法同砂浆保护层。③用块体材料做保护层时，宜用掺防冻外加剂的保温砂浆铺砌块体材料。表面应平整，并留分格缝，分格缝宽度不宜小于 20mm，分格缝的纵横间距不宜大于 10m。④用绿豆砂做保护层时其施工方法与常温时一样 4. 其他施工操作要求按卷材防水屋面中的相关规定执行
高聚物改性沥青防水卷材	高聚物改性沥青卷材的低温柔性好，在 -10℃ 左右的气温环境下采用热熔法进行施工作业，其防水工程质量也可以达到常温施工的质量要求 1. 基层处理剂的方法与沥青防水卷材的施工要求相同 2. 卷材防水层上有重物覆盖或基层变形较大时，应优先采用空铺法、点粘法或条粘法，但在屋面周边 800mm 范围内应满粘，铺粘泛水部位的卷材应满粘，卷材与卷材之间亦应满粘 3. 保护层可采用溶剂型浅色涂料作保护层。在卷材防水层检验合格并清扫后，采用长把滚刷均匀涂刷与卷材相容的溶剂型浅色涂料。如高聚物改性沥青防水卷材本身为页岩片或铝箔覆面时，不必另做保护层 4. 其他施工操作要求按卷材防水屋面中的相关规定执行
合成高分子防水卷材	合成高分子防水卷材可在较低气温条件下进行施工 1. 在干净、干燥的基层表面上涂刷与合成高分子卷材相容的基层处理剂，处理剂配合比（体积比）为聚氨酯防水涂料的甲料∶乙料∶二甲苯=1∶1.5∶3。待基层处理剂完全固化干燥后（需 4h 以上），再铺粘卷材。也可以采用喷涂机压力喷涂氯丁胶乳处理基层，待其干燥 12h 以上后再铺贴卷材 2. 做附加防水层、涂刷胶粘剂、铺贴卷材可按卷材防水屋面中的有关规定执行。若卷材防水层上有重物覆盖或基层变形较大时，卷材防水层铺贴可参照高聚物改性沥青防水卷材铺贴进行 3. 卷材接缝要求处理按卷材防水屋面中的有关规定执行 4. 保护层的施工方法与高聚物改性沥青卷材防水层的保护层做法相同

1.2.4.6　卷材防水屋面施工安全技术

1. 一般注意事项

（1）皮肤病、眼病、刺激过敏症等患者，不宜参加操作。施工过程中，如发生恶心、头晕、刺激过敏等情况时，应立即停止操作。

（2）沥青操作人员不得赤脚、穿短裤和短袖衣服进行操作，裤脚袖口应扎紧，并应配戴手套和护脚。

（3）操作时应注意风向，防止下风方向作业人员中毒或烫伤。

（4）存放卷材和粘结剂的仓库或现场要严禁烟火，如需用明火，必须有防火措施，且应设置一定数量的灭火器材和沙袋。

（5）高处作业人员不得过分集中，必要时应拴安全带。

（6）屋面周围应设防护栏杆，屋面上的孔洞应加盖封严，或者在孔洞周边设置防护栏杆，并加设水平安全网。

（7）雨、霜、雪天，待屋面干燥后方可继续进行工作。刮大风时应停止作业。

2. 熬油注意事项

（1）熬制沥青锅应离建筑物 10m 以上，距易燃仓库 25m 以上；锅灶上空不得有电线，地下 5m 以内不得有电缆线；锅灶应设在下风向；沥青锅附近严禁堆放易燃易爆品，临时堆放沥青、燃料场地离锅不应小于 5m。

（2）熬油锅四周不得有漏缝，锅口应高出地面 30cm 以上，沥青锅烧火处应有 0.5～1.0m 高的隔火墙。每组沥青锅间距不得小于 3m（相邻两锅为一组），上部宜设置可升降的吸烟罩。

（3）装入锅内的沥青不应超过锅容量的 2/3，以防溢出锅外发生火灾和伤人。

（4）锅灶附近应备有锅盖、灭火器、干沙、石灰渣、铁锹、铁板等灭火器材。

（5）加热桶装沥青应先将桶盖打开，横卧，桶口朝下，缓慢加热。严禁不开盖加热，以免发生爆炸事故。

（6）熬制沥青应缓慢升温，严格控制温度，防止着火。

（7）调制冷底子油应严格控制沥青温度，当加入快挥发性溶剂，不得高于 110℃。

（8）配制使用、贮存沥青冷底子油及稀释剂等易燃物的现场，应严禁烟火并保持良好的通风。

3. 运送热沥青胶结材料注意事项

（1）运油的铁桶、油壶要用咬口接头，严禁用锡进行焊接；桶宜加盖，装油量不得超过桶高的 2/3；油桶应平放，不得两人抬运。

（2）运输机械和工具应牢固可靠；用滑轮吊运时，上面的操作平台应设置防护栏杆；提升时要拉牵绳，防止油桶摆动；油桶下方 10m 半径范围内禁止站人。

（3）在坡度较大的屋面运油时，应采取专门的安全措施（如穿防滑鞋、设防滑梯等）；油桶下面应加垫，保证油桶放置平稳。

4. 贴卷材注意事项

（1）浇油与贴卷材的作业者应保持一定的距离，并根据风向错位，以避免热沥青飞溅伤人。

（2）浇油时，檐口下方不得有人行走或停留，以防沥青流下伤人。

（3）在屋面上操作，沥青桶及壶要放平，不能放在斜坡或屋脊等处。

（4）在屋面上涂刷冷底子油、铺设卷材时，檐口及孔洞应设安全栏杆，30m 内不得进行电、气焊作业，操作人员不得吸烟。

（5）操作要注意风向，防止下风操作人员中毒；遇大风、雨天应停止作业。

1.2.5 屋面卷材防水层的质量通病与防治

1.2.5.1 找坡不准，排水不畅

1. 现象

找平层施工后，在屋面上容易发生局部积水现象，尤其在天沟、檐沟和水落口周围，下雨后积水不能及时排出。

2. 原因分析

（1）屋面出现积水主要是排水坡度不符合设计要求。

（2）天沟、檐沟纵向坡度在施工操作时控制不严，造成排水不畅。

（3）水落管内径过小，屋面垃圾、落叶等杂物未及时清扫。

3. 预防措施

（1）根据建筑物的使用功能，在设计中应正确处理分水、排水和防水之间的关系。平屋面宜用结构找坡，其坡度宜为 3%；若采用材料找坡，宜为 2%。

（2）天沟、檐沟的纵向坡度不应小于 1%；沟底水落差不得超过 200mm；水落管内径不应小于 75mm；1 根水落管的屋面最大汇水面积宜小于 200m²。

（3）屋面找平层施工时，应严格按设计坡度拉线，并在相应位置上设基准点（冲筋）。

（4）屋面找平层施工完成后，对屋面坡度、平整度应及时组织验收。必要时可在雨后检查屋面是否积水。

（5）在防水层施工前，应将屋面垃圾与落叶等杂物清扫干净。

1.2.5.2 水泥砂浆找平层起砂、起皮

1. 现象

找平层施工后，屋面表面出现不同颜色和分布不均的砂粒，用手一搓，砂子就会分层浮起；用手击拍，表面水泥胶浆会成片脱落或有起皮、起鼓现象；用木锤敲击，有时还会听到空鼓的哑声。

找平层起砂、起皮是两种不同的现象，但有时会在一个工程中同时出现。

2. 原因分析

（1）结构层或保温层高低不平，导致找平层施工厚度不均。

（2）配合比不准；使用过期和受潮结块的水泥；砂子含泥量过大。

（3）屋面基层清扫不干净，找平层施工前基层未刷水泥净浆。

（4）水泥砂浆搅拌不均，摊铺压实不当，特别是水泥砂浆在收水后未能及时进行二次压实和收光。

（5）水泥砂浆养护不充分，特别是保温材料的基层，其更易出现水泥水化不完全的问题。

3. 预防措施

（1）严格控制结构或保温层的标高，确保找平层的厚度符合设计要求。

（2）应采用强度等级不低于 42.5 级的合格水泥。小厂生产的水泥应抽检其安定性。

（3）应采用中砂（0.35~0.5mm），其含泥量不大于 3%。

（4）严格控制水胶比（宜为 0.55）和搅拌时间。

（5）应在水泥砂浆初凝前抹光，终凝前压光。

（6）及时养护，不得过早或过晚。当手压砂浆不沾、无压痕时即覆盖草袋养护，每日洒水不少于 3 次，养护时间不少于 7d。

（7）养护期间不得上人。

1.2.5.3 沥青砂浆找平层起壳、粘结不牢

1. 现象

沥青砂浆找平层施工后，屋面起拱、起壳与底层脱离，形成空鼓，表面有蜂窝。

2. 原因分析

（1）施工前基层清理不干净。

（2）沥青砂浆配比不合格。

（3）沥青砂浆找平层施工时，温度条件不合要求。

（4）施工时，找平层表面压抹不实。

3. 预防措施

（1）仔细清扫基层表面。

（2）沥青砂浆应按配比要求严格配料，并应混合均匀。

（3）沥青砂浆的成活温度不能太低。

（4）沥青砂浆每层摊铺后的压实厚度不得大于30cm。

（5）摊铺时及时刮平，振实或压实至表面平整、稳定、无明显压痕；不易碾实或压实之处，用热烙铁拍实。

（6）摊铺时，尽量不留施工缝。不可避免时，可留斜槎，并拍实。接槎时，用沥青砂浆覆盖预热10min，然后将这沥青砂浆清除，再涂一道热沥青。接槎处必须紧密、平顺，烫缝不应枯焦。

1.2.5.4　找平层开裂

1. 现象

一种现象是在找平层上出现无规则的裂缝，这种裂缝一般分为断续状和树枝状两种，裂缝宽度一般为0.2~0.3mm，个别可超过0.5mm，出现时间主要发生在水泥砂浆施工初期至20d左右的龄期内。另一种现象是在找平层上出现横向有规则裂缝，这种裂缝往往是通长和笔直的，裂缝间距为4~6m。

2. 原因分析

找平层上出现无规则裂缝与下述因素有关：

（1）在保温屋面中，如采用水泥砂浆找平层，其刚度和抗裂性明显不足。

（2）在保温层上采用水泥砂浆找平，两种材料的线膨胀系数相差较大，且保温材料容易吸水。

（3）找平层的开裂还与施工工艺有关，如抹压不实、养护不良等。

3. 预防措施

（1）在屋面防水等级为Ⅰ、Ⅱ级的重要工程中，可采取如下措施：

1）对于整浇的钢筋混凝土结构基层，一般应取消水泥砂浆找平层。这样既可省去找平层的工料费，又可保持有利于防水效果的施工基面。

2）对于保温屋面，在保温材料上必须设置35~40mm厚的C20细石混凝土找平层，内配$\phi^P 4@200 \times 200$钢丝网片。

3）对于装配式钢筋混凝土结构板，应先将板缝用细石混凝土灌缝密实，板缝表面（深约20mm）宜嵌填密封材料。为了使基层表面平整，并有利于防水施工，宜采用C20的细石混凝土找平层，厚度为30~35mm。

（2）找平层应设分格缝。分格缝宜设在板端处，其纵横的最大间距：水泥砂浆或细石混凝土找平层，不宜大于6m（根据实际观察最好控制在5m以下）；沥青砂浆找平层，不宜大于 4m。水泥砂浆找平层分格缝的缝宽宜小于 10mm，当分格缝兼作排汽屋面的排汽道时，可适当加宽为 20mm，并与保温层相连通。

1.2.5.5 卷材开裂

1. 现象

沿预制板支座、变形缝、挑檐处出现规律性的或不规则的裂缝。

2. 原因分析

（1）屋面板板端或屋架变形，找平层开裂。

（2）基层温度收缩变形。

（3）起重机械振动和建筑物不均匀沉降。

（4）卷材质量低劣，老化脆裂。

（5）沥青胶韧性差、发脆，熬制温度过高，老化。

3. 预防措施

在预制板接缝处铺一层卷材作缓冲层；作好砂浆找平层；留分格缝；严格控制原材料和铺设质量，改进沥青胶配合比；控制耐热度和提高韧性，防止老化；严格认真操作，采取撒油法粘贴。

1.2.5.6 流淌

1. 现象

沥青胶软化，使卷材移动而形成皱褶或被拉空，沥青胶在下部堆积或流淌。

2. 原因分析

（1）沥青胶的耐热度过低，天热软化。

（2）沥青胶涂刷过厚，产生蠕动。

（3）未作绿豆砂保护层，或绿豆砂保护层脱落，辐射温度过高，引起软化。

（4）对坡度过陡的屋面采用平行屋脊的方式铺贴卷材。

3. 预防措施

根据实际最高辐射温度、厂房内热源、屋面坡度合理选择沥青胶耐热度，控制熬制质量和涂刷厚度（小于 2mm）；做好绿豆砂保护层，减低辐射温度；屋面坡度过陡时，避免平行屋脊铺贴卷材；逐层压实。

1.2.5.7 鼓泡、起泡

1. 现象

防水层出现大量大小不等的鼓泡、气泡，局部卷材与基层或下层卷材脱空。

2. 原因分析

（1）屋面基层潮湿，未干就刷冷底子油或铺卷材；基层窝有水分或卷材受潮，在受到太阳照射后，水汽蒸发，体积膨胀，造成鼓泡。

（2）基层不平整，粘贴不实，空气没有排净。

（3）卷材铺贴扭歪、皱褶不平，或刮压不紧，雨水潮气浸入。

3. 预防措施

（1）严格控制基层含水率在6%以内，避免雨、雾天施工，防止卷材受潮。

（2）加强操作程序和控制，保证基层平整，涂油均匀，封边严密，各层卷材粘贴平顺严实。

（3）潮湿基层上铺设卷材，采取排汽屋面做法。

1.2.5.8 搭接缝过窄或粘结不牢

1. 现象

用高聚物改性沥青卷材做屋面防水层时，一般均为单层铺贴，所以卷材之间的搭接缝是防水的薄弱环节。如搭接缝宽度过小（满粘法小于80mm；空铺、点粘、条粘小于100mm），或者接缝粘结不牢，就易出现开口翘边，导致屋面渗漏。

2. 原因分析

（1）采用热熔法铺贴高聚物改性沥青防水卷材时，未事先在找平层上弹出控制线，致使搭接缝宽窄不一。

（2）热熔粘贴时未将搭接缝处的铝箔烧净，铝箔成了隔离层，使卷材搭接缝粘结不牢。

（3）粘贴搭接缝时未进行认真的排气、辊压。

（4）未按规范规定对每幅卷材的搭接缝口用密封材料封严。

3. 处理措施

当发现高聚物改性沥青卷材防水层的搭接缝未粘结牢固，已经张口，或用手就可轻轻沿搭接缝撕开，最简单的处理方法是卷材条盖缝法。具体做法是沿搭接缝每边15cm范围内，用喷灯等工具将卷材上面自带的保护层（铝箔、PE膜等）烧净，然后在上面粘贴一条宽30cm的同类卷材，分中压贴，如图1-21所示。每条盖缝卷材应在一定长度内（约20m），且应在端头留出宽约10cm的缺口，以便由此口排出屋面上的积水。

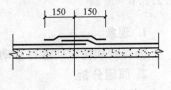

图1-21 卷材盖缝条

1.2.5.9 卷材起鼓

1. 现象

热熔法铺贴卷材时，因操作不当造成卷材起鼓。

2. 原因分析

（1）因加热温度不均匀，致使卷材与基层之间不能完全密贴，形成部分卷材脱落与起鼓。

（2）卷材铺贴时压实不紧，残留的空气未全部赶出。

3. 预防措施

（1）高聚物改性沥青防水卷材施工时，火焰加热要均匀、充分、适度。在操作时，首先持喷枪的人不能让火焰停留在一个地方的时间过长，而应沿着卷材宽度方向缓缓移动，使卷材横向受热均匀。其次要求加热充分，温度适中。第三要掌握加热程度，以热熔后的沥青胶出现黑色光泽（此时沥青温度在200~230℃之间）、发亮并有微泡现象为度。

（2）趁热推辊，排尽空气。卷材被热熔粘贴后，要在卷材尚处于较柔软时，及时进行辊压。辊压时间可根据施工环境、气候条件调节掌握。气温高冷却慢，辊压时间可稍迟；气温低冷却快，辊压宜提早。另外，加热与辊压的操作要配合默契，使卷材与基层面紧密接触，排尽空气，而在铺压时用力又不宜过大，确保粘结牢固。

1.2.5.10 合成高分子防水卷材粘结不牢

1. 现象

合成高分子卷材屋面防水层的卷材与基层粘结不牢或没有粘结住，严重时可能被大风掀起。此外，卷材与卷材的搭边部分出现脱胶开缝，会形成渗水通道，导致屋面渗漏。

2. 原因分析

（1）卷材与基层、卷材与卷材间的胶粘剂品种选材不当，材料性能不相容。

（2）铺设卷材时的基层含水率过高。

（3）找平层强度过低或表面有油污、浮皮或起砂。

（4）卷材搭接缝未清洗干净。

（5）胶粘剂涂刷过厚或未等溶剂挥发就进行粘合。

（6）未认真进行排气、辊压。

3. 处理措施

应针对不同的情况，选用不同的处理方法，见表 1-17。

表 1-17 合成高分子防水卷材粘结不牢的处理方法

处 理 方 法	适 用 范 围	具 体 做 法
周边加固法	卷材与基层部分脱开，防水层四周与基层粘结较差	将防水层四周 800mm 范围内及节点处的卷材掀起，清洗干净后，重新涂刷配套的胶粘剂粘合缝口，用密封材料封严，密封材料宽 10mm
栽钉处理法	基层强度过低或表面起砂掉皮，有被大风掀起的可能	除按上述方法处理外，每隔 500mm 用水泥钉加垫片由防水层上钉入找平层中，钉帽用材料性能相容的密封材料封严
搭接缝密封法	防水层上的卷材搭接缝脱胶开口	将脱开的卷材翻起，清洗干净，用配套的卷材与卷材胶粘剂重新涂刷，溶剂挥发后进行粘合、排气、辊压，并用材性相容的密封材料封边，密封材料宽度为 10mm

1.2.6 卷材防水屋面工程的工程质量验收

1.2.6.1 工程质量验收要求与检查方法

1. 屋面找平层

（1）主控项目

1）找平层的材料质量及配合比，必须符合设计要求。

检验方法：检查出厂合格证、质量检验报告和计量措施。

2）屋面(含天沟、檐沟)找平层的排水坡度，必须符合设计要求。

检验方法：用水平仪(水平尺)、拉线和尺量检查。

（2）一般项目

1）基层与突出屋面结构的交接处和基层的转角处，均应做成圆弧形，且整齐平顺。

检验方法：观察和尺量检查。

2）水泥砂浆、细石混凝土找平层应平整、压光，不得有酥松、起砂、起皮现象；沥青砂浆找平层不得有拌合不匀、蜂窝现象。

检验方法：观察检查。

3）找平层分格缝的位置和间距应符合设计要求，一般分格缝纵横距不宜大于 6m，分格缝宽度宜为 5~20mm。

检验方法：观察和尺量检查。

4）找平层表面平整度的允许偏差为 5mm。

检验方法：2m 靠尺和楔形塞尺检查。

2. 屋面保温层

（1）主控项目

1）保温材料的堆积密度或表观密度、导热系数以及板材的强度、吸水率、燃烧性能，必须符合设计要求。

检验方法：检查材料出厂合格证、质量检验报告和现场抽样复验报告。

2）保温层的含水率必须符合设计要求。

检验方法：检查现场抽样检验报告。

3）屋面热桥部位处理应符合设计要求。

检验方法：观察检查。

4）保温层厚度的允许偏差：松散保温材料，正偏差不限，负偏差为 4% 且不得大于 3mm；板状保温材料，正偏差不限，负偏差为 5% 且不得大于 4mm；喷涂硬泡聚氨酯保温层应符合设计要求，其正偏差不限，不得有负偏差；现浇泡沫混凝土保温层，其正负偏差应为 5%，且不得大于 5mm。

检验方法：用钢针插入和尺量检查。

（2）一般项目

1）保温层的铺设应符合下列要求：

①松散保温材料：分层铺设，压实适当，表面平整，找坡正确。

②板状保温材料：紧贴（靠）基层，铺平垫稳，拼缝严密，找坡正确。

③整体现浇保温层：拌合均匀，分层铺设，压实适当，表面平整，找坡正确。

检验方法：观察检查。

2）固定件的规格、数量和位置均应符合设计要求；垫片应与保温层表面齐平。

检验方法：观察检查。

3）保温层表面平整度的允许偏差：板状材料保温层、喷涂硬泡聚氨酯保温层、现浇泡沫混凝土保温层均为 5mm。

检验方法：2m 靠尺和塞尺检查。

4）当倒置式屋面保护层采用卵石铺压时，卵石应分布均匀，卵石的质（重）量应符合设计要求。

检验方法：观察检查和按堆积密度计算其质（重）量。

3. 卷材防水层

（1）主控项目

1）防水卷材及其配套材料的质量应符合设计要求。

检验方法：检查出厂合格证、质量检验报告和现场抽样复验报告。

2）防水层不得有渗漏或积水现象。

检验方法：雨后观察蓄水、淋水检验。

3）卷材防水层在天沟、檐沟、檐口、水落口、泛水、变形缝和伸出屋面管道的防水构造，应符合设计要求。

检验方法：观察检查和检查隐蔽工程验收记录。

（2）一般项目

1）卷材防水层的搭接缝应粘（焊）结牢固，密封严密，不得有皱折、翘边和鼓泡等缺陷；防水层的收头应与基层粘结并固定牢固，缝口封严，不得翘边。

检验方法：观察检查。

2）卷材防水层的收头应与基层粘结，钉压应牢固，密封应严密。

检验方法：观察检查。

3）屋面排汽构造的排汽道应纵横贯通，不得堵塞。排汽管应安装牢固，位置正确，封闭严密。

检验方法：观察检查。

4）卷材的铺贴方向应正确，卷材搭接宽度的允许偏差为-10mm。

检验方法：观察和尺量检查。

1.2.6.2 质量验收文件

（1）设计图样及会审记录、设计变更通知和材料代用核定单。

（2）施工方案。

（3）技术交底记录。

（4）材料质量证明文件，包括出厂合格证、质量检验报告和试验报告。

（5）分项工程质量验收记录、隐蔽工程验收记录、施工检验记录、淋水或蓄水检验记录。

（6）施工日志。

（7）工程检验记录。

（8）其他技术资料等。

课题3 涂膜防水屋面工程

涂膜防水是在自身有一定防水能力的结构层表面涂刷一定厚度的防水涂料，经常温胶联固化后，形成一层具有一定韧性的防水涂膜的防水方法。根据防水基层的情况和适用部位，可将加固材料和缓冲材料铺设在防水层内，以达到提高涂膜防水效果、增强防水层强度和耐久性的目的。涂膜防水由于防水效果好，施工简单、方便，特别适合于表面形状复杂的结构的防水施工。它不仅适用于建筑物的屋面防水、墙面防水，而且还广泛地应用于地下工程的防水以及其他工程的防水。

1.3.1 涂膜防水材料的分类

根据组分不同，涂膜防水材料一般可分为单组分防水涂料和双组分防水涂料两类。

单组分防水涂料按液态类型不同一般有溶剂型、水乳型两种。双组分防水涂料属于反应型防水涂料。

溶剂型防水涂料中的高分子材料溶解于有机溶剂(一般为二甲苯、改性沥青防水涂料)中,而且是以分子状态存在于溶剂中的,呈溶液状。

水乳型防水涂料中的高分子材料是以极微小的颗粒(而不是分子状态)稳定地悬浮(而不是溶解)在水中,呈乳液状。

反应型防水涂料中的高分子材料在施工固化前是以高聚物液态形式存在的。一般为双组分,不是溶剂和水。

防水涂料按成分性质不同,一般可分为沥青基防水涂料、高聚物改性沥青防水涂料和合成高分子防水涂料三类。常用防水涂料的品种如图 1-22 所示。

常用防水涂料

1. 沥青基防水涂料
  - 石灰乳化沥青防水涂料
  - 膨润土乳化沥青防水涂料
  - 水性石棉沥青防水涂料
  - 石棉乳化沥青防水涂料
  - 黏土乳化沥青

2. 高聚物改性沥青防水涂料
  - (单组分、溶剂型)氯丁橡胶改性沥青防水涂料
  - (单组分、水乳型)氯丁橡胶改性沥青防水涂料
  - (单组分、溶剂型)再生橡胶改性沥青防水涂料
  - (单组分、水乳型)再生橡胶改性沥青防水涂料
  - (单组分、溶剂型)SBS 改性沥青防水涂料
  - (单组分、水乳型)SBS 改性沥青防水涂料

3. 合成高分子防水涂料
  - (双组分、反应型)聚氨酯防水涂料
  - (单组分、水乳型)硅橡胶防水涂料
  - (单组分、溶剂型)丙烯酸酯防水涂料
  - (单组分、水乳型)丙烯酸酯防水涂料
  - (单组分、水乳型)聚氯乙烯(PVC)防水涂料
  - (单组分、水乳型)高性能橡胶防水涂料

图 1-22　常用防水涂料

1.3.2　涂膜防水材料组成与作用

涂膜防水材料的组成与作用见表 1-18。

表 1-18　涂膜防水材料与作用

项　次	项　目	主　要　材　料	作　用
1	底漆	合成树脂、合成橡胶以及橡胶沥青(溶剂型或乳液型)材料	刷涂、喷涂或抹涂于基层表面,用于防水施工第一阶段的基层处理
2	防水涂料	聚氨酯类防水涂料、丙烯酸类防水涂料、橡胶沥青类防水涂料、氯丁橡胶类防水涂料、有机硅类防水涂料以及其他防水涂料	是构成涂膜防水的主要材料,使建筑物表面与水隔绝,对建筑物起到防水与密封作用;同时还起到美化建筑物的装饰作用
3	胎体增强材料	玻璃纤维纺织物、合成纤维纺织物、合成纤维非纺织物等	增加涂膜防水层的强度,当基层发生龟裂时,可防止涂膜破裂或蠕变破裂;同时还可防止涂料流坠

（续）

项 次	项 目	主要材料	作 用
4	隔热材料	聚苯乙烯板等	起隔热保温作用
5	保护材料	装饰涂料、装饰材料、保护缓冲材料	保护防水涂膜免受破坏和装饰美化建筑物

1.3.3 涂膜防水层及复合防水层

涂膜防水层及复合防水层最小厚度应符合表 1-19 和表 1-20 的规定。

表 1-19 每道涂膜防水层最小厚度　　　　　　　　　　（单位：mm）

防水等级	合成高分子防水涂膜	聚合物水泥防水涂膜	高聚物改性沥青防水涂膜
Ⅰ级	1.5	1.5	2.0
Ⅱ级	2.0	2.0	3.0

表 1-20 复合防水层最小厚度　　　　　　　　　　　　（单位：mm）

防水等级	合成高分子防卷材+合成高分子防水涂膜	自粘聚合物改性沥青防水卷材(无胎)+合成高分子防水涂膜	高聚物改性沥青防水卷材+高聚物改性沥青防水涂膜	聚乙烯丙纶卷材+聚合物水泥防水胶结材料
Ⅰ级	1.2+1.5	1.5+1.5	3.0+2.0	(0.7+1.3)×2
Ⅱ级	1.0+1.0	1.2+1.0	3.0+1.2	0.7+1.3

下列情况不得作为屋面的一道防水设防：

（1）混凝土结构层。

（2）Ⅰ型喷涂硬泡聚氨酯保温层。

（3）装饰瓦及不搭接瓦。

（4）隔汽层。

（5）细石混凝土层。

（6）卷材或涂膜厚度不符合规范规定的防水层。

1.3.4 涂料防水屋面施工技术

1.3.4.1 涂料防水层施工方法

防水涂料的涂布施工有喷涂施工、刷涂施工、抹涂施工、刮涂施工等方法。

1. 喷涂施工

喷涂施工是利用压力或压缩空气将防水涂料涂布于防水基层面上的机械施工方法，其特点是涂膜质量好、工效高、劳动强度低，适用于大面积作业。

2. 刷涂施工

用刷子涂刷一般采用蘸刷法，也可边倒涂料边用刷子刷匀，涂布垂直面层的涂料时，最好采用蘸刷法。涂刷应均匀一致，倒料时要注意控制涂料均匀倒洒，不可在一处倒得过多，否则涂料难以刷开，造成涂膜厚薄不均匀现象。涂刷时不能将气泡裹进涂层中，如遇气泡应立即消除。涂刷遍数必须采用事先试验确定的遍数。

涂布时应先涂立面，后涂平面。在立面或平面涂布时，可采用分条或按顺序进行。分条进行时，每条宽度应与胎体增强材料宽度一致，以免操作人员踩踏刚涂好的涂层。

前一遍涂料干燥后，方可进行下一道涂膜的涂刷。涂刷前应将前一遍涂膜表面的灰尘、杂物等清理干净，同时还应检查前一遍涂层是否有缺陷，如气泡、露底、漏刷，胎体材料皱折、翘边，杂物混入涂层等。如果存在上述质量问题，应先进行修补，再涂布下一道涂料。

基层处理剂(冷底子油)涂刷要用力，涂层应薄而均匀。后续涂层的涂刷，材料用量控制要严格，用力要均匀，涂层厚薄要一致，仔细认真涂刷。各道涂层之间的涂刷方向应相互垂直，以提高防水层的整体性和均匀性。涂层间的接槎处，在每遍涂刷时应退槎 50~100mm，接槎时搭接 50~100mm，以免接槎不严造成渗漏。

刷涂施工质量要求涂膜厚薄一致，平整光滑，无明显接槎。施工操作中不应出现流淌、皱纹、漏底、刷花和起泡等弊病。

特殊部位需按设计要求进行增强处理，即在细部节点(如立管周围、阴阳角)加铺有胎体增强材料的附加层。一般先涂刷一层涂料，随即铺贴事先剪好的胎体增强材料，用软刷反复刷匀，贴实无皱折，干燥后再刷一遍防水涂料。

3. 抹涂施工

对于流平性较差的厚质防水涂料，一般采用抹涂法施工，通常包括结合层涂布(底层涂料)和防水层涂膜的抹涂两个工艺过程。由于抹涂的涂层厚度相对较薄，工艺要求比较严格。因此，要求操作人员必须具有熟练的抹灰技术基础，并熟悉防水涂料的性能和工艺要求。

4. 刮涂施工

刮涂就是利用刮刀将厚质防水涂料均匀地刮涂在防水基层上，形成厚度符合设计要求的防水涂膜。刮涂常用工具有牛角刀、油灰刀、橡胶刮刀等。

1.3.4.2 防水涂料施工工艺

涂膜防水涂料根据其涂膜厚度分为薄质防水涂料和厚质防水涂料。涂膜总厚度在 3mm 以内的涂料为薄质防水涂料，涂膜总厚度在 3mm 以上的涂料为厚质涂料。薄质防水涂料和厚质防水涂料在其施工工艺上有一定差异。

1. 基层处理

基层要求平整、密实、干燥或基本干燥(根据涂料品种要求)，不得有酥松、起砂、起皮、裂缝和凹凸不平等现象，如有必须经过处理，同时表面应处理干净，不得有浮灰、杂物和油污等。

结合层涂料又叫基层处理剂。在涂料涂布前，先喷(刷)涂一道较稀的涂料，以增强涂料与基层的粘结。结合层涂料的使用应与涂层涂料相配套。若使用水乳型防水涂料，可用掺 0.2%～0.5% 乳化剂的水溶液或软化水将涂料稀释，其配合比为防水涂料：乳化剂溶液（或软水）= 1：（0.5～1.0）。如无软水，可用冷开水代替，切忌使用一般水（天然水或自来水）。若使用溶剂型防水涂料，由于其渗透能力比水乳型防水涂料强，可直接用涂料薄涂一道。若涂料较稠，可用相应的稀释剂稀释后再使用。对于高聚物改性沥青防水涂料，可用煤油：30 号石油沥青 = 60：40 的沥青溶液作为结合层涂料。结合层涂料应采用喷涂或刷涂施工。刷涂时要用力薄涂，使涂料进入基层表面的毛细孔中，与基层牢固结合。

2. 特殊部位附加增强层处理

在大面积涂料涂布前，先按设计要求做好特殊部位附加增强层，即在屋面细部节点（如水落管、檐沟、女儿墙根部、阴阳角、立管周围等）加铺有胎体增强材料的附加层。首先在该部位涂刷一遍涂料，随即铺贴事先裁剪好的胎体增强材料，用软刷反复干刷、贴实，干燥后再涂刷一道防水涂料。水落管口处四周与檐沟交接处应先用密封材料密封，再加铺有两层胎体增强材料的附加层，附加层涂膜伸入水落口杯的深度不少于 50mm。在板端处应设置缓冲层，缓冲层用宽 200～300mm 的聚乙烯薄膜空铺在板缝上，然后再增铺有胎体增强材料的空铺附加层。

3. 大面积涂布

涂层可用棕刷、长柄刷、圆辊刷、塑料或胶皮刮板等人工涂布，也可用机械喷涂。

用刷子涂刷一般采用涂刷法，也可采用边倒涂料边用刷子刷开刷匀的刮涂法。涂布时应先立面后平面，涂布立面应采用涂刷法，使之涂刷均匀一致。涂布平面时宜采用刮涂法，但倒料要注意控制涂料均匀倒洒，不可一处倒得过多，使涂料难以刮开，会出现厚薄不均现象。涂刷遍数、间隔时间、用量必须采用事先试验确定的数据，切不可为了省事、省力而一遍涂刷过厚。前一遍涂料干燥后，应将涂层上的灰尘、杂质清除干净，并将缺陷（如气泡、露底、漏刷、翘边、皱折等）处理好，然后进行后一遍涂料的涂刷。

4. 铺设胎体增强材料

在涂料第二遍涂刷时或第三遍涂刷前，即可加铺胎体增强材料。胎体增强材料应尽量顺屋脊方向铺贴，以方便施工，提高劳动效率。

胎体增强材料可以选用单一品种，也可将玻纤布与聚酯毡混合使用。混用时，应在上层采用玻纤布，下层使用聚酯毡。铺布时，切忌拉伸过紧，否则胎体增强材料与防水涂料在干燥成膜时，会有较大的收缩，但也不宜过松，过松时布面会出现皱折，使网眼中的涂膜极易破碎而失去防水能力。

第一层胎体增强材料应越过屋脊 400mm，第二层应越过 200mm，搭接缝应压平，否则容易进水。胎体增强材料长边搭接不少于 50mm，短边搭接不少于 70mm，搭接缝应顺流水方向或年最大频率风向（即主导风向）。采用两层胎体增强材料时，上下层不得互相垂直，且搭接缝应错开，其错开间距不少于 1/3 幅宽。

胎体增强材料铺设后，应严格检查表面有无缺陷或搭接不良等现象，如有应及时修补完整，使它形成一个完整的防水层，然后在上面继续涂刷涂料。面层涂料应至少涂刷两遍，以增加涂膜的耐久性。如面层做粒料保护层，则可在涂刷最后一遍涂料时，随即撒铺覆盖粒料。

为了防止收头部位出现翘边现象，所有收头均应用密封材料封边，封边宽度不得小于10mm。收头处有胎体增强材料时，应将其剪齐，如有凹槽则应将其嵌入槽内，用密封材料嵌严，不得有翘边、皱折和露白等现象。

5. 厚质防水涂料施工工艺

我国目前常用的厚质防水涂料有水性石棉油膏防水涂料、石灰膏乳化沥青防水涂料、膨润土乳化沥青防水涂料等。厚质防水涂料一般采用抹涂法或刮涂法施工，主要以冷施工为主。厚质防水涂料的涂膜厚度一般为4~8mm，有纯涂层，也有铺衬一层或两层胎体增强材料。其施工工艺和对基层的要求与薄质涂料的要求基本相同。

（1）特殊部位附加增强处理：水落口、天沟、檐口、泛水及板端缝等特殊部位，常采用涂料增厚处理，即刮涂2~3mm厚的涂料，其宽度视具体情况而定，也可按"一布二涂"构造做好增强处理。

（2）大面积涂布：厚质防水涂料施工时，应将涂料充分搅拌均匀，清除杂质。涂布时，一般先将涂料直接倒在基层上，用胶皮刮板来回刮涂，使它厚薄均匀一致，不露底，表面平整，涂层内不产生气泡。为控制涂层厚度，可预先在刮板上固定铁丝或木条，或在屋面板上做好标志，铁丝或木条高度与每遍涂层刮涂厚度一致。涂层总厚度4~8mm，分二至三遍刮涂。流平性差的涂料刮平后，待表面收水尚未结膜时，应用铁抹子进行压实抹光。抹压时间应适当，过早起不到抹光作用，过迟会使涂料粘住抹子，出现月牙形抹痕。为此，可采取分条间隔的操作方法，以便抹压操作。分条宽度一般为800~1000mm，并与胎体增强材料的宽度相一致。

涂布间隔时间以涂层干燥并能上人操作为准，脚踩不粘脚、不下陷（或下陷能回弹）时，即可进行下一道涂层施工，常温下一般干燥时间不少于12h。

每层涂料刮涂前，必须检查下涂层表面是否有气泡、皱折、凹坑、刮痕等弊病，如有应先修补完整，然后进行上涂层的施工。第二遍涂料的刮涂方向应与上一遍相互垂直。

立面部位涂层应在平面刮涂前进行，并视涂料流平性能好坏而确定涂布次数。流平性好的涂料应薄而多次刮涂，否则会产生流坠现象。

（3）铺设胎体增强材料：当屋面坡度小于15%时，胎体增强材料应平行屋脊方向铺设；屋面坡度大于15%，则应垂直屋脊方向铺设。铺设时应从低处向上操作。

胎体增强材料可采用湿铺法或干铺法施工。

湿铺法是在头遍涂层表面刮平后，立即铺贴胎体增强材料。铺贴时应做到平整、不起皱，但也不能拉伸过紧。铺贴后用刮板或抹子轻轻刮压或抹压，使布网孔眼中（或毡面上）充满涂料。头遍涂料干燥后方可进行第二遍涂料施工。

干铺法是待头遍涂料干燥后，用稀释涂料将胎体增强材料先粘在头遍涂层面上，再将涂料倒在上面进行第二遍刮涂。刮涂时要用力使网眼中充满涂料，然后将表面刮平或抹压平整。

（4）收头处理：收头部位胎体增强材料应裁齐，防水层收头应压入凹槽内，并用密封材料嵌严，待墙面抹灰时用水泥砂浆压封严密。如无预留凹槽，可待涂膜固化后，用压条将其固定在墙面上，用密封材料封严，再将金属或合成高分子卷材用压条钉压作盖板，盖板与立墙间用密封材料封固。

1.3.4.3　沥青类防水涂料施工

1. 石灰乳化沥青防水涂料施工

（1）基层要求及处理：基层要求坚实、洁净，必要时先用水冲洗干净。基层局部缺陷处，可先用石灰乳化沥青抹压找平。接缝部位及其他节点可先用聚氯乙烯胶泥或其他嵌缝材料嵌填严密。

（2）施工要点

1）刷冷底子油：夏季日最高气温大于 30℃ 时，宜先将屋面基层用水冲洗干净，然后刷稀释石灰乳化沥青冷底子油一道；春秋季宜在洁净的屋面上刷汽油沥青冷底子油（汽油：沥青＝7：3）一道。具体采用何种冷底子油，由试抹膏体确定。

2）抹灰（或涂刷）：待冷底子油干后立即铺抹石灰乳化沥青，湿厚度为 5～7mm，也可分两遍铺抹。待表面收水后，立即用铁抹子压实抹光。

3）加覆盖层：如需加覆盖层，应在刚抹好的石灰乳化沥青面上均匀撒布粒径约 3mm 的中砂或云母粉等。

2. 膨润土乳化沥青防水涂料施工

（1）材料准备

1）有保温层的永久性建筑物，宜选用加衬玻璃纤维布的"二布三涂一砂"防水层，沥青乳液用量为 $6.0kg/m^2$，玻璃纤维布用量 $2.24m^2/m^2$。

2）对于重要的工程和对沉降比较敏感的建筑物，宜用"三布四涂一砂"防水层，沥青乳液用量为 $8.0kg/m^2$。

3）对于无保温层的永久建筑物，宜选用加衬玻璃纤维网的"二网三涂一砂"防水层，沥青乳液用量为 $6.0kg/m^2$，玻璃纤维网用量为 $2.24m^2/m^2$。

4）对于临时建筑物和刚性防水屋面可采用"一网二涂一砂"防水层，沥青乳液用量为 $4.5kg/m^2$，玻璃纤维网用量 $1.15m^2/m^2$。

（2）施工要点

1）基层一定要清理干净，平整密实。如有裂纹裂缝，可用该沥青乳液修补，加贴两层玻璃纤维布即可。

2）对于女儿墙、阴阳角、排水沟、烟囱、出气孔等部位，按"一网二涂"构造预先做好增强处理。

3）涂刷冷底子油一道，其配合比为膨润土乳化沥青：水＝1.0：（0.5～1.0）（质量比）。

4）冷底子油干燥后，可根据防水层构造设计要求做防水层，如无增强层的防水层、一布二涂、二布三涂或三布四涂等。防水涂层应分多遍刮涂施工，前一遍防水涂料干燥后方可刮涂下一遍防水涂料，时间间隔一般不得少于 24h。涂膜厚度控制为：中间各层厚约 1.3～1.5mm，表面不小于 1.5mm，防水层总厚度应不小于 5mm。

5）涂层中夹铺玻璃纤维布（网）时，应边涂边铺，将玻璃纤维布刮平，以排除气泡并与下层涂料粘结牢固。在玻璃纤维布上涂布涂料时，应使涂料浸透玻璃纤维布，并完全覆盖，不得使其外露。

6）保护层砂子应采用不带锥角、粒径为 0.5～4mm 的浅色砂粒，砂中粉料应筛去。在刮涂最后一遍涂料时，边涂边均匀撒布砂粒，不得露底。当涂料干燥后，可将多余的砂清除。

3. 石棉乳化沥青防水涂料施工

（1）材料准备：纯涂层（二胶），涂料用量 $4kg/m^2$；二布三涂（二布四胶），总厚度 3.5mm，涂料用量 $8kg/m^2$。节点处可采用二布三涂（二布五胶），总厚度为 4.5mm。

（2）施工要点

1）基层要求平整密实，清理干净。如有裂纹、裂缝应进行修补。

2）女儿墙、阴阳角、排水沟、烟囱、出气孔等部位，按"一网二涂"构造预先做好增强处理。

3）涂刷一道冷底子油。冷底子油的配合比为乳化沥青：水 = 1.0：（0.5～1.0）（质量比）。

4）冷底子油干燥后可进行厚涂层施工，涂料用量为 $10kg/m^2$。每遍涂刷的厚度，可随天气变化作适当调整。气温高、蒸发快，可涂厚一些；反之，可涂薄一些。一般情况下，气温超过 25℃，每遍涂料用量为 $3.0kg/m^2$；气温在 20～25℃，每遍用量为 $2.5kg/m^2$；气温在 15～20℃，每遍用量为 $2.0kg/m^2$。

5）涂层中铺贴玻璃纤维布（网）时，涂料的稠度一般以泼到基层表面不自流、用软刷又能铺开为宜。一般应边涂边铺，将玻璃纤维布刮平，以排除气泡并与下层涂料粘结牢固。在玻璃纤维布上涂布涂料时，应使涂料完全浸透玻璃纤维布，并完全覆盖，不得使其外露。

6）当用细砂、云母或蛭石等撒布材料作保护层时，应筛去粉料，砂子不带锥角。在刮（刷）涂最后一遍涂料时，边涂边均匀撒布粒料，不得露底。当涂料干燥后，将多余的撒布材料清除。

4. 水性石棉沥青防水涂料施工

（1）基层要求及处理

1）屋面找平层应坚实、平整、洁净、无疏松或凸出物。凹处先用水泥砂浆补平，阴阳角部位应先抹成半圆弧形，平面及天沟要有足够排水坡度。

2）各种接缝及较大的裂缝，均应事先用嵌缝材料嵌填密实。

（2）施工要点

1）全面打底：将涂料用一倍量水稀释拌匀，在干燥的基层上全面涂刷一薄层，作为冷底子油，用量约 $0.3kg/m^2$。

2）接缝增强：在已嵌好嵌缝材料的接缝处，用 250mm 宽的牛皮纸（或聚乙烯薄膜）干铺一层，再铺上 450mm 宽的玻璃纤维布，并及时涂上涂料，作为增强层。

天沟、泛水、管脚等部位，也应先铺上玻璃纤维布一层，刷上涂料，作为增强层。

3）防水层涂布：待增强层干透后，即可按先立面后平面的次序，在打过冷底子油的基层上全面刷涂料一度（一层），用量约 $3kg/m^2$。夏季施工一次涂成，气温降低采用薄涂法，每道涂刷量以不致产生开裂为限，但每 $1m^2$ 用料量应达到规定的数量。

涂层干透后，及时将玻璃纤维布铺上。从流水坡度的下坡开始铺贴玻璃纤维布，布的纵向与流水方向垂直，边铺边将涂料倒在玻璃纤维布上，均匀涂刷，使涂料透过玻璃纤维布与底涂层密切结合。玻璃纤维布要铺贴密实平整，无皱折起泡，涂料要浸透玻璃纤维布，用量约 $4kg/m^2$。

4）保护层：待上涂层干透后，将涂料适量加水拌匀，再涂一度（一层），用量约 $1kg/m^2$，随即撒上云母粉或蛭石，轻轻扫平，隔日扫去未粘住部分。

1.3.4.4　高聚物改性沥青防水涂料施工

1. 氯丁橡胶沥青防水涂料施工

氯丁橡胶沥青防水涂料分为溶剂型氯丁橡胶沥青防水涂料和水乳型氯丁橡胶沥青防水涂料。

（1）溶剂型氯丁橡胶沥青防水涂料的施工

1）材料准备

① 涂料材料：溶剂型氯丁橡胶沥青防水涂料。一布二涂的涂料用量为 $1.5 \sim 2.0 kg/m^2$，二布三涂的涂料用量为 $2.5 \sim 3.0 kg/m^2$。

② 配套材料：嵌缝用的聚乙烯塑料油膏、橡胶沥青油膏、100D 和 120D 玻璃纤维布。

2）基层要求及处理

① 基层要求平整、密实，不得有酥松、起砂、剥落和凹凸不平现象。对不平之处需用高强度等级砂浆补齐，阴阳角应做成圆弧形。

② 排水坡度符合设计要求。

③ 裂缝处要进行修补处理。0.5mm 以下的裂缝，先刷涂料一遍，然后用腻子刮填；0.5mm 以上裂缝，则先凿成"V"形口，再嵌油膏，并在裂缝处粘贴宽为 $50 \sim 100mm$ 的玻璃纤维布增强。

④ 基层表面要求干燥，含水率小于9%。

⑤ 清除表面浮尘、杂物及油污等。

3）施工要点

① 特殊部位处理：在特殊部位（如地漏、立管周围）加 $1 \sim 2$ 层玻璃纤维布。

② 刷底层涂料：在已处理好的基层上用较稀的氯丁橡胶沥青防水涂料涂刷一遍，要求用力涂刷，以增强与基层的粘结力。

③ 铺贴玻璃纤维布：待底层涂料干燥后（一般需 24h），即可在底层涂料上边刷涂料边铺贴玻璃纤维布。玻璃纤维布铺贴后，应立即用排刷刷平，排除布下面的空气，使玻璃纤维布充分浸润，与基层粘结牢固。玻璃纤维布互相搭接长度应不小于100mm。

④ 刷第二道涂料、粘贴第二层玻璃纤维布：若为二布三涂，可在第一层玻璃纤维布干燥后，刷涂第二道涂料，铺贴第二层玻璃纤维布。其施工方法与第一层玻璃纤维布铺贴方法相同。第二层玻璃纤维布应与第一层玻纤布错开1/3幅宽度。玻璃纤维布之间的搭接长度应不小于100mm。

⑤ 涂刷表层涂料：本层涂料厚度不得小于1.5mm，应涂刷均匀，不得有漏刷和漏白现象，一般可采用二次涂刷。

（2）水乳型氯丁橡胶沥青防水涂料施工

1）材料准备

① 涂料材料：水乳型氯丁橡胶沥青防水涂料，一布二涂的涂料用量为 $2.0 \sim 3.0 kg/m^2$，二布三涂的涂料用量为 $2.5 \sim 4.5 kg/m^2$，一般应根据涂料产品说明书的规定确定。

② 辅助材料：玻璃纤维布，嵌缝油膏。玻璃纤维布宜采用 100D 和 120D 中碱玻璃纤维布；一布二涂的玻纤布用量为 $1.15 m^2/m^2$，二布三涂的玻纤布用量为 $2.30 m^2/m^2$。

③ 表面保护材料：细砂、云母粉、蛭石粉、浅色隔热涂料等。

2）基层要求及处理

① 对新基层的要求：水泥砂浆找平层应坚实、平整，用 2m 直尺检查，凹处不超过 5mm，平缓变化每 1m² 内不多于一处。如不符合上述要求，应用 1：3 水泥砂浆找平。基层裂缝要预先修补，裂缝小于 0.5mm 的，先以稀释防水涂料做二次底涂，干后再用防水涂料反复涂刷几次；0.5mm 以上的裂缝，应将裂缝加以适当剔宽，涂上稀释防水涂料，干后用防水涂料或嵌缝材料灌缝，在其表面粘贴 30~40mm 宽的玻璃纤维网格布条，上涂防水涂料。

② 对旧基层的要求：翻修漏水屋面，要彻底铲除失效的防水层，清理干净，露出基层表面。对龟裂严重的无分仓缝或无嵌缝处理的刚性防水层，除修补裂缝外，还应根据屋面结构特点和漏水状况适当地设缝，缝内嵌填嵌缝膏。若刚性防水层破坏严重，无法进行涂料施工，则应全部铲除，重新做找平层。

③ 对接缝及细部结构处理：各种结构缝、伸缩缝、分仓缝等应先做填缝加强处理。最好的做法是在缝内嵌填嵌缝膏，反复挤压，使嵌缝密实。嵌缝膏表面应略高于基面，然后在嵌缝膏表面覆盖一层略大于缝宽的软聚氯乙烯塑料薄膜，使其作为背衬，在上面铺 80~100mm 宽的玻璃纤维网格布，同时涂刷防水涂料。网格布应牢固粘贴于缝的两边，构成加强防水层。

天沟、管子根部、雨水管口、天窗边缝、女儿墙和山墙边缝等结构上的交接部位应予以重点处理。最好的做法是先嵌填嵌缝膏，然后粘贴玻璃纤维网格布以形成加强层（图 1-23~图 1-25）。基层表面要基本干燥，含水率在 15% 以下。

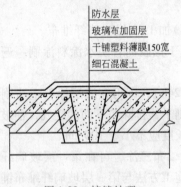

图 1-23　接缝处理

图 1-24　女儿墙阴角处理

3）施工要点

① 涂刷底层涂料：将稀释后的防水涂料均匀地涂布于基层的找平层上。涂刷时间宜选择无阳光照射的早晚间，以利涂料有充分的时间向基层毛细孔内渗透，增强涂层与基层的粘结力。干燥后，再刷防水涂料 2~3 遍。涂刷时应厚薄均匀，厚度不宜太厚，不得有流淌、堆积现象，亦不得有漏刷现象。

② 铺贴玻璃纤维布：玻璃纤维布的粘贴可采用干铺法或湿铺法施工。

采用干铺法时，先在已干的底层涂膜上干铺玻璃纤维布，展平后每隔 0.5m 左右用涂料点粘固定。玻璃纤维布搭接应顺主导风向和屋面流水方向。长边搭接宽度不得少于 70mm，短边搭接宽度不得少于 100mm。每铺完两幅玻纤布后，开始涂刷防水涂料，依次涂刷 2~

3 遍。

采用湿铺法时，在已干的底层防水涂膜上，边刷防水涂料，边铺贴玻璃纤维布。一般将玻纤布卷成圆卷，边滚边铺贴，边用毛刷将布刷平展，排除气泡，然后在其上刷涂一遍涂料，使玻纤布完全浸润、覆盖，与底层涂料粘结牢固。

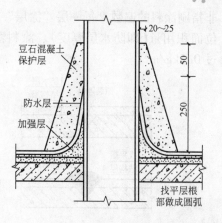

若铺贴第二层玻璃纤维布，其施工方法同上。

③ 涂刷面层防水涂料：在玻璃纤维布上涂刷 1～2 遍涂料，干后用橡胶刮板刮涂增厚层涂料。增厚层配合比（质量比）为：防水涂料：细砂（40 目）= 1：（1.0~1.2），使用时应充分搅拌，防止细砂沉降。增厚涂层的厚度为 1mm 左右，每平方米用涂料 1.0kg。增厚层涂料干燥后再涂刷 1～2 遍防水涂料。

图 1-25　管子根部处理

④ 保护层施工：一般可采用细砂保护层，或采用着色做法、铺设面砖等方法进行保护。

2. 再生橡胶沥青防水涂料施工

（1）溶剂型再生橡胶沥青防水涂料施工

1）材料准备

① 使用前按质量标准验收。如涂料过稠应用汽油等溶剂进行稀释；若涂料中有杂质应滤去。防水涂料备料量为：纯涂层 $2.0～2.5kg/m^2$，一布二涂 $2.5～3.0kg/m^2$，二布三涂 $3~4kg/m^2$。防水涂料的牌号不同，使用量略有差异。

② 使用中碱性玻璃纤维网布。纤维网布要求柔软、网格大，股数少。

2）基层要求及处理

① 基层要求平整、密实、干燥、含水率低于 9%，不得有起砂酥松、剥落和凹凸不平现象，各种坡度应符合排水要求。基层不平处应用高强度等级砂浆填平补齐，阴阳角处应做成圆弧角。涂布前应进行表面清理，用钢丝刷或其他机具清刷表面，除去浮灰杂物及不稳固的表层，并用扫帚或吹尘机清理干净。

② 基层裂缝宽度在 0.5mm 以下时，可先刷涂料一度，然后用腻子刮填。腻子配合比为：涂料：滑石粉（或水泥）= 100：（100～120）（或 120～180）。对于较大的裂缝，可先凿宽，再嵌填弹塑性较大的聚氯乙烯塑料油膏或橡胶沥青油膏等嵌缝材料（图 1-26），然后用涂料粘贴一条宽约 5cm 玻璃纤维布（或化纤布，下同）增强。

③ 涂布前一天，对各种接缝、变形缝、分隔缝等，均应嵌填嵌缝材料，做加强处理。对天沟、檐口、水落管口、女儿墙、山墙边缝等也均应先做加强防水处理（图 1-27、图 1-28、图 1-29），如嵌填嵌缝材料或铺设附加层等。水落口处需加铺二布三涂附加层，将玻璃纤维剪成莲花瓣形，交错密实地贴进水落管内约 80mm，玻璃纤维布附加层向水落口周围扩大铺贴，半径至少扩大 150mm。天沟和泛水加铺一布二涂附加层。阴阳角加铺一布二涂附加层，先将涂料用长柄毛刷刷涂于阴阳角处，再将按要求裁剪的玻璃纤维布粘贴好，附加层分别向八字坡的两端延伸至少 250mm。

3）施工要点：涂料防水层施工根据需要有单纯涂膜（仅适用于槽瓦等轻屋盖）；一布二涂、二布三涂和多布多涂。所谓"二涂""三涂""多涂"，仅指由涂料构成的防水层数，非指刷涂料的遍数。每一层"涂层"可刷一遍至数遍不等，具体遍数由设计要求的涂料单位面积用量（即防水层厚度）、涂料黏度和施工环境气温来确定，一般每遍涂刷量不宜超过 $0.5kg/m^2$。

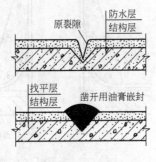

图 1-26　裂缝处理

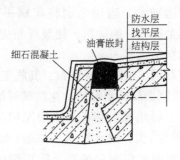

图 1-27　天沟与屋面板节点处理

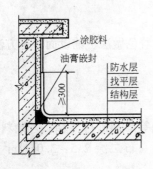

图 1-28　女儿墙与屋面板节点处理

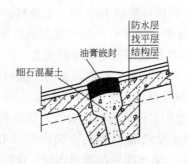

图 1-29　板缝节点处理

对纯涂层，施工要点如下：

① 刷底层涂料：将防水涂料搅拌均匀后，用辊刷或橡胶刮板将涂料均匀涂布于基层表面，涂料用量约为 $0.4\sim0.5kg/m^2$。底层涂料涂布完后，干燥24h。

② 涂膜防水层施工：施工应自上而下进行。将搅拌均匀的防水涂料倒在基层表面上，再用橡胶刮板将涂料摊开刮匀。第一遍涂料的用量以 $1kg/m^2$ 为宜。第一遍涂料干燥后，再按上述方法刮涂第二遍涂料，第二遍涂料用量为 $1kg/m^2$ 以上。

③ 保护层施工：在第二遍涂料施工完毕而未固化前，在其表面撒布一层细砂，或云母，或蛭石材料，要撒布均匀，不得露底。待涂料干后，可将多余的撒布材料清除。

对有胎体增强层的涂层，施工要点如下：

① 涂刷第一道涂料：在基层面上均匀涂刷一道防水涂料。第一道防水涂料厚度为 $0.3\sim0.5mm$，涂料用量 $0.5\sim0.6kg/m^2$。要求涂层厚薄均匀，不堆积、不流淌、不漏刷。

② 铺贴第一层玻璃纤维布：第一遍防水涂料干燥后，便可进行第一层玻璃纤维网布的铺贴施工。将网布卷于一根圆棒上，并预先在玻璃纤维布的两侧边每隔1m左右剪开一小口，以利铺贴时拉平，使玻纤布不起皱。铺贴时，稍用力拉平，边铺贴边刷涂料，涂刷应均匀、不漏刷，并将玻璃纤维布刮平以排除气泡。在玻璃纤维布上涂布时，要使涂料浸透玻纤布，完全覆盖，不得外露，并应使上下两层防水涂料连成一片，牢固地粘贴于第一遍涂层上。

③ 涂刷第二道防水涂料：待第一层网布的涂料干燥后，刷涂第二遍防水涂料。本道防

水涂料的厚度为 0.3~0.5mm，涂料用量 0.5~0.6kg/m²。可将涂料倾倒于涂层面上，用刮板刮平，要求厚薄一致、不堆积、不漏刮。

④ 铺贴第二层玻璃纤维布：待第二道防水涂料干燥后，铺贴第二层玻璃纤维布，其施工方法与第一层相同。

⑤ 根据防水层构造设计要求，重复工序③~④。

⑥ 最后一道防水涂料施工：最后一道防水涂料的施工方法与第二遍防水涂料的施工方法相同。最后一道防水涂料的涂层厚度不应小于 1.5mm。

⑦ 面层保护层施工：可选用涂刷浅色涂料一道，或选用铺撒材料做保护层。选用铺撒材料做保护层时，可在最后一道涂料涂布后，立即铺撒一层云母粉或蛭石粉或细砂，并用胶辊滚压，使之粘牢。待涂料干后，将多余的铺撒材料清除。选用浅色涂料做保护层时，可选用丙烯酸酯类涂料，在涂料中适量掺入铝粉。

（2）水乳型再生橡胶沥青防水涂料施工

1）材料准备

① 防水涂料：防水涂料有单组包装和双组包装之分，如果为双组包装时，应按厂方规定的配合比现场混合搅匀。涂料的准备量应根据使用说明书规定的每平方米用量确定。一般情况下，一布二涂的涂料用量不少于 2.5kg/m²；二布三涂的涂料用量不少于 3.5kg/m²；多布多涂的涂料用量不少于 4kg/m²。

② 配套材料：聚氯乙烯塑料油膏或聚氯乙烯胶泥；玻璃纤维布（大面积粘贴时宜用120D 型，不规则部位粘贴宜用 100D 型）或化纤无纺布。

③ 保护材料：云母粉、蛭石粉或细砂（细砂粒径小于 1mm，颜色宜为浅色）；浅色丙烯酸酯类隔热涂料。

2）基层要求及处理

① 基层应有一定干燥程度，含水率在 10%以下。若经水洗，要待自然干燥，一般要求晴天间隔 1d，阴天酌情适当延长。若基层找平材料为现浇乳化沥青珍珠岩，其含水率应低于 5%。

② 基层裂缝要预先修补处理。宽度在 0.5mm 以下的裂缝，先刷涂料一遍，然后以自配填缝料（涂料掺加适量滑石粉）刮填，干后于其上用涂料粘贴宽约 5cm 的玻璃纤维布（或化纤无纺布）。大于 0.5mm 的裂缝则需凿宽，嵌填塑料油膏或其他适用的嵌缝材料，然后粘贴玻璃纤维布（或化纤无纺布）以增强。

③ 旧基层翻修，必须先彻底清除原有失效的防水层，并清扫干净，露出基层，然后按对新基层的相应要求进行处理。

④ 各种板间接缝、变形缝、找平层分隔缝等均应先作填缝加强处理。最好的做法是在缝内嵌填具有弹塑性的嵌缝膏（如聚氯乙烯塑料油膏等），然后于其上粘贴玻璃纤维布以增强，在玻璃纤维布上再刷涂料。

⑤ 基层的其他要求及处理与溶剂型再生橡胶沥青防水涂料相同。

3）施工要点：水乳型再生橡胶沥青防水涂层可根据工程特点和要求分为一布二涂（多用于全嵌缝的预制非保温屋面）、二布三涂（多用于局部嵌缝的屋面）、多布多涂或与其他防水材料构成的复合防水层（多用于局部嵌缝及其他要求更高的防水工程）。

① 底涂层施工：按规定要求进行处理基层后，均匀用力涂刷涂料一遍，以改善防水层

与基层的粘结力。干燥固化后，再在其上涂刷涂料 1~2 遍。

② 中涂层施工：中涂层是主要的防水构造层。手工铺贴的具体做法是：先将防水涂料用小桶适当地倒在已干燥的底涂层上，随即用长柄大毛刷推刷，一般湿厚度为 0.3~0.5mm，涂刷要均匀，不可过厚，也不得漏刷；然后将预先用圆轴卷好的玻璃纤维布（或化纤无纺布）的一端贴牢，两手紧握布卷的轴端，用力向前滚压玻璃纤维布，随刷涂料随粘贴，并用长柄刷赶走布下的气泡，将布压贴密实。贴好的玻璃纤维布不得有皱纹、翘边、白槎、鼓泡等现象。应依次逐条铺贴，切不可铺一条空一条。铺贴时操作人员应退步进行。涂膜未干前不得上人踩踏。若须加铺玻璃纤维布，可依第一层玻璃纤维布铺贴方法施工。屋面坡度小于 15% 时，可平行于屋脊铺贴；大于 15% 时可垂直于屋脊铺贴。折板屋面由于施工面小，只宜平行于屋脊铺贴。布的长、短边搭接宽度均应大于 100mm。

③ 面层保护施工。一般可采用浅色隔热防水涂料保护层、面砖或架空保护层、粉料保护层。

3. SBS 弹性沥青防水冷胶料施工

（1）材料准备

1）涂料材料：SBS 弹性沥青防水冷胶料，二布三涂的涂料用量为 2.5kg/m²，三布四涂的涂料用量大于 3.0kg/m²。

2）辅助材料：中碱脱蜡平纹玻璃纤维布或无纺布，嵌缝油膏。玻纤布（或无纺布）幅宽为 900~1000mm，二布三涂的用量为 2.4m²/m²，三布四涂的用量为 3.6m²/m²。

3）面层保护材料：应根据设计选定。

（2）基层要求及处理

1）基层表面应平整。其平整度用 2m 直尺检查，基层与直尺之间的最大间隙应小于 5mm，空隙仅允许平缓变化，不得有倒坡现象。

2）基层必须坚固密实，不得有起砂、剥落、蜂窝、松动等现象。如有孔洞和裂缝，可在该处先刷冷胶料一遍，然后用冷胶料加滑石粉配成的胶泥刮填，干后再在处理部位粘贴一层玻璃纤维布。缝洞较大处应先用嵌缝油膏嵌填。

3）基层表面应干燥，其含水率不大于 8%。

4）基层表面要清理干净，不得有浮灰、杂物、油污等。

5）特殊部位处理

① 屋面的凸出部位及与屋面的相交处（天沟、女儿墙、墙体、天窗壁、烟囱、管道等）应做成半径为 100~150mm 的圆弧，并在上述部位粘贴一层玻璃纤维布附加层。涂膜防水层施工完毕之后，再做相应的保护层。

② 防水层施工前，屋面需用嵌缝油膏处理的部位（如结构缝、伸缩缝、分仓缝等处）应用油膏嵌填，然后在其上空铺 200mm 宽附加层，再在其上粘贴一层玻璃纤维布。

（3）施工要点

1）防水层的构造层次可根据屋面坡度和使用要求选定。一般防水屋面可选二布三涂，重要工程的屋面则可选择三布四涂。

2）防水层的施工流程：刷第一道防水胶，铺第一层玻璃纤维布，随即再刷一道防水胶；待涂层干燥后刷第三道防水胶料，铺贴第二层玻璃纤维布，随即涂刷第四道防水胶料；待第四道胶料干后再刷二道防水胶料；最后，面层保护层施工。

3) 铺贴玻璃纤维布时，先将防水胶倒在基面上，用长柄大毛刷铺开，然后用小毛刷均匀用力涂刷，使涂料均匀地涂刷于基面上，再将玻纤布一端固定，一边滚铺，一边用长柄刷碾压。做到边刷涂料，边铺玻纤布，边碾压。铺贴后及时在玻纤布上再刷涂一道防水胶。贴好的玻璃纤维布不得有皱折、翘边、空鼓等现象。

4) 每遍涂料都应均匀涂刷，不得有漏刷、堆积等现象。刷第三道、第五道和第六道涂料时，应待前一遍涂料干燥后才能进行，干燥时间一般不得少于 2~4h。

5) 面层保护材料为细砂或云母粉时，可在第六道涂料未干时，边均匀抛撒细砂或粉料，边用胶辊滚压，使细砂或粉料与涂层粘结牢固。若选用有机浅色涂料做保护层时，应待第六道涂料实干后再涂刷。

4. 丁苯橡胶改性沥青防水涂料施工

（1）材料准备

1) 涂料材料：按照产品说明规定的每平方米涂料用量准备涂料材料，并对涂料按照质量要求进行验收。根据涂料的黏度要求进行稀释处理。

2) 辅助材料：100D 和 120D 玻璃纤维布，嵌缝油膏，聚乙烯塑料薄膜。一布二涂的玻璃纤维布用量为 $1.25m^2/m^2$，二布三涂的玻璃纤维布用量为 $2.5m^2/m^2$。嵌缝油膏应选用弹性较好的聚乙烯塑料油膏、橡胶沥青油膏。

3) 保护层材料：直径小于 1mm、无棱角及泥土的浅色细砂，或云母粉，或蛭石粉等。

（2）基层要求及处理

1) 基层应牢固，无起砂、剥落、麻面等缺陷。

2) 基层要求平整。凹陷部位应用 1∶3 水泥砂浆填补，对于较小的凹陷可用防水油膏填补。

3) 基层裂缝应修补，并沿裂缝粘贴 50~100mm 宽的玻璃纤维布，在其上再刷一遍防水涂料。

4) 基层表面应干燥。使用溶剂型丁苯橡胶防水涂料时，含水率一般应高于 8%；使用水乳型涂料时，含水率应高于 15%。

5) 基层应清扫干净，无尘土、无油污、无附着物。

6) 特殊部位处理

① 穿过楼地面、屋面的管道应在楼面（屋面）的基层处理前完成。屋面与垂直面（女儿墙、天窗壁、烟囱等）的交界处均应用水泥砂浆做成半径为 80~100mm 的圆弧或钝角。

② 各种结构缝、伸缩缝、分仓缝等处，应在缝内嵌填油膏，上面空铺 200mm 宽聚乙烯薄膜附加层，再在其上粘贴 1~2 层玻璃纤维布增强层。

③ 天沟、檐口、水落口等处应增加二层玻璃纤维布增强层。

（3）施工要点

1) 涂刷底层防水涂料：在处理好的基层上先涂刷一遍较稀的防水涂料，涂刷均匀有力，使之渗入基层毛细孔，增强与基层的粘结力。待第一道涂料干燥后，再刷 2~3 遍涂料，每遍涂料不宜太厚，均匀涂刷，不得有漏刷现象。

2) 铺贴玻璃纤维布：可采用干铺法或湿铺法施工。采用干铺法施工时，先在已干的底层涂膜上干铺玻纤布，展平后，每隔 0.5m 左右用涂料点粘固定；每铺完两幅玻纤布后，开始刷涂料，依次涂 2~3 遍，要求涂料渗透玻纤布与底层涂料牢固粘结。若采用湿铺法，则在已干的底层涂料上，边刷涂料边铺玻纤布，并及时用毛刷刷平，排除布内空气；然后再在其上刷一遍涂料，使玻纤布完全覆盖，并与底层涂料粘牢。

3）涂刷面层防水涂料：待玻璃纤维布干后，再在其上涂刷 3~4 遍丁苯橡胶改性沥青防水涂料。每遍涂刷厚度为 0.3~0.5mm，面层防水涂料总厚度不得小于 1.5mm。

4）面层保护层施工：在已干的层面防水涂料上，边刷涂料边抛撒细砂（或云母粉、蛭石粉），并用胶辊滚压，使砂子（或粉料）与涂层粘牢。涂料干后，清扫未粘牢的砂子（或粉料），收集备用。

1.3.4.5　合成高分子防水涂料施工

1. 聚氨酯防水涂料施工

（1）材料准备

1）涂料材料：聚氨酯防水涂料。聚氨酯防水涂料的用量应严格按照产品说明书执行，一般情况下，聚氨酯底漆为 $0.2kg/m^2$ 左右，聚氨酯防水涂料为 $2.5kg/m^2$ 左右。

2）辅助材料：聚氨酯稀释料、108 胶、水泥、玻璃纤维布或化纤无纺布等。

3）保护层材料：根据设计要求选用。

（2）基层要求及处理

1）基层坡度符合设计要求，如不符合要求时，用 1:3 水泥砂浆找坡，其表面要抹平压光，不允许有凹凸不平、松动和起砂掉灰等缺陷存在。水落口部位应低于整个防水层，以便排除积水。有套管的管道部位应高出基层面 20mm 以上。阴阳角部位应做成小圆角，以便涂料施工。

2）施工时，基层应基本干燥，含水率不大于 9%。

3）应用铲刀和扫帚将基层表面凸起物、砂浆疙瘩等异物铲除，将尘土、杂物、油污等清除干净。对阴阳角、管道根部和水落口等部位更应认真检查，如有油污、铁锈等，要用钢丝刷、砂纸和有机溶剂等将其清除干净。

4）特殊部位处理：底涂料固化 4h 后，对阴阳角、管道根部和水落口等处，铺贴一层胎体增强材料，固化后再进行整体防水施工。

（3）施工要点

1）施工流程：涂刷底层涂料→特殊部位处理→第一道防水层施工→第二道防水层施工→面层保护层施工。

2）涂刷底层涂料：涂布底层涂料（底漆）的目的是隔绝基层潮气，防止防水涂膜起鼓脱落，加固基层，提高防水涂膜与基层的粘结强度。

底层涂料的配制：将聚氨酯涂料的甲组分和专供底层涂料使用的乙组分按 1:（3~4）（质量比）的配合比混合后用电动搅拌器搅拌均匀；也可将聚氨酯涂料的甲、乙两组分按规定比例混合均匀，再加入一定量的稀释剂搅拌均匀后使用。应当注意，选用的稀释剂必须是聚氨酯涂料产品说明书指定的配套稀释剂，不得使用其他稀释剂。

一般在基层面上涂刷一遍即可。小面积涂布时，用油漆刷；大面积涂布时，先用油漆刷将阴阳角、管道根部等复杂部位均匀地涂刷一遍，然后再用长柄辊刷进行大面积涂布施工。涂布时，应满涂、薄涂，涂刷均匀，不得过厚或过薄，不得露白见底。一般底层涂料用量为 0.15~0.2kg/m²。底层涂料涂布后须干燥 24h 以上，才能进行下一道工序施工。

3）涂料配制。根据施工用量，将涂料按照涂料产品说明书提供的配合比调配。先将甲组分涂料倒入搅拌桶中，再将乙组分涂料倒入搅拌桶，用转速为 100~500r/min 的电动搅拌

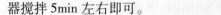

器搅拌 5min 左右即可。

4）刮涂第一道涂料：待局部处理部位的涂料干燥固化后，便进行第一道涂料刮涂施工。将已搅拌均匀的拌合料分散倾倒于涂刷面上，用塑料或橡胶刮板均匀地刮涂一层涂料。刮涂时，要求均匀用力，使涂层均匀一致，不得过厚或过薄，刮涂厚度一般以 1.5mm 左右为宜，涂料的用量为 1.5kg/m² 左右。开始刮涂时，应根据施工面积大小、形状和环境，统一考虑刮涂顺序和施工退路。

5）刮涂第二道涂料：待第一道涂料固化 2h 后，再在其上刮涂第二道防水涂料。刮涂的方法与第一道相同。第二道防水涂料厚度为 1mm 左右，涂料用量均为 1kg/m² 左右。刮涂的方向应与第一道涂料的方向垂直。

6）胎体增强材料铺贴：当防水层需要铺贴玻璃纤维或化纤无纺布等胎体增强材料时，则应在刮涂第二道涂料前进行粘贴。铺贴方法可采用湿铺法或干铺法。

7）稀撒石渣：为了增加防水层与水泥砂浆保护层或其他贴面材料的水泥砂浆层之间的粘结力，在第二道涂料未固化前，在其表面稀撒一层干净的石渣。当采用浅色涂料保护层时，不应稀撒石渣。

8）保护层施工：待涂膜固化后，应设隔离层，然后进行刚性保护层施工或其他保护层施工。

2. 硅橡胶防水涂料施工

（1）材料准备

① 涂料材料：硅橡胶防水涂料，1 号涂料用于底层和面层，2 号用于中间层作为加强层，涂料用量 1kg/m²。

② 面层保护材料：水泥、砂等。

（2）基层要求及处理

① 基层应平整，无死弯、无尖锐棱角，凹凸处需事先进行处理。

② 基层上的灰尘、油污、碎屑等杂物应清除干净。

③ 空鼓处应先铲除，然后与有孔洞处一起采用水泥砂浆填补找平，并要达到一定强度。

④ 阴阳角应做成圆角。

（3）施工要点

① 硅橡胶防水涂料采用喷涂、辊涂或刷涂均可。刷涂时用长板刷、排笔软毛刷进行。

② 涂料的刷涂施工：防水层的刷涂一般分四道，第一、四道为 1 号涂料，第二、三道为 2 号涂料。首先在处理好的基层面上均匀地涂刷第一道 1 号防水涂料，涂刷的方向和长短应一致，要依次上、下、左、右均匀地涂刷，不得漏刷，使涂料渗入基层，与基层牢固结合。待第一道涂料干燥后再涂刷第二道、第三道及第四道涂料，一般要求前一道涂料干燥后才能涂刷下一道涂料。

③ 保护层施工：当第四道涂料表面尚发黏时，在其上抹一道 1:2.5 水泥砂浆保护层。由于该防水涂料具有憎水性，因此，在抹水泥砂浆保护层时，其砂浆的稠度应小于一般砂浆，并注意压实抹光，以保证砂浆与防水层有良好的粘结。在用作保护层的水泥砂浆中要清除小石子及尖锐颗粒，以免在抹压砂浆时，损伤防水涂膜。

3. 丙烯酸酯类防水涂料施工

（1）材料准备：丙烯酸酯类防水涂料主要用于水乳型氯丁橡胶沥青防水涂料、水乳型再生橡胶沥青防水涂料以及有足够粘结力的黑色防水层上构成浅色隔热防水涂层。丙烯酸酯类防水涂料用量为 0.6kg/m² 左右，使用前应按照质量要求进行验收。

（2）基层及施工环境要求

1）浅色隔热涂料一般要求涂覆于黑色水乳型氯丁橡胶沥青防水涂层、黑色水乳型再生橡胶沥青防水涂层等表面上。防水涂层表面应平坦、干净，以免影响隔热涂层的耐污染性和附着力。

2）防水涂层充分干燥后方可施工。

3）构件接缝、刚性防水层分仓缝等宜用聚氯乙烯塑料油膏或胶泥嵌填，并在其表面贴宽 150~300mm 的玻璃纤维布。不宜使用石油沥青质油膏或油毡，否则会影响该部位涂料的粘结力。

4）施工环境温度在 +5℃ 以上，涂料才能成膜。冬期施工切勿在成膜前遇到负温，且涂膜湿厚度应小于 0.2mm。

5）涂料成膜时间为 4~8h，在此期间，不能被雨水冲淋。

6）喷涂施工不宜在大风天进行，否则将增大损耗并加重空气污染。

7）夏季中午太阳辐射强烈，施工时涂料表面成膜快，当涂层内水分迅速蒸发时，易造成涂膜起泡，故须尽量避免在夏季中午施工。

（3）施工要点

1）手工涂刷：首先将涂料搅拌均匀（最好用电动搅拌机），然后倒入小桶，用毛毡辊刷在黑色防水涂层上，均匀涂刷两遍。每遍间隔时间为 4~8h（夏季为 4h），涂料用量约 0.55kg/m²。

2）机械喷涂施工：一般由三个人配合操作：一人执喷枪施工，一人配合移动管道，一人配合搅拌涂料和给贮料罐加料。通常执喷枪者朝顺风向，由下风端朝上风端顺序后退喷涂，喷枪离板面 30~50cm。

喷涂时，贮料罐内压力应稳定在 0.2MPa，喷嘴口空气压力为 0.4MPa。这两项压力与涂膜质量有密切关系。如果压力过小，喷雾粒子太大；压力过大，飞料雾大，也不安全。

涂料加入贮料罐前应采用手提式电动搅拌机充分搅拌，并经过筛后灌入。喷涂时应尽可能连续作业，以免涂料在管道中停留时间过长，引起凝聚结膜，堵塞管道。若喷涂停顿超过1h，应用水把管道和贮罐冲洗干净。

一般喷涂两遍，涂料用量约 0.55kg/m²。

1.3.5　涂膜防水屋面工程的工程质量通病与防治

1.3.5.1　屋面渗漏

1. 现象

防水层局部失效，雨水渗过防水层。

2. 原因分析

（1）设计涂层厚度不足，防水层结构不合理。

（2）屋面积水，排水系统不通畅。

（3）细部节点处理不符合规范要求，施工时节点封固不严，有开缝、翘边现象。

（4）屋面基层结构变形较大，地基不均匀沉降引起防水层开裂。

（5）温度应力引起涂层开裂。

（6）防水涂料含固量不足，延伸性、抗裂性差。

（7）施工涂膜厚度不足，有露胎体、皱皮等情况。

3. 预防措施

（1）应按屋面工程技术规范中防水等级选择涂料品种和防水层厚度，以及相应的屋面构造与涂层结构。

（2）设计时应根据当地年最大雨量计算确定水落口数量与管径，且排水距离不宜太长；屋面、天沟等排水坡度必须符合规范规定。加强维修管理，经常清除垃圾杂物，避免雨水口堵塞。

（3）屋面板端部接缝应增设空铺附加层，板缝应用油膏嵌严，在女儿墙、天沟、水落口等特殊部位应增铺胎体增强材料 1~2 层，以增加防水层的整体抗渗能力。操作中务必使屋面基层清洁、干燥，涂刷仔细，密封严实。

（4）除提高屋面结构整体刚度外，在保温层或刚性较差的预制板屋面上应设置不小于 40mm 厚的配筋细石混凝土刚性找平层（混凝土强度等级不得低于 C20），并宜与卷材防水层复合使用，形成多道防线。

（5）按照规范要求，找平层必须设置分格缝（缝宽 20mm，间距 6m 左右），分格缝处按规范要求进行特殊处理。

（6）应按设计要求选用优质防水涂料，材料进场后，应抽样复验，合格后方可使用。

（7）防水涂料应分层、分次涂布，按事先试验数据控制每平方米涂料用量；铺设胎体增强材料时不宜拉得过紧或过松，以能使上下涂层粘结牢固为度。

1.3.5.2　流淌、气泡

1. 现象

涂膜出现流淌、气泡、露胎体，皱折等缺陷。

2. 原因分析

（1）施工环境温度太高或太低，湿度过大，涂料干燥太慢。

（2）涂料耐热性差；选用挥发性太快或太慢的稀释剂。

（3）涂料黏度过低；涂膜太厚，基层凹凸不平，凹处涂料太多。

（4）基层表面有砂粒、杂物，涂料中有沉淀物。

（5）基层表面未充分干燥或在湿度较大的气候条件下施工，或在底层涂料未干或雨后马上涂面层涂料。

（6）基层不平，涂膜厚度不足，胎体增强材料铺贴不平整。

（7）喷涂时，压缩空气中含有水蒸气，并与涂料混在一起；涂料的黏度较大，喷涂时速度过快，易夹带空气进入涂层。

3. 预防措施

（1）施工环境温度和湿度应与涂料的要求相符，一般以 5~25℃ 为宜，相对湿度以 50%~75% 为宜。

（2）选择耐热性相适应的涂料，进场涂料应抽样复验，不符质量要求的涂料坚决不用；选择与涂料配套的稀释剂，注意稀释剂的挥发速度应和涂料干燥时间的平衡。

（3）调整涂料的施工黏度；每遍涂料的涂刷厚度应控制合理；凹凸不平基层在刮涂前用砂浆或腻子填平。

（4）施工前应将基层表面的砂粒、杂物等清除干净；沥青基涂料中如有沉淀物（沥青颗粒），可用 32 目铁丝网过滤。

（5）可选择在晴朗、干燥气候下施工，或选用潮湿界面剂、基层处理剂等材料改善基层条件。应在底层涂料完全干燥、表面水分除净后再涂上层涂料。

（6）基层局部不平，可用涂料拌合水泥砂浆先行修补平整。铺贴胎体增强材料时应铺平拉直，将布幅两边每隔 1.5～2.0m 各剪一个 15mm 宽的小口，铺贴最后一层布后，面层至少应再涂二遍涂料。

（7）喷涂前检查油水分离器，防止水气混入，适当控制喷涂速度，喷涂运动不宜过快，以免带入空气；涂料的黏度不宜过大，一次成膜厚度不宜过厚。

1.3.5.3　粘结不牢

1. 现象

涂膜与基层粘结不牢，起皮、起灰。

2. 原因分析

（1）基层表面不平整、不干净，有起皮、起灰等现象。

（2）施工时基层过于潮湿。

（3）涂料结膜不良。

（4）涂料成膜厚度不足。

（5）在复合防水施工时，涂料与其他防水材料相容性差。

3. 预防措施

（1）基层不平整造成屋面积水时，宜用涂料拌合水泥砂浆进行修补；凡有起皮、起灰等缺陷时，要及时用钢丝刷清除，并修补完好；防水层施工前，还应将基层表面清扫并洗刷干净。

（2）涂膜防水屋面的基层达到干燥状态后才可进行防水作业，并宜选择在晴朗天气条件下施工。基层表面是否干燥，可通过简易的测试方法。检验时，将 $1m^2$ 的卷材平坦地干铺在找平层上，静置 3～4h 后掀开检查，如找平层覆盖部位与卷材上部未见水印，即可认为基层达到干燥程度。

（3）当基层表面尚未干燥而又急于施工时，则可选择涂刷潮湿界面处理剂、基层处理剂等方法，改善涂料与基层的粘结性能。基层处理剂施工时应充分搅拌，涂刷均匀，覆盖完全，干燥后方可进行涂膜施工。有条件时，推荐采用能在潮湿基面上固化的合成高分子防水涂料，如双组分或单组分的非焦油聚氨酯类防水涂料。

（4）涂料结膜不良与涂料品种及性能、施工操作工艺、原材料质量、涂料成膜环境等因素有关。任何组分的超量或不足，搅拌不均匀、不充分等，都会导致涂膜质量下降，严重时甚至根本不能固化成膜。溶剂型涂料固体含量较低，成膜过程中伴随大量有毒、可燃的溶剂挥发，因此要注意施工时风向，且不宜用于空气流动性差的工程。对于水乳型涂料，其施工及成膜对温度有较严格的要求，低于 5℃ 时就不允许使用。水乳型涂料通过水分蒸发使固体微粒聚集成膜的过程较慢，若中途遇雨，涂层将被雨水冲走；如成膜过程温度过低，结膜的质量以及与基层的粘结力将会下降；如温度过高，涂膜又会起泡。这些都应在施工中充分进行防范。

（5）涂料结膜不良还与两层涂料施工间隔时间有关。如底层涂料未实干就进行后续涂层施工，那么底层中的水分或溶剂将不能及时挥发，而双组分涂料则未能充分固化，因此形成不了完整的防水薄膜。

（6）当采用两种防水材料进行复合防水施工时，应考虑防水涂料与其他材料的相容性，确保两者之间粘结牢固。有关试验指出，两种材料的溶度参数越接近，则此两种材料的相容性越好。

（7）精心操作，确保涂料的成膜厚度。

（8）掌握天气变化，并备置雨布，供下雨时及时覆盖。如表干的涂料已经结膜，此时可抵抗雨水冲刷，而不致影响与基层的粘结力。

（9）防水层每道工序之间应有一定的技术间隔时间。整个涂膜防水层完工后，至少有7d的自然干燥养护期限。

（10）不得使用已经变质失效的防水涂料。

1.3.5.4 防水层破损

1. 现象

防水层涂膜遭受破损。

2. 原因分析

涂膜防水层较薄，在施工时若保护不好，容易遭到破损。

3. 预防措施

（1）坚持按程序施工，待屋面上其他工程全部完工后，再施工涂膜防水层。

（2）如找平层强度不足或有酥松、塌陷等现象时，则应对基层进行处理，然后才可施工涂膜防水层。

（3）防水层施工后7d以内严禁上人。

1.3.5.5 涂膜收头脱开

1. 现象

无组织排水屋面的檐口部位，涂膜防水层张口脱开，雨水沿张口处进入檐口下部，造成渗漏（图1-30）。在泛水立墙部分，涂膜收头张口，甚至脱落（尤其是加筋的高聚物改性沥青防水涂膜,更容易出现此问题），雨水沿开口处的女儿墙进入室内，造成渗漏（如图1-31）。

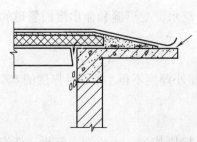

图1-30 涂膜防水层张口脱开

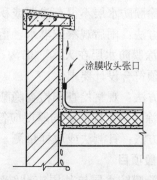

图1-31 立墙与涂膜收头张口

2. 原因分析

（1）使用了质量不合格的涂料，粘结力过低。

（2）收头部位的基层处理不干净，或未涂刷基层处理剂。

（3）基层含水率过大。

（4）基层质量不好，酥松、起皮、起砂。

由于上述原因，涂膜防水层的收头与基层的粘结强度降低，在长期风吹日晒下，就会出现翘边、张口。

3. 处理措施

先将翘边张口部分的涂膜撕开，将基层清理干净，涂刷基层处理剂；然后用同类材料将翘边部位的涂膜粘贴上，加压条用钉固定；再在压条上铺贴 150～200mm 宽的胎体增强材料，多遍涂刷防水涂料；最后将收头部分封严（图 1-32、图 1-33）。

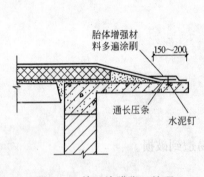 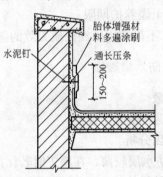

图 1-32　檐口涂膜张口处理　　　　　图 1-33　立墙上涂膜张口处理

1.3.6 涂膜防水屋面工程施工质量验收

1.3.6.1 质量验收标准

涂膜防水屋面工程中屋面找平层与保温层的质量验收标准与卷材防水屋面工程相同，详见本单元课题 2。本课题主要阐述涂膜防水层的质量验收。

1. 主控项目

（1）防水涂料和胎体增强材料的质量应符合设计要求。

检验方法：检查出厂合格证、质量检验报告和现场抽样复验报告。

（2）涂膜防水层不得有渗漏或积水现象。

检验方法：雨后观察或淋水、蓄水检验。

（3）涂膜防水层在天沟、檐沟、檐口、水落口、泛水、变形缝和伸出屋面管道的防水构造，必须符合设计要求。

检验方法：观察检查和检查隐蔽工程验收记录。

（4）涂膜防水层的平均厚度应符合设计要求，且最小厚度不得小于设计厚度的80%。

检验方法：针测法或取样量测。

2. 一般项目

（1）涂膜防水层与基层应粘结牢固，表面平整，涂刷均匀，无流淌、皱折、鼓泡、露胎体和翘边等缺陷。

检验方法：观察检查。

（2）涂膜防水层的收头应用防水涂料多遍涂刷。

检验方法：观察检查。

（3）铺贴的胎体增强材料应平整顺直，搭接尺寸准确，并应排除气泡，与涂料粘结牢固。胎体增强材料的搭接宽度的允许偏差为-10mm。

检验方法：观察和尺量检查。

1.3.6.2 质量验收文件

（1）防水涂料产品合格证、现场取样复试资料。

（2）其他防水材料合格证、试验报告。

（3）防水试验检验记录。

（4）隐蔽工程验收记录。

课题 4 复合防水层

复合防水层是由彼此相容的卷材和涂料组合而成的防水层。

1.4.1 复合防水层施工的基本规定

（1）卷材与涂料复合使用时，涂膜防水层应设在卷材防水层下面。

（2）卷材与涂料复合使用时，防水卷材的粘结质量应符合表1-21的规定。

表 1-21 防水卷材的粘结质量

项 目	自粘聚合物改性沥青防水卷材和带自粘层防水卷材	高聚物改性沥青防水卷材胶粘剂	合成高分子防水卷材胶粘剂
粘结剥离强度/（N/10mm）	≥10 或卷材断裂	≥8 或卷材断裂	≥15 或卷材断裂
剪切状态下的粘结强度/（N/10mm）	≥20 或卷材断裂	≥20 或卷材断裂	≥20 或卷材断裂
浸水 168h 后粘结剥离强度保持率/（N/10mm）	—	—	≥70

注：防水涂料作为防水卷材粘结材料复合使用时，应符合相应的防水卷材胶粘剂规定。

（3）复合防水层施工质量应符合相应防水卷材施工和防水涂膜施工的有关规定。

1.4.2 复合防水层施工质量验收

1.4.2.1 质量验收项目

1. 主控项目

（1）复合防水层所用防水材料及其配套材料的质量，应符合设计要求。

检验方法：检查出厂合格证、质量检验报告、进场检验报告。

（2）复合防水层不得有渗漏或积水现象。

检验方法：雨后观察或淋水、蓄水检验。

（3）复合防水层在天沟、檐沟、檐口、水落口、泛水、变形缝和伸出屋面管道的防水构造，应符合设计要求。

检验方法：观察检查。

2. 一般项目

（1）卷材与涂膜应粘贴牢固，不得有空鼓和分层现象。

检验方法：观察检查。

（2）复合防水层的总厚度应符合设计要求。

检验方法：针测法或取样量测。

1.4.2.2　质量验收文件

（1）防水工程设计图、设计变更及工程洽商记录等。

（2）防水施工中重大技术问题处理记录及事故处理情况报告。

（3）原材料、成品的质检证明文件及现场复测检验报告。

（4）施工检验记录，淋水或蓄水试验记录。

（5）隐蔽工程验收记录、验评报告等技术文件。

课题5　刚性防水屋面工程

刚性防水屋面实质上是刚性混凝土板块防水屋面，或由刚性板块与柔性接缝材料复合的防水屋面。其主要的构造措施为：屋面具有一定的坡度，便于雨水及时排除；增加钢筋；设置隔离层；混凝土分块设缝，以使板面在温度、湿度变化的条件下不致开裂；采用油膏嵌缝，以适应屋面基层变形，且保证了分格缝的防水性。刚性防水屋面适用于屋面结构刚度较大及地质条件较好的建筑。

刚性防水屋面施工可分为普通细石混凝土防水层施工、补偿收缩混凝土防水层施工以及块体刚性防水层施工。

1.5.1　刚性防水屋面分类与适用范围

刚性防水屋面的分类和适用范围见表 1-22。

表 1-22　刚性防水屋面的分类和适用范围

项次	防水层种类	构造及特点	适 用 范 围
1	普通细石混凝土防水层	1. 防水层采用普通配筋细石混凝土，依靠混凝土的密实性达到防水目的 2. 材料来源广，耐久性好、耐老化、耐穿刺能力强，施工方便，造价低 3. 结构变形、温度、湿度变化易引起防水层开裂，防水效果较差	适用于Ⅰ、Ⅱ级屋面中的一道防水层，不适用于设有松散材料保温层及受较大振动或冲击的屋面及坡度大于15%的建筑屋面

（续）

项次	防水层种类	构造及特点	适用范围
2	补偿收缩混凝土防水层	1. 在细石混凝土中掺入膨胀剂或利用微膨胀水泥拌制细石混凝土，使之具有适当的微膨胀性能 2. 利用混凝土在硬化过程中产生的膨胀来抵消混凝土的全部或大部分干缩，避免或减轻普通细石混凝土易开裂、渗漏的缺点 3. 具有遇水膨胀、失水收缩的可逆反应，遇水时可使细微裂缝闭合而不致渗漏，抗渗性好，早期强度高 4. 要准确控制膨胀剂掺量，施工要求严格	适用于Ⅰ、Ⅱ级屋面中的一道防水层，不适用于设有松散材料保温层及受较大振动或冲击的屋面及坡度大于15%的建筑屋面
3	块体刚性防水层	1. 结构层上铺设块材，用防水水泥砂浆填缝和抹面而形成防水层 2. 块材导热系数小，热膨胀率低；单元体积小，在温度、收缩作用下应力能均匀地分散和平衡；块体之间缝隙较小，可提高防水层的防水能力 3. 材料来源广泛，可就地取材，使用寿命长，施工简单，造价较低 4. 对结构变形的适应能力差，屋面荷载亦有所增加	适用于无振动的工业建筑和小跨度建筑；不适用于Ⅰ、Ⅱ级屋面防水及屋面刚度小或有振动的厂房以及大跨度的建筑
4	预应力混凝土防水层	1. 利用施工阶段在防水混凝土内建立的预应力来抵消或部分抵消在使用过程中可能出现的拉应力，克服混凝土抗拉强度低的缺点，避免板面开裂 2. 抗渗性和防水性好 3. 节约钢材，降低工程造价 4. 需配备专用的预应力张拉设备，施工操作比较复杂	适用于Ⅰ、Ⅱ级屋面中的一道防水层
5	钢纤维混凝土防水层	1. 在细石混凝土中掺入短而不连续的钢纤维 2. 钢纤维在混凝土中可抑制细微裂缝的开展，使其具有较高的抗拉强度和较好的抗裂性能 3. 防水效果好，使用年限长，维修率低，施工也较简单 4. 施工工艺尚需进一步完善和改进	使用时间短，还处于研究、试点、推广阶段，有良好的发展前景
6	外加剂防水混凝土防水层	1. 防水层所用的细石混凝土中掺入适量外加剂，用以改善细石混凝土的和易性，便于施工操作 2. 可提高细石混凝土防水层的密实性和抗渗、抗裂能力，有利于减缓混凝土的表面风化、碳化，延长其使用寿命	适用于Ⅰ、Ⅱ级屋面中的一道防水层；不适用于设有松散保温层及受较大振动或冲击的屋面及坡度大于15%的建筑屋面

（续）

项次	防水层种类	构造及特点	适 用 范 围
7	粉状憎水材料防水层	1. 用一定厚度的憎水性粉料均匀铺设于结构层上，其上再覆盖隔离层和刚性保护层而组成的防水层 2. 具有很好的随遇应变性，遇到裂缝会自动填充闭合，因此，适应结构、温度、干缩变形的能力强 3. 具有防水、隔热、保温功能	适用于坡度不大于10%的一般民用建筑，或用作刚性防水层的隔离层以及多道设防中的一道防水层
8	白灰炉渣屋面	1. 材料来源广泛，成本低 2. 施工要求高，屋面荷载大，维护不好就易开裂、渗漏	一般用于村镇建筑的平屋顶

1.5.2　刚性防水层的材料规格及质量要求

1.5.2.1　刚性防水层原材料种类及作用

刚性防水层所用的主要原材料有水泥、砂石、外加剂等，详见表1-23。

表1-23　刚性防水层的主要材料

类　　别	材 料 名 称	作 用
胶凝材料	水泥	1. 在空气和水中硬化，把砂、石子等材料牢固地胶结在一起，使混凝土（或砂浆）的强度不断增长 2. 膨胀水泥使混凝土在硬化过程中产生适度膨胀
骨料	砂石子	1. 起骨架作用，使混凝土具有较好的体积稳定性和耐久性 2. 节省水泥、降低成本
外加剂	减水剂、防水剂、膨胀剂等	在拌制混凝土时掺入，用以改善混凝土的性能
金属材料	钢筋、钢丝、钢纤维	1. 增加混凝土防水层的刚度和整体性 2. 提高防水层混凝土的强度，抑制细微裂缝的开展，提高抗裂性能
块体材料	黏土砖（烧结普通砖），保温、防水块体等	与防水砂浆形成防水薄壳面层
粉状憎水材料	防水粉等	作防水层，可起到防水、隔热、保温作用

1.5.2.2　刚性防水层原材料的质量要求

1. 水泥

防水层的细石混凝土宜用普通硅酸盐水泥或硅酸盐水泥，水泥强度等级不宜低于42.5级，并不得使用火山灰质水泥、矿渣硅酸盐水泥。这是因为火山灰质水泥干缩率大，易开裂；矿渣硅酸盐水泥泌水性大，抗渗性差，碳化速度快，所以在刚性防水屋面上不得使用。

2. 石子

石子的最大粒径不宜超过15mm，含泥量不应大于1%。因为细石混凝土的防水层的厚度一般仅有40mm，如石子粒径超过其厚的一半，易造成局部的渗水通道；且石子粒径过大，沉降速度就大，混凝土中会造成沉降空隙，降低防水效果。含泥量过大，会影响混凝土的强度，降低混凝土的抗渗性能。

3. 砂子

细骨料应采用中砂或粗砂，含泥量不应大于2%。如含泥量过大，应用水清洗，确保混凝土的强度和抗渗性。

4. 拌合用水

拌合用水应采用不含有害物质的洁净水。即在拌制混凝土的水中，不得含有影响水泥正常凝结与硬化的糖类、油类及酸、碱等有害物质。一般的自来水和饮用水均可使用。夏季施工时应尽可能使用低温的地下水。

5. 钢筋

防水层内配置的钢筋宜采用冷拔低碳钢丝，目的是提高混凝土的抗裂度和限制裂缝宽度。

所用的钢丝应无锈蚀、无油污，各项性能符合规定。一般采用直径4mm的乙级冷拔低碳钢丝，它既能满足构造要求，又比较经济。

6. 外加剂

在刚性防水层的混凝土或砂浆中掺用外加剂，可以提高和易性，有利于施工操作，还可以增强混凝土的密实度，提高混凝土的抗渗性能。目前混凝土外加剂的品种繁多，性能各异，掺量和使用方法也各不相同，因此，防水层细石混凝土使用的膨胀剂、减水剂、防水剂等外加剂，应根据不同品种的适用范围、技术要求来选择。

7. 密封材料

密封材料采用弹性或弹塑性材料，材料质量应符合产品的质量标准及设计要求。

8. 块体

块体是块体刚性防水层的防水主体，块体质量是影响防水效果的主要因素之一。因此使用的块体应无裂纹、无石灰颗粒、无灰浆泥面、无缺棱掉角，质地密实，表面平整。

1.5.3 刚性防水屋面施工

1.5.3.1 混凝土刚性防水层施工

1. 普通细石混凝土刚性防水层施工

由细石混凝土或掺入减水剂、防水剂等非膨胀性外加剂的细石混凝土浇筑成的防水混凝土统称为普通细石混凝土防水层，用于屋面时，称为普通细石混凝土防水屋面。

普通细石混凝土刚性防水层施工工艺流程为：屋面结构层的施工→找平层施工→隔离层施工→绑扎钢筋网片→支设分格缝模板和边模→浇筑细石混凝土防水层（同时留试块）→振捣抹平压实→拆分格缝模板和边模→二次压光→养护→分格缝嵌填密封材料。

（1）找平层、隔离层施工。由于温差、干缩、荷载作用等因素，结构层会发生变形、开裂，从而导致防水层产生裂缝。因此，在防水层和基层间应设置隔离层，使两层之间不粘结，防水层可以自由伸缩，减少了结构层变形对防水层的不利影响。

1）黏土砂浆或石灰砂浆找平层、隔离层。黏土砂浆配合比为石灰膏∶砂∶黏土=1∶2.4∶3.6，白灰砂浆配合比为石灰膏∶砂=1∶4。砂浆铺抹前，将板面清扫干净，洒水湿润，但不得积水，然后铺抹黏土砂浆或白灰砂浆层。砂浆层厚度一般为20mm，要求厚度一致，抹平压光并养护。待砂浆层基本干燥并有一定强度（手压无痕）后，方可进行防水层施工。

2）水泥砂浆找平层与毡砂隔离层。清扫板面并洒水湿润，但不得积水。铺设1∶3水泥砂浆找平层，厚度15~20mm，压实抹光并养护。待水泥砂浆干燥后，在其上铺经筛分的干砂一层，厚度4~8mm，铺开刮平，用50kg的辊筒来回滚压几遍，将砂压实。砂垫层上再铺防水卷材一层，卷材接缝处用热沥青粘合，形成平整的粘面。沥青厚度应均匀，不得成坨。对现浇钢筋混凝土层面，当表面较平整时，可不作水泥砂浆找平层，而直接铺砂垫层。

3）石灰砂浆找平层及纸筋灰（或麻刀灰）隔离层。石灰砂浆配合比为石灰膏∶砂=1∶3，搅拌成干稠状，铺抹20mm厚，压实抹光并养护。防水层施工前1~2d，将纸筋灰或麻刀灰均匀地抹在找平层上，厚度一般为2~3mm，抹平压光。待纸筋灰或麻刀灰基本干燥后，立即进行防水层施工。

4）卷材隔离层。1∶3水泥砂浆找平层，厚15~20mm，压实抹光。找平层干燥后，直接干铺一层防水卷材做隔离层，用沥青和防水胶粘牢，表面涂刷二道石灰水和一道掺加10%（质量分数）水泥的石灰浆。应防止卷材在夏季高温时流淌，使沥青浸入防水层底面而粘牢，影响隔离效果。

（2）防水层施工

1）绑扎钢筋网片。钢筋（或钢丝）要调直，不得有弯曲、锈蚀和油污。钢筋网片可绑扎或焊接成型。绑扎钢筋端头应做弯钩，搭接长度必须大于30倍钢筋直径，冷拔低碳钢丝的搭接长度必须大于250mm。绑扎网片的钢丝应弯到主筋下，防止丝头露出混凝土表面引起锈蚀，形成渗漏点。焊接成型时，搭接长度不应小于25倍钢筋直径。同一截面内，钢筋接头不得超过钢筋面积的四分之一。

钢筋网片的位置应处于防水层的中偏上，但保护层厚度不应小于15mm。分格缝处钢筋应断开，使防水层在该处能自由伸缩。钢筋直径、间距应满足设计要求，当设计无明确要求时，可采用$\Phi^b4@150~200$。

为保证钢筋位置准确，可先在隔离层上满铺钢筋，然后绑扎成型，再按分格缝位置剪断并弯钩。

2）浇筑防水层混凝土。混凝土搅拌时应按设计配合比投料，原材料必须称量准确。运送混凝土的器具应严密，不可漏浆。运送过程中应防止混凝土分层离析，料车不能直接在找平层、隔离层和已绑扎好的钢筋网片上行走。

混凝土的浇捣应按先远后近、先高后低的顺序，逐个分格进行。两个分格缝内的混凝土必须一次浇捣完成，严禁留施工缝。混凝土从搅拌出料至浇筑完成的间隔时间不宜超过2h。

3）混凝土振捣、收光和养护。细石混凝土防水层宜用高频平板振捣器振捣，捣实后再用重40~50kg、长600mm左右的铁辊筒十字交叉地来回滚压5~6遍至混凝土密实、表面泛浆。混凝土振捣、辊压泛浆后，按设计厚度要求用木抹抹平压实，使表面平整。在浇捣过程中，用2m直尺随时检查，并把表面刮平。待混凝土收水初凝后，取出分格条，用铁抹子进行第一次抹光，并用水泥砂浆修整分格缝，使之平直整齐。

终凝前进行第二次抹光，使混凝土表面平整、光滑、无抹痕。抹光时不得在表面洒水、撒干水泥或加水泥浆，必要时还应进行第三次抹光。混凝土终凝（一般在浇筑后12~14h）后，必须立即进行养护。

（3）分格缝施工。分格缝的嵌填应待防水层混凝土干燥并达到设计强度后进行。其做法大致有盖缝式、灌缝式和嵌缝式三种，盖缝式只适用于屋脊分格缝和顺水流方向的分格缝。

盖缝式分格缝施工步骤如下：

1）浇筑防水层时，分格缝两侧做成高出防水层表面约120~150mm的直立反口。

2）防水层混凝土硬化后，用清缝机或钢丝刷清理分格缝内的浮砂、尘土等物，再用吹尘器吹干净。

3）缝内用沥青砂浆或水泥砂浆填实。

4）用黏土盖瓦盖缝。盖瓦只能单边用水泥纸筋灰填实，不能两边填实，以免盖瓦粘结过牢，当防水层热胀冷缩时被拉裂。盖缝应从下而上进行，每片瓦的搭接尺寸不少于30mm，檐口处伸出亦不少于30mm。

当反口高度较低时，可在反口顶部坐灰，使盖瓦离开防水层表面一定距离。

2. 补偿收缩混凝土刚性防水层的施工

补偿收缩混凝土是在细石混凝土中加入外加剂，便之产生微膨胀，在有配筋的情况下，能够补偿混凝土的收缩，并使混凝土密实，提高混凝土抗裂性和抗渗性。

补偿收缩混凝土刚性防水层的施工工艺流程为：清理基层→铺设隔离层→清理隔离层→绑扎钢筋网→拌制补偿收缩混凝土→混凝土的运输→固定分格缝和凹槽木条→混凝土的浇筑→混凝土的二次压光→分格缝及凹槽勾缝处理。

（1）基层（或结构层）的处理

1）非隔离式防水层的处理：结构层事先灌缝并清扫干净，提前湿润，施工时不得有积水。

2）隔离式防水层的处理：在清理干净的结构层上按普通细石混凝土刚性防水层施工的要求做好找平层、隔离层。

（2）防水层的施工

1）安放分格条：要求分格缝留设位置应准确，并应与屋面板板缝对齐。分格缝木条应先用水浸泡，并涂刷隔离剂。

2）混凝土浇筑：要求钢丝网放在处理好的基层上，在网上先铺一层混凝土，然后将网提至该层混凝土表面，再覆盖一层混凝土，使钢丝网与基层的距离约为防水层厚度的2/3。钢丝网不得紧贴基层，也不得露筋。

补偿收缩混凝土浇筑时的自由落距不应大于1m，每个分块内的混凝土应一次浇筑完成，不得留施工缝。混凝土铺平后，用平板振动器振实，再用辊筒碾压数遍，直至表面泛浆。振捣时要均匀、密实、不漏振、不欠振、不过振。

3）抹光：用铁抹子将表面抹光，次数不得少于两遍。最后一道抹光须待水泥收干时进行。抹光时不得添加水泥浆、水泥砂浆或干水泥。在最后一道抹光时将分格条取出。

3. 钢纤维混凝土刚性防水层的施工

钢纤维混凝土屋面的施工工艺流程为：结构层处理→找平、隔离层施工→绑扎、安放防水层钢筋网片→安放分格缝木条→搅拌钢纤维混凝土→浇筑防水层钢纤维混凝土（同时留试块）→振捣、抹平、压实→做保护层→清缝、刷冷底子油→油膏或胶泥嵌缝→做分格缝保护层。

（1）结构层的处理：清理结构层板面，对装配式屋面，应先按要求进行灌缝。按设计要求检查坡度和标高。对设有保温层的屋面，应按设计要求铺设保温层。铺设时应在保温层中设置纵横畅通的排汽道。排汽道应与找平层和防水层分格缝在同一位置。排汽道与分格缝间平铺200mm宽油毡条。排汽道内充填粒径较大、透气性好的松散煤渣，以确保排汽畅通。

有保温层屋面的屋脊处应按要求设置排汽孔。设计无明确规定时，宜按间距6～12m设置，屋面面积不超过72m² 时设置一个。排汽道和排汽孔构造如图1-34所示。

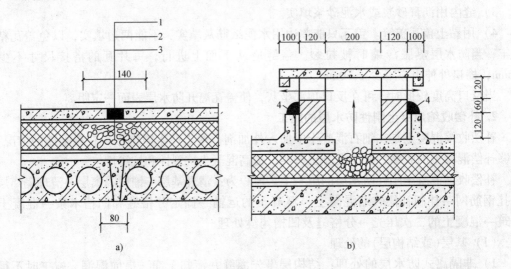

图 1-34　排汽道和排汽孔通道
a) 排汽道做法　b) 砖砌出汽孔
1—油毡　2—分仓缝　3—炉渣　4—油毡及胶泥

（2）找平隔离层施工

1）无保温层屋面找平隔离层可采用1∶4石灰砂浆做找平隔离层，厚20mm。石灰砂浆分两次找平压光，第一次铺设时，用2.5m长刮尺刮平，待基本收水、手指按上去略下陷时，再刮第二遍，最后用铁抹子抹平、压光，表面不得有裂缝。

也可以采用1∶3水泥砂浆找平层，厚15mm。找平层表面用铁抹子压实抹光。待找平层干燥后，上铺5mm厚细砂做隔离层，隔离层表面应平整、压实。也可以在干燥后的找平层上均匀涂刷一层热沥青做隔离层。

2）设有保温层的钢纤维防水层屋面，宜采用厚20mm的1∶3水泥砂浆做找平层。水泥砂浆分两遍找平，第一遍用2.5m长刮尺刮平，待收水后再刮第二遍找平，最后用铁抹子抹平，表面不得有收缩裂缝。当防水层采用钢纤维膨胀混凝土，或在年温差、日温差较小且有实践经验的地区，可以不设隔离层，仅将找平层抹光即可。

（3）绑扎安放防水层钢筋网片：钢纤维混凝土防水层内的钢筋网应按设计要求安放，对无保温层屋面，檐沟四周防水层内配置的网片的所有交叉点必须全部绑扎。对有保温层或屋面板刚度较差的屋面防水层内设置的钢筋网片，距四周 1m 范围内的所有交叉点必须绑扎，中间部分的交叉点可间隔交错扎牢。分格缝处所有钢筋必须断开，不得搭接，断开间距一般为 50mm。

（4）安放分格缝木条：钢纤维混凝土防水层应按设计或构造要求设置分格缝，以把防水层分成接近正方形为宜。分格缝应纵横对齐，形成方格网。设置分格缝时，宜在找平层上用 1∶2.5 水泥砂浆固定分格条。分格条采用梯形断面，上口宽 30mm，下口宽 20mm。水泥砂浆以把分格条固定三分之一高度为宜，并与找平层成 45°夹角。横向分格缝以高出防水层表面 30~40mm 为宜，两侧混凝土抹成斜坡，以确保分格缝不长时间浸泡在水中。

浇筑防水层混凝土时，应从屋面上端开始，每一分格块体内钢纤维混凝土的浇筑应自下而上、从一端向另一端进行，并一次浇筑完成，不留施工缝。

泛水处的钢纤维混凝土应与防水层一起施工，不得留施工缝。

（5）做保护层（水泥砂浆）：在混凝土初凝后终凝前取出分格缝木条，用水泥砂浆修补分格缝边缘的缺损部分。用 1∶2.5 水泥砂浆罩面，厚度控制 3~5mm，用铁抹子抹平，防止钢纤维外露。砂浆初凝后进行第二次压光，终凝前再进行第三次压光。压光时间要掌握好，每次压光不得撒干水泥。防水层表面要求平而光、无抹痕、不起砂起皮。

1.5.3.2　水泥砂浆防水层的施工

水泥砂浆防水分为普通水泥砂浆防水和聚合物水泥砂浆防水两类。

1. 普通水泥砂浆防水层的施工

普通水泥砂浆防水层的施工工艺流程为：结构层施工→结构层表面处理→特殊部位处理→刷第一道防水净浆→铺抹底层防水砂浆→压实后搓出麻面→刷第二道防水净浆→铺抹面层防水砂浆→二次压光→三次压光→养护。

（1）普通水泥防水砂浆的材料要求见表 1-24，配合比要求见表 1-25。

表 1-24　普通水泥防水砂浆的材料要求

序号	材料名称	要　求
1	水泥	强度等级不低于 42.5 级的普通硅酸盐水泥或矿渣硅酸盐水泥
2	砂	洁净的中砂或细砂，粒径不大于 3mm，含泥量不大于 2%
3	防水剂	宜采用氯化物金属盐类防水剂或金属皂类防水剂，质量符合要求
4	水	自来水或洁净天然水，不得含糖类、油类等有害杂质

表 1-25　普通水泥防水砂浆的配合比

序号	砂浆类型及作用		水泥	砂	水	防水剂	说　明
1	掺氯化物金属盐类防水剂	防水净浆	8	—	5	1	配合比为体积比，砂用黄沙
		防水砂浆	8	3	5	1	

（续）

序号	砂浆类型及作用		水泥	砂	水	防水剂	说　明
2	掺金属皂类防水剂	防水净浆	1	—	1~1.5	0.015~0.05	水泥、水、防水剂为质量比；水泥、砂为体积比
		防水砂浆	1	2	0.4~0.6	0.015~0.05	
3	掺无机铝盐防水剂	防水净浆	1	—	2.0~2.5	0.03~0.05	先将水与防水剂配成混合液，再用混合液配制砂浆
		底层砂浆	1	2.5~3.5	0.4~0.5	0.05~0.08	
		面层砂浆	1	2.5~3.0	0.4~0.5	0.05~0.10	
4	掺氯化铁防水剂	防水净浆	1	—	0.35~0.4	0.03	配合比为质量比
		底层砂浆	1	2.0	0.45~0.5	0.03	
		面层砂浆	1	2.5	0.5~0.55	0.03	

（2）砂浆的制备应注意的问题

1）防水净浆：将防水剂置于桶中，先加入水，搅拌均匀，然后加入水泥，反复拌匀。

2）防水砂浆

① 防水砂浆应采用机械搅拌，以保证水泥浆的匀质性。拌制时要严格掌握水胶比，水胶比过大，砂浆易产生离析现象；水胶比过小则不易施工。

② 施工时应将防水剂与定量用水配制成混合液。

③ 拌制砂浆时，先将水泥和砂投入砂浆搅拌机内干拌均匀（色泽一致），然后加入混合液，搅拌 1~2min 即可。

3）每次拌制的防水净浆和防水砂浆应在初凝前用完。

（3）防水层的施工

1）铺抹底层防水砂浆。涂刷第一道防水净浆，水泥净浆涂抹厚度为 1~2mm，完成后即可铺抹底层砂浆。底层砂浆分两遍铺抹，每遍厚 5~7mm。抹头遍时，砂浆刮平后应用力抹压，使之与基层结成整体，在终凝前用木抹子均匀搓成毛面。头遍砂浆阴干后，抹第二遍，第二遍也应抹实搓毛。

底层砂浆硬结（约经 12h）后，涂刷第二道防水净浆，厚 1~2mm，均匀涂刷。

2）铺抹面层防水砂浆、压实抹光。面层防水砂浆亦分两遍抹压，每遍厚 5~7mm。头遍砂浆应压实、搓毛。头遍砂浆阴干后再抹第二遍，用刮尺刮平后，紧接着用铁抹子拍实、搓平、压光。砂浆开始初凝时用铁抹子进行第二次压实压光。砂浆终凝前进行第三遍压光。

2. 聚合物水泥砂浆防水层的施工

（1）氯丁胶乳水泥砂浆防水施工

1）氯丁胶乳水泥砂浆的制备：材料要求见表 1-26，配合比要求见表 1-27。

表 1-26　氯丁胶乳水泥砂浆的材料要求

序　号	材料名称	要　　求
1	水泥	42.5 级以上普通硅酸盐水泥
2	砂	最大粒径小于 3mm，含泥量小于 2%

（续）

序　号	材料名称	要　求
3	阳离子氯丁胶乳	乳白色，含固量大于 50%
4	稳定剂	有机表面活性剂、OP 型乳化剂、农乳 600
5	消泡剂	有机硅乳液、异丁烯醇、磷酸三丁酯等
6	缓凝剂	无机碱溶液
7	水	自来水或洁净天然水

表 1-27　氯丁胶乳水泥砂浆的配合比（质量比）

编　号	水　泥	砂	氯丁胶乳	复合助剂	水
防水净浆	1	—	0.3~0.4	适量	适量
防水砂浆 I	1	2~2.5	0.2~0.5	0.13~0.14	适量
防水砂浆 II	1	1~3	0.25~0.5	适量	适量

注：一般稳定剂可取胶乳用量的 5%~6%，消泡剂取胶乳用量的 0.5%~1%，水胶比宜控制在 0.1~0.2。

2）防水层的施工：在处理好的基层上，用毛刷、棕刷、橡胶刮板或喷枪把胶乳水泥净浆均匀涂刷在基层表面上，不得漏涂。待结合层的胶乳水泥净浆涂层表面稍干（约 15min）后，即可铺抹防水层砂浆。因胶乳成膜较快，胶乳水泥砂浆摊开后，应迅速顺着一个方向边抹平边压实，一次成活，不得往返多次抹压，以防破坏胶乳砂浆面层胶膜。

铺抹时，按先立墙后地面的顺序施工。一般垂直面抹 5mm 厚左右，水平面抹 10~15mm 厚，阴阳角加厚抹成圆角。

胶乳水泥砂浆凝结时间比普通水泥砂浆慢，20℃时初凝约 4h，终凝约 8h，凝结后防水层不吸水。因此设计要求做水泥砂浆保护层或罩面时，必须在防水层初凝后进行。一般垂直墙面保护层厚 5mm，水平地面保护层厚 20~30mm。

（2）有机硅防水砂浆防水施工

1）有机硅防水砂浆的制备。材料要求见表 1-28，配合比设计见表 1-29。

表 1-28　有机硅防水砂浆的材料要求

序　号	材料名称	要　求
1	水泥	42.5 级普通硅酸盐水泥
2	砂	颗粒坚硬、表面粗糙、洁净的中砂，粒径 1~2mm
3	有机硅防水剂	相对密度以 1.21~1.25 为宜，pH 值为 12
4	水	一般饮用水

表 1-29　有机硅防水砂浆配合比

构 造 层 次	硅水配合比	砂浆配合比
	有机硅防水剂∶水	水泥∶砂∶硅水
结合层水泥净浆	1∶7	1∶0∶0.6
底层砂浆	1∶8	1∶2∶0.5
面层砂浆	1∶9	1∶2.5∶0.5

2）防水层的施工

① 清理基层：排除积水，将表面的油污、浮土、泥沙清理干净，并用水冲洗干净。表面如有裂缝、掉角、凹凸不平时，应先用水泥砂浆或 108 胶聚合物水泥浆进行修补。

② 抹结合层净浆：在基层上抹 2～3mm 厚有机硅水泥净浆，使其与底层粘结牢固，待达到初凝后进行下道工序。

③ 铺抹底层砂浆：底层砂浆厚约 10mm，用木抹抹平压实，初凝时用木抹戳成麻面。

④ 铺抹面层砂浆：厚度约 10mm，初凝时抹平压实，戳成麻面待做保护层。

⑤ 做保护层：抹不掺防水剂的砂浆 2～3mm 厚，表面压实，收光，不留抹痕。

⑥ 养护：按正常方法养护，养护时间 14d。

1.5.3.3 块体刚性防水层施工

块体刚性防水层是通过底层防水砂浆、块体和面层砂浆共同发挥作用。砂浆是主要防水材料。块体材料主要是普通黏土砖（烧结普通砖）、黏土薄砖、加气混凝土砌块等。

块体刚性防水层构造见图 1-35。

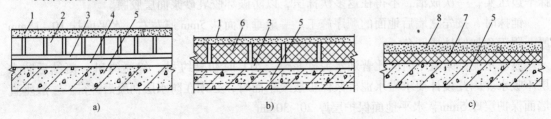

图 1-35　块体刚性防水层构造

a）砖块体　b）加气混凝土块体　c）粉芯防水隔热板

1—防水砂浆面层　2—平铺黏土砖垫层　3—防水砂浆底层　4—找平层　5—结构层　6—100mm 厚加气混凝土块
7—粉芯防水隔热板　8—30mm 厚 C20 细石混凝土保护层

1. 施工工艺流程

块体刚性防水层的施工工艺流程为：屋面结构层施工→找坡层及找平层施工→湿润基层→铺设底层防水水泥砂浆→挤浆铺砌块材→养护 24h 以上→防水水泥砂浆灌浆、抹面层→洒水覆盖养护。

2. 基层施工

（1）现浇整体式屋面：采用整体现浇钢筋混凝土屋面时，结构层表面应抹压平整，排水坡度符合设计要求。

（2）预制装配式屋面

1）铺设屋面板时，应坐浆实铺，不得有松动现象。

2）将屋面板清扫干净，板缝中洒水湿润后，用 C20 细石混凝土灌缝，并插捣密实。灌缝混凝土中可掺入微膨胀剂。

3）在板面高度偏差较大处，用 1：3 水泥砂浆局部找平。如需找坡时，应采用 1：8 水泥炉渣等轻质材料找坡。

3. 普通黏土砖防水层施工

（1）铺设底层防水水泥砂浆

1）铺设水泥砂浆前，将结构层或找平层表面浇水湿润，但不得积水。

2）在湿润的基层上铺设厚度 20~25mm 的防水水泥砂浆，要求铺平、铺实，厚薄一致，连续铺抹，不得留施工缝。

3）防水水泥砂浆的配合比为 1：3，掺入水泥质量的 2%~5% 的专用防水剂，防水剂称量必须准确。

4）砂浆必须用机械搅拌均匀，随拌随用。

（2）铺砌砖块

1）砖在使用前应浇水湿润或提前 1d 浸水后取出晾干。

2）铺砌砖块体时，应先进行试铺并做出标准点，然后根据标准点挂线，顺线挤砌砖，以使砖铺砌顺直。

3）黏土砖为直行平砌，并与板缝垂直，砖的长边宜为顺水流方向，严禁采用人字形铺砌。

4）应采用挤浆法铺贴，砖缝宽度为 12~15mm。铺砌时适当用力下压砖，使水泥砂浆挤入砖缝内的高度为 1/3~1/2 砖厚，砖缝中过高过满的砂浆应及时刮去。

5）铺砌后一排砖时，要与前一排砖错缝 1/2 砖。

6）砖块体铺砌应连续进行，中途不宜间断，如必须间断时，继续施工前应将接缝处砖侧面的残浆清除干净。

7）砖块体铺设后，在底层砂浆终凝前，严禁上人踩踏，以免碰损防水层。

（3）灌缝、抹水泥砂浆面层

1）面层及灌缝用 1：2 水泥砂浆，掺入 2%~3% 防水剂，水胶比控制在 0.45~0.50 之间，拌制时用机械搅拌，随拌随用。

2）底层砂浆终凝 1~2d 后，先将砖面适当喷水湿润，将砂浆填入砖缝，要求灌满填实，然后抹面，面层厚度不小于 12mm。

3）面层砂浆分两遍成活。第一遍将砖缝填实灌满，并铺抹面层，用刮尺刮平，再用木抹子拍实搓平，并用铁抹子紧跟压头遍。待水泥砂浆开始初凝（上人踩踏有脚印但不塌陷）时，用铁抹子进行第二遍压光。抹压时要压实、压光，并消除表面气泡、砂眼，做到表面光滑、无抹痕。

4）抹面层时，应搭铺脚手板或垫板，不得在已铺砌的砖块体上走车或整车倒灰。

（4）面层砂浆养护

1）面层砂浆压光后，视气温和水泥品种，12~24h 后即进行养护。

2）养护可采用覆盖砂、草袋洒水的方法，有条件的可采用蓄水养护。养护时间不少于 7d，养护期间不得上人踩踏。

4. 黏土薄砖防水层施工

（1）材料及施工准备

1）防水层用砖应将尺寸误差小、无砂眼、无龟裂、无缺棱掉角、火候适中的窑砖铺砌在最上面一皮，其余砖用来铺砌下面一皮（双皮构造）。砖的规格约为 290mm×290mm×15mm。

2）砖表面的粉状物要清扫干净，以免因粉状物存在而与砂浆粘结不牢，产生空鼓使防水层漏水。

3）黏土薄砖在铺砌前，必须先放入水中浸透，浸泡到水中无气泡冒出为止，取出风干备用。

（2）铺底层砂浆

1）弹线：在铺设的基层上，按照所选的黏土薄砖规格，四周预留 10~15mm 宽的砖缝，弹线、打格、找方。相邻两砖应错缝 1/2 砖。

2）润湿：铺砌的基层必须清扫干净，并洒水润湿，使砂浆能与基层粘结牢固，但不得有积水。

3）铺砂浆：在润湿的基层上倒铺 M2.5 混合砂浆，用刮尺平铺摊开并拍实，铺浆厚度为 15~40mm，根据坡度而定。如坡度已找好，厚度宜控制为 30mm，双皮构造的上皮砖砂浆可再薄些。包括方砖在内，一般单皮构造厚 50mm，双皮构造厚约 80mm。

（3）铺贴黏土薄砖

1）底层砂浆铺设完毕，应及时铺砌黏土薄砖，防止时间过长使砂浆干涩而影响粘结。

2）铺砌时，先将砂浆用刮刀平摊开，并拍实，然后将黏土薄砖铺砌在其上，就位时应使砖平整顺直，相邻两砖错缝 1/2 砖，砖四周留缝 10~15mm 宽。砖就位后，用手掌压砖的中部，或用木锤轻轻敲击，使砖面均匀下沉，相邻两砖高差不得超过 2mm。铺贴完成后及时把砖缝上溢出的砂浆刮平。

3）当防水层设计为双皮构造时，在第一皮砖铺贴 24h 后可上人操作，再按上述要求铺贴第二皮黏土薄砖，第二皮砖应骑缝铺砌。

4）铺砖可顺流水方向划分施工段，但在同一流水坡面上要一次完成。

（4）填缝、勾缝

最上一皮砖铺贴 24h 后即可进行填缝、勾缝。勾缝前砖缝要洒水湿润，勾缝用 1:1:3 的混合砂浆，稠度为 80~120mm。先将砂浆填入缝内，然后将表面压平、压光，并将多余的灰浆清扫干净，及时做好养护工作。

5. 加气混凝土防水隔热叠合层施工

（1）防水层施工前，先将加气混凝土块体浸泡在水中，以清除浮尘、吸足水分，保证加气混凝土块体与砂浆粘结牢固。

（2）将屋面冲洗干净，浇水湿润，但不得积水。

（3）在湿润的屋面板上铺抹（1:2）~（1:3）防水砂浆，厚度为 30mm 左右，用刮板刮平。

（4）边铺浆边铺砌加气混凝土块体，各块体间留 12~15mm 间隙。铺砌时适当挤压块体，使砂浆进入块缝内高度达到块体厚的 1/2~1/3，并保持块体底部的砂浆厚度不小于 20mm。

（5）加气混凝土块体铺砌 1~2d 后，用水重新将块体湿透，上铺一层厚度为 12~15mm 的防水砂浆。施工时必须先将块体缝用砂浆灌满填实，再将面层砂浆抹平、压实、收光，砂浆面层须找准坡度。

（6）面层砂浆压实、收光约 10h 后，可覆盖草帘，浇水养护，也可覆盖塑料薄膜，但应注意周边封严、勿使漏气。养护时间不少于 7d。

1.5.4　刚性防水屋面工程的工程质量控制手段与措施

1. 工程质量要求

（1）防水工程所用的防水混凝土和防水砂浆材料及外加剂、预埋件等均应符合有关标准和设计要求。

（2）防水混凝土的密实性、强度和抗渗性，必须符合设计要求和有关标准的规定。

（3）刚性防水层的厚度应符合设计要求，其表面应平整，不起砂，不出现裂缝。细石混凝土防水层内的钢筋位置应准确。

（4）施工缝、变形缝的止水片（带）、穿墙管件、支模铁件等设置和构造部位，必须符合设计要求和有关规范规定，不得有渗漏现象。

（5）分格缝的位置应正确，做到平直，尺寸标准一致。

（6）防水混凝土和防水砂浆防水层施工时，基底不得有水，雨期施工时应有防雨措施。防水工程施工时，不得带水作业。

2. 材料质量检验

（1）防水材料的外观质量、规格和物理技术性能，均应符合标准、规范规定。

（2）对进入施工现场的材料应及时进行抽样检测。刚性防水材料检测项目主要有：防水混凝土及防水砂浆配合比、坍落度、抗压和抗拉强度、抗渗性等。

3. 防水工程施工检验

（1）基层找平层和刚性防水层的平整度，用 2m 直尺检查，直尺与面层间的最大空隙不超过 5mm，空隙应平缓变化，每米长度内不得多于 1 处。

（2）刚性屋面的每道防水层完成后，应由专人进行检查，合格后方可进行下一道防水层施工。

（3）刚性防水屋面施工后，应进行 24h 蓄水试验，或持续淋水 24h，或雨后观察，看屋面排水系统是否畅通，有无渗漏水、积水现象。

（4）防水工程的细部构造处理，各种接缝、保护层及密封防水部位等，均应进行外观检验和防水功能检验，合格后方可隐蔽。

1.5.5　刚性防水屋面工程的工程质量通病与防治

1.5.5.1　防水层开裂

1. 原因分析

（1）结构裂缝：因地基不均匀沉降，屋面结构层产生较大的变形等原因使防水层开裂。此类裂缝通常发生在屋面板的拼缝上，宽度较大，并穿过防水层上下贯通。

（2）温度裂缝：季节性温差、防水层上下表面温差较大，且防水层变形受约束时，温度应力使防水层开裂。温度裂缝一般是有规则的、通长的，裂缝分布较均匀。

（3）收缩裂缝：由于防水层混凝土干缩和冷缩而引起。一般分布在混凝土表面，纵横交错，没有规律性，裂缝一般较短较细。

（4）施工裂缝：因混凝土配合比设计不当、振捣不密实、收光不好及养护不良等，使防水层产生不规则的、长度不等的断续裂缝。

2. 防治措施

（1）对于不适合做刚性防水的屋面（如地基不均匀沉降严重、结构层刚度差、设有松散材料保温层、受较大振动或冲击荷载的建筑，屋面结构复杂的结构等），应避免使用刚性防水层。

（2）加强结构层刚度，宜采用现浇屋面板；用预制屋面板时，要求板的刚度要好，并按规定要求安装和灌缝。

（3）刚性防水层按规定的位置、间距、形状设置分格缝，并认真做好分格缝的密封防水。

（4）在防水层与结构层之间设置隔离层。

（5）防水层上设架空隔热层、蓄水隔热层和种植隔热层。

（6）防水层的厚度不宜小于40mm，内配φ4~6@100~200双向钢筋网片，网片位置应在防水层中间或偏上，分格缝处钢筋应断开。

（7）做好混凝土配合比设计；严格限制水胶比；提倡使用减水剂等外加剂；有条件时宜采用补偿收缩混凝土，或对防水层施加预应力。

（8）防水层厚度应均匀一致；浇筑时应振捣密实，并做到充分提浆；原浆抹压，收水后随即进行二次抹光。

（9）认真做好防水层混凝土的养护工作。

（10）对已开裂的防水层，可按下述方法处理：

① 对于细而密集、分布面积较大的表面裂缝，可用防水水泥砂浆罩面；或在裂缝处剔出缝槽，并将表面清理干净，再刷冷底子油一道，干燥后嵌填防水油膏，上面用卷材覆盖。

② 对于宽度在0.3mm以上的裂缝，应剔成V形或U形切口后再做防水处理；如深度较大并已露出锈筋时，要对钢筋进行除锈、防锈处理，之后再做其他嵌填密封处理。

③ 对宽度较大的结构裂缝，应在裂缝处将混凝土凿开形成分格缝，然后按规定嵌填防水油膏。

1.5.5.2　防水层起壳、起砂

1. 原因分析

（1）混凝土防水层施工质量不好，特别是没有认真做好压实收光。

（2）养护不良，特别是不认真做好早期养护。

（3）刚性防水层长期暴露于大气中，日晒雨淋后，时间一长，混凝土面层会发生碳化现象。

2. 防治措施

（1）认真做好清理基层、摊铺、辊压、收光、抹平和养护等工序。辊压时宜用30~50kg辊筒来回滚压40~50遍，直至混凝土表面出现拉毛状水泥浆为止，然后抹平。待一定

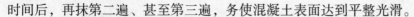

时间后，再抹第二遍、甚至第三遍，务使混凝土表面达到平整光滑。

（2）宜采用补偿收缩混凝土，但水泥用量也不宜过高，细骨料应尽可能采用中砂或粗砂。

（3）混凝土应避开在酷热、严寒气温下施工，也不要在风沙、雨天中施工。

（4）混凝土浇筑后即覆盖双层草包，8~12h 后浇水养护，有条件时蓄水养护 14d 以上。

（5）根据使用功能要求，在防水层上做架空隔热屋面、绿化屋面、蓄水屋面等，也可做饰面保护层或刷防水涂料保护层。

（6）当防水层表面轻微起壳、起砂时，可将表面凿毛，扫去浮灰杂质，然后加抹 10mm 厚的(1∶1.5)~(1∶2.0)防水砂浆。

1.5.5.3　防水层渗漏

1. 原因分析

（1）屋面结构层因结构变形不一致，容易在不同受力方向的连接处产生应力集中，造成防水层开裂而导致渗漏。

（2）各种构件的连接缝，因接缝尺寸大小不一，材料收缩、温度变形不一致，使填缝的混凝土脱落。

（3）防水层分格缝与结构层板缝没有对齐，或没有在屋面十字梁(或花篮梁)的两块预制板上分别设置分格缝，因而引起裂缝造成渗漏。

（4）女儿墙、天沟、水落口、烟囱及各种突出屋面的接缝或施工缝部位，因接缝混凝土或砂浆嵌填不严，或施工缝处理不当，形成缝隙而渗漏。

（5）在嵌填密封材料时，未将分格缝清理干净或基面不干燥，致使密封材料与混凝土粘结不良或嵌填不实。

（6）密封材料质量较差，尤其是粘结性、延伸性与抗老化能力等性能指标达不到规定。

2. 预防措施

（1）在非承重山墙与屋面板连接处，先灌以细石混凝土，然后分二次嵌填密封材料；泛水部位再按常规做法，增加卷材或涂膜防水附加层。

（2）装配式结构中，选择屋面板荷载级别时，应以板的刚度(而不以板的强度)为主要依据。

（3）为保证细石混凝土灌缝质量，板缝底应吊模板，并充分浇水湿润。浇筑前板缝刷界面剂，以确保两者粘结。

（4）灌缝细石混凝土宜掺微膨胀剂，同时加强浇水养护，提高混凝土抗变形能力。

（5）施工时须使防水层分格缝与板缝对齐，且密封材料及施工质量均应符合有关规范、规程的要求。

（6）女儿墙、天沟、水落口、烟囱及各种突出屋面的接缝或施工缝部位，除了做好接缝处理外，还应在泛水处做卷材或涂膜附加防水处理。附加防水层高度，迎水面一般不低于250mm，背水面不低于 200mm，烟囱或通气管处不低于 150mm。

（7）嵌填密封材料的接缝，应规格整齐并冲洗干净，无灰尘垃圾。施工时缝槽应充分干燥(最好用喷灯烘烤)，并在底部按设计要求放置背衬材料，确保密封材料嵌填密实，伸缩自如。

1.5.5.4　砂浆面层脱壳、起砂和开裂

1. 原因分析

（1）养护不良。

（2）砂浆面层暴露于空气中，经长期日晒风化，表面起砂。

（3）面层过厚，压光时不易密实，发生脱壳现象；砂浆面层过厚也易出现龟裂现象。

（4）垫层中的砖在施工前没有用水浸泡、洗净砖面浮灰，使面层与垫层粘结不牢。

2. 防治措施

（1）施工时控制面层砂浆厚度为 10~12mm，不宜太厚，并认真压实抹光。

（2）防水层中的砖在施工前应预先用水浸泡。

（3）加强面层砂浆养护。

（4）开裂或起砂、起壳面层的处理

① 由于日晒风化引起的表面起砂，只需将起砂面冲刷一下，扫去浮砂，重新用 1∶2 防水砂浆铺设 5mm 厚并压光即可。

② 对大面积的屋面龟裂，可采用喷涂憎水剂的方法。

③ 当面层脱壳起鼓时，应将起鼓部分铲除，基层清理干净后重新铺抹一层约 15mm 厚的 1∶2 防水砂浆面层。

1.5.5.5　屋面节点处渗漏

1. 原因分析

（1）防水层未伸入女儿墙内，因此在女儿墙与防水层间的缝隙处渗漏。

（2）水落口埋设标高不对；水落口与防水层搭接不严。

（3）穿过防水层的管道与防水层之间泛水未做好。

2. 预防措施

（1）在女儿墙 150~180mm 高处预留 60mm 凹槽；女儿墙与屋面板交接处用细石混凝土抹成钝角；找平层以上的防水层、隔离层和保护层均直接伸入女儿墙凹槽内，并在凹槽上做滴水。

（2）水落管口埋设标高必须正确，结合部位应仔细施工，水泥砂浆应抹压严密，管口光滑。

（3）穿过粉状材料防水层的管道与找平层结合处应用细石混凝土做成泛水；找平层上部的防水层、隔离层、保护层也应做成相应的泛水坡度与管道相接；保护层与管道外壁间要抹压紧密光滑，上部避免出现台阶。

（4）在防水层与女儿墙、水落口、穿过防水层管道等交接处，当操作确有困难或质量不能保证时，应辅以涂膜防水作封闭层。

1.5.6　刚性防水屋面工程施工质量验收

1.5.6.1　质量验收标准

1. 基本规定

（1）本标准适用于防水等级为专项设计及 I~II 级的屋面防水；不适用于设有松散材料

保温层的屋面以及受较大振动或冲击的和坡度大于15%的建筑屋面。

（2）细石混凝土不得使用火山灰质水泥；当采用矿渣硅酸盐水泥时，应采用减少泌水性的措施。粗骨料含泥量不应大于1%，细骨料含泥量不应大于2%。

混凝土水胶比不应大于0.55；每立方米混凝土水泥用量不得少于330kg；含砂率宜为35%~40%；灰砂比宜为(1:2)~(1:2.5)；混凝土强度等级不应低于C20。

（3）混凝土中掺加膨胀剂、减水剂、防水剂等外加剂时，应按配合比准确计量，投料顺序得当，并应用机械搅拌，机械振捣。

（4）细石混凝土防水层与立墙及突出屋面结构等交接处，均应做柔性密封处理；细石混凝土防水层与基层间宜设置隔离层。

2. 主控项目

（1）细石混凝土的原材料及配合比必须符合设计要求。

检验方法：检查出厂合格证、质量检验报告、计量措施和现场抽样复验报告。

（2）细石混凝土防水层不得有渗漏或积水现象。

检验方法：雨后或淋水、蓄水检验。

（3）细石混凝土防水层在天沟、檐沟、檐口、水落口、泛水、变形缝和伸出屋面管道的防水构造，必须符合设计要求。

检验方法：观察检查和检查隐蔽工程验收记录。

3. 一般项目

（1）细石混凝土防水层应表面平整、压实抹光，不得有裂缝、起壳、起砂等缺陷。

检验方法：观察检查。

（2）细石混凝土防水层的厚度和钢筋位置应符合设计要求。

检验方法：观察和尺量检查。

（3）混凝土分格缝的位置和间距应符合设计要求。

检验方法：观察和尺量检查。

（4）细石混凝土防水层表面平整度的允许偏差为5mm。

检验方法：用2m靠尺和楔形塞尺检查。

1.5.6.2　质量验收文件

1）防水工程设计图、设计变更及工程洽商记录等。

2）防水施工中重大技术问题处理记录及事故处理情况报告。

3）原材料、成品的质检证明文件及现场复测检验报告。

4）施工检验记录、淋水或蓄水试验记录。

5）隐蔽工程验收记录、验评报告等技术文件。

单 元 小 结

屋面防水工程是指为防止雨水或人为因素产生的水从屋面渗入建筑物所采取的一系列结构、构造和建筑措施。根据防水材料的不同，主要有卷材防水、涂膜防水、刚性防水等做法。

屋面工程的防水等级根据建筑物的性质、重要程度、使用功能要求以及防水层合理使用年限分为两级，并应遵循"防排并举，刚柔结合，嵌涂合一，复合防水，多道设防"的总体方针进行设防。

卷材屋面的防水层是用沥青胶结材料将防水卷材粘贴在结构基层的表面上做成的。沥青胶结材料粘贴在卷材上下，既是粘贴层又起防水作用，而卷材既起骨架作用又具有不透水性，二者多层交替粘贴，形成整体不透水的屋面防水层。卷材屋面属柔性防水屋面，它具有重量轻、防水性能较好的优点，尤其是防水层的柔韧性好，能适应一定程度的结构振动和胀缩变形。但这种屋面造价高，卷材容易起鼓、老化、耐久性差，而且施工工序多，操作条件差(如沥青热操作对人体有害)，施工周期长，工效低，产生渗漏水时修补找漏困难。常用的防水卷材按照材料的组成不同一般可分为沥青防水卷材、高聚物改性沥青防水卷材和合成高分子防水卷材三大系列。

涂膜防水是在自身有一定防水能力的结构层表面涂刷一定厚度的防水涂料，经常温胶联固化后，形成一层具有一定韧性的防水涂膜的防水方法。根据防水基层的情况和适用部位，可将加固材料和缓冲材料铺设在防水层内，以达到提高涂膜防水效果、增强防水层强度和耐久性的目的。涂膜防水由于防水效果好，施工简单、方便，特别适合于表面形状复杂的结构防水施工，因而得到广泛应用。它不仅适用于建筑物的屋面防水、墙面防水，而且还广泛应用于地下工程以及其他工程的防水。涂膜防水材料按成分性质不同，一般可分为合成高分子防水涂料、高聚物改性沥青防水涂料和沥青基防水涂料三类。

复合防水层是由彼此相容的卷材和涂料组合而成的防水层。复合防水层施工质量应符合相应防水卷材施工和防水涂膜施工的有关规定。

刚性防水屋面实质上是刚性混凝土板块防水屋面，或由刚性板块与柔性接缝材料复合的防水屋面。其主要的构造措施为：屋面具有一定的坡度，便于雨水及时排除；增加钢筋；设置隔离层；混凝土分块设缝，以使板面在温度、湿度变化的条件下不致开裂；采用油膏嵌缝，以适应屋面基层变形，且保证了分格缝的防水性。刚性防水屋面适用于屋面结构刚度较大及地质条件较好的建筑。刚性防水屋面施工可分为普通细石混凝土防水层施工、补偿收缩混凝土防水层施工以及块体刚性防水层施工。

综合训练题

一、判断题(对的划"√"，错的划"×"，答案写在每题括号内)

1. 防水施工应在阴阳角、烟囱根、管道根、天沟、水落口底部位作一道加强层。(　　　)

2. 混凝土找平层的混凝土强度等级不应低于C20。(　　　)

3. 普通细石混凝土防水屋面在防水层和找平层之间应设置隔离层。(　　　)

4. 凡是卷材的附加层均应在大面积屋面卷材施工前进行。(　　　)

5. 在防水卷材及配套胶粘剂进入现场的同时，应向厂方索要产品合格证及材料技术性能指标。(　　　)

6. 屋面找平层与凸出屋面结构接缝处应抹成圆弧或钝角。(　　　)

7. 涂膜防水层施工时，环境温度应控制在5℃以上。(　　　)

8. 平行于屋脊的搭接缝应顺流水方向搭接；垂直于屋脊的搭接缝应顺当地年最大频率风向搭接。(　　　)

9. 垂直于屋脊的卷材铺贴每幅卷材都应铺过屋脊不少于200mm。(　　　)

10. 粘贴卷材的沥青胶结材料的厚度一般为 1.5~2.5mm，最大不超过 3mm。（ ）

11. 石油沥青胶适用于粘贴石油沥青类卷材和煤沥青类卷材。（ ）

12. 高分子卷材防水施工方法有冷贴、热熔、自粘三种。（ ）

13. 热熔法适用于石油沥青油毡三毡四油（二毡三油）叠层铺贴。（ ）

14. 刚性防水屋面适用于屋面结构刚度较大及地质条件较好的建筑。（ ）

二、填空题

1. 卷材防水屋面的构造层次自下而上一般为：_____、_____、_____、_____、_____、_____、_____等。

2. 卷材防水施工工艺分为_____、_____和_____。

3. 高分子防水卷材屋面施工方法有_____、_____、_____三种。

4. 常用的防水卷材按照材料的组成不同一般可分为_____、_____和_____三大系列。

5. SBS 改性沥青防水卷材，指以_____、_____等高强材料为胎体，浸渍并涂布用_____，并在其两面撒以_____或_____的防水卷材。

6. 合成橡胶类防水卷材有_____、_____、_____、_____防水卷材。

7. 合成树脂类防水卷材有_____、_____、_____等。

8. 屋面防水卷材的铺贴方向，应根据_____、_____及_____确定。

9. 卷材搭接的方法、宽度和要求，应根据_____、_____和_____确定。

10. 防水涂料按成分性质不同，一般可分为_____、_____和_____三类。

11. 防水涂料的涂布有_____、_____、_____、_____等方法。

12. 刚性防水的有保温层屋面屋脊处应按要求设置排汽孔，设计无明确规定时，宜按间距_____设置，屋面面积不超过_____时设置一个。

13. 水泥砂浆防水分_____和_____两类。

14. 混凝土刚性防水层分_____、_____和_____等。

15. 刚性防水材料检测项目主要有：防水混凝土及防水砂浆_____、_____、_____和_____、_____等。

三、简答题

1. 试述常用的防水卷材胶结材料的特点和用途。

2. 屋面找平层的作用和质量要求是什么？

3. 屋面变形缝如何作防水处理？

4. 涂膜屋面防水层的施工质量验收有哪些项目？

5. 建筑石油沥青的标号和技术指标有哪些？

6. 防水工程验收应提交哪些文件？

7. 试述卷材防水屋面、涂膜防水屋面、复合防水屋面的主要特点。

8. 进行防水卷材作业应采取哪些防火措施？

9. 卷材防水的保证项目有哪些？如何检查？

10. 画出柔性防水平屋面的构造图。

11. 试述防水工程施工安全注意事项。

12. 屋面防水卷材施工的操作工艺顺序是什么？

13. 简述 SBS 橡胶改性沥青防水卷材施工的操作要点？

14. 卷材施工在搭接方面的要求有哪些？

15. 沥青砂浆及沥青混凝土的质量标准是什么？

16. 如何确定防水卷材的铺贴方向？

17. 屋面卷材防水工程的质量检验项目有哪些？如何检查？

18. 防水施工过程中应如何注意成品保护？

19. 简述各种屋面涂膜防水层的施工工艺。

单元 2　地下防水工程

【单元概述】

地下防水工程是指对工业与民用建筑地下工程、防护工程、隧道及地下铁道等建（构）筑物，进行防水设计、防水施工和维护管理等各项技术工作的工程实体。本单元主要介绍地下工程的防水等级和防水要求；主要讲述地下卷材防水、涂膜防水、刚性防水、膨润土防水材料防水、结构细部构造防水及特殊施工法结构防水的施工工艺、施工方法、质量检验及常出现的质量通病与防治。

【学习目标】

了解地下工程防水等级及防水方案的选择；掌握地下工程卷材防水、涂膜防水、刚性防水、膨润土防水材料防水、结构细部构造防水及特殊施工法结构防水的施工工艺和施工方法、质量检查、质量通病与防治等内容；了解相关的规范和规程。

课题 1　地下工程防水等级和设防要求

2.1.1　地下工程的防水等级

地下防水工程是指对工业与民用建筑地下工程、防护工程、隧道及地下铁道等建（构）筑物，进行防水设计，防水施工和维护管理等各项技术工作的工程实体。

地下工程由于深埋在地下，时刻受地下水的渗透作用，如防水问题处理不好，致使地下水渗漏到工程内部，将会带来一系列问题，如影响人员在工程内正常的工作和生活，使工程内部装修和设备加快锈蚀等。使用机械排除工程内部渗漏水，需要耗费大量能源和经费，而且大量的排水还可能引起地面和地面建筑物不均匀沉降和破坏等。

为适应我国地下工程建设的需要，使新建、续建、改建的地下工程能合理正常地使用，充分发挥其经济效益、社会效益、战备效益，应对地下工程的防水设计、施工内容做出相应的规定。在防水设计和施工中，要贯彻质量第一的思想，把确保质量放在首位。

地下工程的防水等级，根据防水工程的重要性和使用中对防水的要求，按围护结构允许渗漏水的程度，分为四级，各级的标准应符合表 2-1 的规定。

地下工程应进行防水设计，并应做到定级准确、方案可靠、施工简便、耐久适用、经济合理。地下工程不同防水等级的适用范围，应根据工程的重要性和使用中对防水的要求按表 2-2 选定。

表 2-1 地下工程的防水等级标准

防水等级	标　准
一级	不允许渗水，结构表面无湿渍
二级	不允许漏水，结构表面可有少量湿渍 房屋建筑地下工程，湿渍总面积不应大于总防水面积(包括顶板、墙面、地面)的0.1%，任意100m² 防水面积上的湿渍不超过2处，单个湿渍最大面积不大于0.1m² 其他地下工程：湿渍总面积不应大于总防水面积的0.2%；任意100m² 防水面积上的湿渍不超过3 处，单个湿渍的最大面积不大于0.2m²；其中，隧道工程还要求平均渗水量不大于0.05L/(m²·d)，任意100m² 防水面积上的渗水量不大于0.15L/(m²·d)
三级	有少量漏水点，不得有线溜和漏泥沙 任意100m² 防水面积上的漏水或湿渍点数不超过7处，单个漏水点的最大漏水量不大于2.5L/d，单个湿渍的最大面积不大于0.3m²
四级	有漏水点，不得有线溜和漏泥沙 整个工程平均漏水量不大于2L/(m²·d)；任意100m² 防水面积上的平均漏水量不大于4L/(m²·d)

表 2-2　不同防水等级的适用范围

防水等级	适　用　范　围
一级	人员长期停留的场所；有少量湿渍就会使物品变质、失效的贮物场所及严重影响设备正常运转和危及工程安全运营的部位；极重要的战备工程、地铁车站
二级	人员经常活动的场所；有少量湿渍不会使物品变质、失效的贮物场所及基本不影响设备正常运转和工程安全运营的部位；重要的战备工程
三级	人员临时活动的场所；一般战备工程
四级	对渗漏水无严格要求的工程

2.1.2　地下工程防水设防要求

地下工程的防水设防要求，应根据使用功能、使用年限、水文地质、结构形式、环境条件、施工方法及材料性能等因素确定。地下工程防水的设计应综合考虑工程地质、水文地质、区域地形、环境条件、埋置深度、地下水位高低、工程结构特点及修建方法、防水标准、工程用途和使用要求、技术经济指标、材料来源等因素，并在吸取国内外地下防水的经验基础上，坚持遵循"防、排、截、堵结合，以防为主，多道设防，刚柔并用，因地制宜，综合治理"的原则。

地下工程的防水可分为两部分，一是结构主体防水，二是细部构造(特别是施工缝、变形缝、诱导缝、后浇带)的防水。目前结构主体采用防水混凝土结构自防水，其防水效果尚好，而细部构造，特别是施工缝、变形缝的渗漏水现象较多。针对目前存在的这种情况，明挖法施工时不同防水等级的地下工程防水方案分为四部分内容，即主体、施工缝、后浇带、变形缝(诱导缝)。对于采用防水混凝土结构自防水的结构主体，当工程的防水等级为一级时，应再增设两道其他防水层，当工程的防水等级为二级时，可视工程所处的水文地质条件、环境条件、工程设计使用年限等不同情况，应再增设一道其他防水层。

明挖法地下工程的防水设防要求应按表2-3选用；暗挖法地下工程的防水设防要求应按

表 2-4 选用。

表 2-3　明挖法地下工程的防水设防要求

工程部位	主体结构							施工缝							后浇带					变形缝（诱导缝）					
防水措施 / 防水等级	防水混凝土	防水卷材	防水涂料	塑料防水板	膨润土防水材料	防水砂浆	金属防水板	遇水膨胀止水条（胶）	外贴式止水带	中埋式止水带	外抹防水砂浆	外涂防水涂料	水泥基渗透结晶型防水涂料	预埋注浆管	补偿收缩混凝土	外贴式止水带	预埋注浆管	遇水膨胀止水条（胶）	防水密封材料	中埋式止水带	外贴式止水带	可卸式止水带	防水密封材料	外贴防水卷材	外涂防水涂料
一级	应选	应选一至两种						应选两种							应选	应选两种				应选	应选一至两种				
二级	应选	应选一种						应选一至两种							应选	应选一至两种				应选	应选一至两种				
三级	应选	宜选一种						宜选一至两种							应选	宜选一至两种				应选	宜选一至两种				
四级	应选	—						宜选一种							应选	宜选一种				应选	宜选一种				

表 2-4　暗挖法地下工程的防水设防要求

工程部位	衬砌结构						内衬砌施工缝						内衬砌变形缝（诱导缝）				
防水措施 / 防水等级	防水混凝土	塑料防水板	防水砂浆	防水涂料	防水卷材	金属防水层	外贴式止水带	预埋注浆管	遇水膨胀止水条（胶）	防水密封材料	中埋式止水带	水泥基渗透结晶型防水涂料	中埋式止水带	外贴式止水带	可卸式止水带	防水密封材料	遇水膨胀止水条（胶）
一级	必选	应选一至两种					应选一至两种						应选	应选一至两种			
二级	应选	应选一种					应选一种						应选	应选一种			
三级	宜选	宜选一种					宜选一种						应选	宜选一种			
四级	宜选	宜选一种					宜选一种						宜选	宜选一种			

　　其中，对于处在侵蚀性介质中的地下工程，应采用耐侵蚀的防水混凝土、防水砂浆、防水卷材或防水涂料等防水材料；处于冻融侵蚀环境中的地下工程，其混凝土抗冻融循环不得少于

300 次；结构刚度较差或受震动作用的工程，宜采用延伸率较大的卷材、涂料等柔性防水材料。

课题 2　地下工程卷材防水

地下卷材防水层是用防水卷材和与其配套的胶结材料胶合而成的一种多层或单层防水层。这种防水层的主要优点是：防水性能好，具有一定的韧性和延伸性，能适应结构的震动和微小的变形，并能抵抗酸、碱、盐溶液的侵蚀。但卷材防水层耐久性差，吸水率大，机械强度低，施工工序多，发生渗漏时难以修补。卷材防水层宜用于经常处在地下水环境，且受侵蚀性介质作用或受振动作用的地下工程。

卷材防水层应铺设在混凝土结构的迎水面。卷材防水层用于建筑物地下室时，应铺设在结构底板垫层至墙体防水设防高度的结构基面上；用于单建式的地下工程时，应从结构底板垫层铺设至顶板基面，并应在外围形成封闭的防水层。

2.2.1　地下工程卷材防水层的材料要求

1. 防水卷材

防水卷材的品种规格和层数，应根据地下工程防水等级、地下水位高低及水压力作用状况、结构构造形式和施工工艺等因素确定。卷材防水层应选用高聚物改性沥青类或合成高分子类防水卷材（见表 2-5），并符合下列规定：

（1）卷材外观质量、品种规格应符合现行国家标准或行业标准。

（2）卷材及其胶粘剂应具有良好的耐水性、耐久性、耐刺穿性、耐腐蚀性和耐菌性。

（3）高聚物改性沥青防水卷材的主物理性能应符合表 2-6 的要求。

（4）合成高分子防水卷材的主要物理性能应符合表 2-7 的要求。

表 2-5　卷材防水层的卷材品种

类　别	品　种　名　称
高聚物改性沥青类防水卷材	弹性体改性沥青防水卷材
	改性沥青聚乙烯胎防水卷材
	自粘聚合物改性沥青防水卷材
合成高分子类防水卷材	三元乙丙橡胶防水卷材
	聚氯乙烯防水卷材
	聚乙烯丙纶复合防水卷材
	高分子自粘胶膜防水卷材

表 2-6　高聚物改性沥青防水卷材的主要物理性能

项　目	性　能　要　求				
	弹性体改性沥青防水卷材			自粘聚合物改性沥青防水卷材	
	聚酯毡胎体	玻纤毡胎体	聚乙烯膜胎体	聚酯毡胎体	无胎体
可溶物含量/（g/m²）	3mm 厚≥2100 4mm 厚≥2900			3mm 厚≥2100	—

（续）

项　目		性能要求				
		弹性体改性沥青防水卷材			自粘聚合物改性沥青防水卷材	
		聚酯毡胎体	玻纤毡胎体	聚乙烯膜胎体	聚酯毡胎体	无胎体
拉伸性能	拉力/（N/50mm）	≥800（纵横向）	≥500（纵横向）	≥140（纵向） ≥120（横向）	≥450（纵横向）	≥180（纵横向）
	延伸率（%）	最大拉力时≥40（纵横向）	—	断裂时≥250（纵横向）	最大拉力时≥30（纵横向）	断裂时≥200（纵横向）
低温柔度/℃		-25，无裂纹				
热老化后低温柔度/℃		-20，无裂纹			-22，无裂纹	
不透水性		压力 0.3MPa，保持时间 120min，不透水				

表 2-7　合成高分子防水卷材的主要物理性能

项　目	性能要求			
	三元乙丙橡胶防水卷材	聚氯乙烯防水卷材	聚乙烯丙纶复合防水卷材	高分子自粘胶膜防水卷材
断裂拉伸强度	≥7.5MPa	≥12MPa	≥60N/10mm	≥100N/10mm
断裂伸长率	≥450%	≥250%	≥300%	≥400%
低温弯折性	-40℃，无裂纹	-20℃，无裂纹	-20℃，无裂纹	-20℃，无裂纹
不透水性	压力 0.3MPa，保持时间 120min，不透水			
撕裂强度	≥25kN/m	≥40kN/m	≥100N/10mm	≥100N/10mm
复合强度（表层与芯层）	—	—	≥1.2N/mm	—

2. 胶粘剂

（1）粘贴各类卷材必须采用与卷材性能相容的胶粘剂，胶粘剂的质量应符合表 2-8 的要求。

（2）聚乙烯丙纶复合防水卷材应采用聚合物水泥防水粘结材料，其物理性能应符合表 2-9 的要求。

表 2-8　防水卷材粘结质量要求

项　目		自粘聚合物改性沥青防水卷材粘合面		三元乙丙橡胶和聚氯乙烯防水卷材胶粘剂	合成橡胶胶粘带	高分子自粘胶膜防水卷材粘合面
		聚酯毡胎体	无胎体			
剪切状态下的粘合性（卷材-卷材）	标准试验条件/（N/10mm）≥	40 或卷材断裂	20 或卷材断裂	20 或卷材断裂	20 或卷材断裂	40 或卷材断裂

（续）

项　　目		自粘聚合物改性沥青防水卷材粘合面		三元乙丙橡胶和聚氯乙烯防水卷材胶粘剂	合成橡胶胶粘带	高分子自粘胶膜防水卷材粘合面
项　　目		聚酯毡胎体	无胎体	三元乙丙橡胶和聚氯乙烯防水卷材胶粘剂	合成橡胶胶粘带	高分子自粘胶膜防水卷材粘合面
粘结剥离强度（卷材-卷材）	标准试验条件/（N/10mm）≥	15 或卷材断裂		15 或卷材断裂	4 或卷材断裂	—
粘结剥离强度（卷材-卷材）	浸水 168h 后保持率（%）≥	70		70	80	—
与混凝土粘结强度（卷材-混凝土）≥	标准试验条件/（N/10mm）≥	15 或卷材断裂		15 或卷材断裂	6 或卷材断裂	20 或卷材断裂

表 2-9　聚合物水泥砂浆粘结材料物理性能

项　　目		性 能 要 求
与水泥基面的粘结拉伸强度/MPa	常温 7d	≥0.6
与水泥基面的粘结拉伸强度/MPa	耐水性	≥0.4
与水泥基面的粘结拉伸强度/MPa	耐冻性	≥0.4
可操作时间/h		≥2
7d 抗渗性/MPa		≥1.0
常温剪切状态下的粘合性/（N/mm）	卷材与卷材	≥2.0 或卷材断裂
常温剪切状态下的粘合性/（N/mm）	卷材与基面	≥1.8 或卷材断裂

3. 卷材设计要求

（1）卷材防水层为一层或两层。不同品种卷材的厚度应符合表 2-10 的规定。

表 2-10　不同品种卷材的厚度　　　　　　　（单位：mm）

卷材品种	高聚物改性沥青类防水卷材			合成高分子类防水卷材			
卷材品种	弹性体改性沥青防水卷材、改性沥青聚乙烯胎防水卷材	自粘聚合物改性沥青防水卷材		三元乙丙橡胶防水卷材	聚氯乙烯防水卷材	聚乙烯丙纶复合防水卷材	高分子自粘胶膜防水卷材
卷材品种	弹性体改性沥青防水卷材、改性沥青聚乙烯胎防水卷材	聚酯毡胎体	无胎体	三元乙丙橡胶防水卷材	聚氯乙烯防水卷材	聚乙烯丙纶复合防水卷材	高分子自粘胶膜防水卷材
单层厚度	≥4	≥3	≥1.5	≥1.5	≥1.5	卷材：≥0.9 粘结料：≥1.3 芯材厚度：≥0.6	—
双层厚度	≥(4+3)	≥(3+3)	≥(1.5+1.5)	≥(1.2+1.2)	≥(1.2+1.2)	卷材：≥(0.7+0.7) 粘结料：≥(1.3+1.3) 芯材厚度：≥0.5	—

（2）阴阳角处应做成圆弧或 45°（135°）折角，其尺寸视卷材品质确定。在转角处，阴阳

角等特殊部位，应增贴卷材加强层，加强层宽度宜为 300~500mm。

2.2.2　地下工程卷材防水层的施工

2.2.2.1　地下工程卷材防水层的施工要求

（1）为了保证正常施工，施工期间必须采取有效措施，将基坑内地下水位降低到垫层以下不少于 500mm 处，直至防水工程全部完成。

（2）卷材防水层应铺贴到整体水泥砂浆找平层的基面上。整体水泥砂浆找平层应牢固、表面平整、干燥，不得有空鼓、松动、起皮、起砂现象。用 2m 直尺检查，基层与直尺间的最大空隙不应超过 5mm，且每米长度内不得多于 1 处，空隙处只允许平缓变化。

（3）基层阴阳角处均应做成圆弧。对高聚物改性沥青防水卷材，圆弧半径应大于 50mm；对合成高分子防水卷材，圆弧半径应大于 20mm。

（4）卷材防水层铺贴前，所有穿过防水层的管道、预埋件等均应施工完毕，并做了防水处理。防水层铺贴后，严禁在防水层上打眼开洞，以免引起漏水。

（5）铺贴卷材前，应将找平层清扫干净，在基面上涂刷基层处理剂。当基面较潮湿时，应涂刷湿固化型胶粘剂或潮湿界面隔离剂。

2.2.2.2　地下工程卷材防水层的施工工艺

卷材防水层一般铺贴在混凝土结构的迎水面，称为外防水。外防水的施工方法根据卷材与主体结构施工的先后顺序不同又分为外防外贴法和外防内贴法。由于外防外贴法的防水效果优于外防内贴法，所以在施工场地和条件不受限制时，均采用外防外贴法。

1. 外防外贴法施工

外防外贴法是先进行主体结构的施工，然后将立面卷材防水层直接铺贴在主体结构的外墙表面，再砌永久保护墙，构造做法如图 2-1 所示。具体施工程序是：

（1）浇筑结构底板的混凝土垫层，在垫层上砌筑永久保护墙，高度比结构底板的厚度高 100mm。在永久保护墙上用石灰砂浆砌临时保护墙，高度为 300mm。

（2）在垫层和永久保护墙上抹 1：3 水泥砂浆找平层，转角处抹成圆弧形，在临时保护墙上抹石灰砂浆找平层，并刷石灰浆。

（3）找平层干燥后，先在转角处铺贴一层卷材附加层，然后进行大面积铺贴。卷材铺贴是先铺平面、后铺立面。垫层平面部位的卷材宜采用空铺法或点粘法；从垫层折向立面的卷材与永久保护墙的接触部位应采用空铺法施工；卷材与临时性保护墙或围护结构

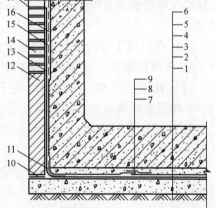

图 2-1　卷材防水层外防外贴法的构造

1—素土夯实　2—素混凝土垫层　3—水泥砂浆找平层　4—卷材防水层　5—细石混凝土保护层 6—钢筋混凝土结构　7—卷材搭接缝　8—嵌缝密封膏　9—120mm 宽的卷材盖缝条　10—油毡隔离层　11—附加层　12—永久保护墙　13—满粘卷材　14—临时保护墙　15—虚铺卷材　16—砂浆保护层　17—临时固定

模板的接触部位,应将卷材临时贴附在该墙上或模板上,并应将顶端临时固定。

(4) 保护墙上的卷材防水层施工完成后,应做保护层,以免后面工序施工时损坏卷材防水层。底板和永久保护墙上已铺贴牢固的卷材防水层,应用水泥砂浆或细石混凝土做保护层;但临时保护墙上临时固定的卷材防水层应以石灰砂浆做保护层,以便拆除。保护层厚度一般为30~50mm。施工结构的底板和墙体时,保护墙可作为混凝土墙体一侧的模板。

(5) 待围护结构完工后,先拆除临时保护墙,将甩槎部位临时固定的各层卷材揭开,清除表面的污物,再将此段结构外表面补抹水泥砂浆找平层。

(6) 找平层干燥后,将卷材分层错槎向上铺贴。卷材接槎的搭接长度,高聚物改性沥青卷材不应小于150mm,合成高分子卷材不小于100mm。当使用两层卷材时,应错槎接缝,上层卷材应盖过下层卷材,接槎处应采用密封材料加贴盖缝条。

(7) 卷材防水层施工完毕,经检验合格后,应及时做好卷材防水层保护结构,并进行土方回填。保护结构有以下几种做法:

1) 可继续向上砌永久保护墙,并每隔5~6m及在转角处断开,断缝中填以卷材或沥青麻丝,永久保护墙与卷材防水层之间的空隙随砌随用砌筑砂浆填实。

2) 可在涂抹卷材防水层最后一道沥青胶结材料时,撒上干净的热砂或撒麻丝,冷却后再抹一层10~20mm厚的1:3水泥砂浆,并养护达一定强度。

3) 可在卷材防水层外侧用氯丁胶粘剂花粘固定5~6mm厚的聚乙烯泡沫塑料板,或用聚醋酸乙烯乳液粘贴40mm厚的聚苯泡沫塑料板。

保护结构施工完毕即可回填土。

2. 外防内贴法施工

外防内贴法是在浇筑混凝土垫层后,在垫层上将永久保护墙全部砌好,然后将卷材防水层铺贴在垫层和永久保护墙上,再施工主体结构的方法。其构造如图2-2所示。具体施工程序是:

(1) 在已施工好的混凝土垫层上砌永久保护墙,用1:3水泥砂浆在垫层和永久保护墙上抹找平层。

(2) 找平层干燥后,涂刷冷底子油或基层处理剂,干燥后在转角处铺贴卷材附加层。

(3) 铺贴卷材防水层。卷材应先铺立面、后铺平面,先铺转角、后铺大面。

(4) 卷材防水层铺完,经检验合格后,应及时做保护层。立面可用抹水泥砂浆、贴塑料板等方法保护;平面可用抹水泥砂浆或浇细石混凝土等方法做保护层。

(5) 进行主体结构施工,并压紧防水层。如为混凝土结构,永久保护墙可作为一侧模板。主体结构完工后,方可进行土方回填。

3. 施工注意事项

(1) 卷材防水层的基面应坚实、平整、清洁,阴阳角处应做成圆弧或折角,并应符合所用卷材

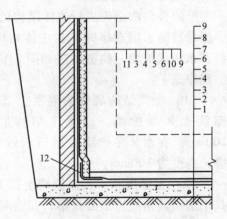

图2-2 卷材防水层外防内贴法的构造
1—素土夯实 2—素混凝土垫层 3—水泥砂浆找平层 4—基层处理剂 5—基层胶粘剂 6—卷材防水层 7—油毡保护隔离层 8—细石混凝土保护层 9—钢筋混凝土结构 10—5mm厚的聚乙烯泡沫塑料保护层 11—永久保护墙 12—卷材附加层

的施工要求。

（2）严禁在雨天、雪天、五级及以上大风中铺贴卷材；冷粘法、自粘法施工的环境气温不宜低于5℃，热熔法、焊接法施工的环境气温不宜低于-10℃。施工过程中下雨或下雪时，应做好已铺卷材的防护工作。

（3）不同品种防水卷材的搭接宽度，应符合表2-11的要求。

表 2-11　不同品种防水卷材的搭接宽度　　　　　　　　　（单位：mm）

卷材品种	搭接宽度
弹性体改性沥青防水卷材	100
改性沥青聚乙烯胎防水卷材	100
自粘聚合物改性沥青防水卷材	80
三元乙丙橡胶防水卷材	100/60（胶粘剂/胶粘带）
聚氯乙烯防水卷材	60/80（单焊缝/双焊缝）
	100（胶粘剂）
聚乙烯丙纶复合防水卷材	100（粘结料）
高分子自粘胶膜防水卷材	70/80（自粘胶/胶粘带）

（4）在转角处和特殊部位，应增贴1~2层相同卷材或抗拉强度较高的卷材，如图2-3所示。

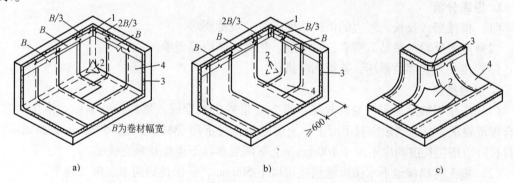

图 2-3　转角的卷材铺贴法

a）阴角第一层卷材铺贴法　b）阴角第二层卷材铺贴法　c）阳角第一层卷材铺贴法

1—转折处卷材附加层　2—角部附加层　3—找平层　4—卷材　B—卷材幅宽

2.2.3　地下工程卷材防水层的施工质量通病与防治

2.2.3.1　空鼓

1. 原因分析

（1）基层潮湿，找平层表面被泥水沾污，立墙卷材甩头未加保护措施，卷材被沾污。

（2）未认真清理沾污表面，立面铺贴、热作业操作困难，从而导致铺贴不实不严。

2. 预防措施

（1）各种卷材防水层的基层必须保持表面干燥洁净。严防在潮湿基层上铺贴卷材防水层。

（2）无论采用外贴法还是内贴法进行施工，都应把地下水位降至垫层以下不少于500mm。应在垫层上抹1:2.5水泥砂浆找平层，防止由于毛细水上升造成基层潮湿。

（3）立墙卷材的铺贴，应精心施工，操作仔细，使卷材铺贴严密、密实、牢固。

（4）铺贴卷材防水层之前（提前1~2d），应喷或刷1~2道冷底子油，以确保卷材与基层表面有较强的附着力，能粘结牢固。

（5）铺贴卷材时气温不宜低于5℃。施工过程应确保胶结材料的施工温度。

（6）采用水泥砂浆找平层时，水泥砂浆抹平收水后应二次压光，充分养护，不得有酥松、起砂、起皮现象。

（7）基层与墙的连接处，均应做成圆弧。圆弧半径应根据卷材种类按表2-12选用。

表 2-12　转角处圆弧半径

卷 材 种 类	圆弧半径/mm	卷 材 种 类	圆弧半径/mm
高聚物改性沥青防水卷材	50	合成高分子防水卷材	20

2.2.3.2　卷材搭接不良

1. 原因分析

（1）搭接形式及长、短边的搭接长度不符合规范要求。

（2）接头处卷材粘结不密实，有空鼓、张嘴、翘边等现象。

（3）接头甩槎部位损坏，甚至无法搭接。

2. 防治措施

（1）应根据铺贴面积及卷材规格，事先丈量弹出基准线，然后按线铺贴。搭接形式应符合规范要求。立面铺贴应自下而上，上层卷材盖过下层卷材不少于150mm。平面铺贴时，卷材长短边搭接长度均应不少于100mm，上下两层卷材不得相互垂直铺贴。

（2）施工时确保地下水位降低到垫层以下500mm，并保持到防水层施工完毕。

（3）接头甩槎应妥加保护，以避免受到环境或交叉工序的污染和损坏。接头搭接应仔细施工，满涂胶粘剂，并用力压实；最后粘贴封口条，用密封材料封严，封口宽度不应小于100mm。

（4）临时性保护墙应用石灰砂浆砌筑以利拆除。临时性保护墙内的卷材不可用胶粘剂粘贴，可用保护隔离层卷材包裹，再埋设于临时保护墙内；接头施工时，拆除临时性保护墙，拆去保护隔离层卷材，即可分层、按规定搭接施工。

2.2.3.3　卷材转角部位后期渗漏

1. 原因分析

（1）转角部位的卷材未能按转角轮廓铺贴严实，后浇筑主体结构时，此处卷材被破坏。

（2）转角处未按规定增补附加增强层卷材。

（3）所选用的卷材韧性较差，转角处操作不便，未确保转角处卷材铺贴严密。

2. 预防措施

（1）转角处应做成圆弧形。

（2）转角处应先铺附加增强层卷材，并粘贴严密，尽量选用伸长率大、韧性好的卷材。

（3）在立面与平面的转角处不应留设卷材搭接缝。卷材搭接缝应留在平面上，距立面不应小于600mm。

2.2.3.4　管道周围渗漏

1. 原因分析

（1）管道表面未认真进行清理、除锈。

（2）穿管处周边呈死角，使卷材不易铺贴。

2. 预防措施

（1）穿墙管道处卷材防水层应铺实贴严。严禁粘结不严，出现张口、翘边现象，导致渗漏。

（2）对穿墙管道必须认真除锈和尘垢，保持管道洁净，确保卷材防水层与管道的粘结附着力。

（3）穿墙管道周边找平时，应将管道根部抹成直径不小于50mm的圆角，卷材防水层应按转角要求铺贴严实(图2-4)。

（4）必要时可在穿管处埋设带法兰的套管，将卷材防水层粘贴在法兰上，粘贴宽度应在100mm以上，并应用夹板将卷材防水层压紧。法兰及夹板都应清理干净。涂刷沥青粘结剂，夹板下面应加油毡衬垫(图2-5)。

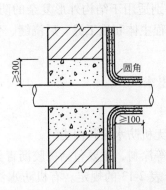

图2-4　穿墙管道处卷材
铺贴示意图

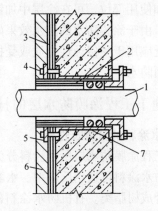

图2-5　套管法处理穿墙管道
与卷材的连接示意图

1—管道　2—套管　3—卷材防水层
4—夹板　5—附加卷材层衬垫
6—保护墙　7—填缝材料

2.2.4　地下工程卷材防水层的施工质量检查与验收

1. 主控项目

（1）卷材防水层所用卷材及其配套材料必须符合设计要求。

检验方法：检查产品合格证、产品性能检测报告和材料进场检验报告。

（2）卷材防水层在转角处、变形缝、施工缝、穿墙管等部位做法必须符合设计要求。

检验方法：观察检查和检查隐蔽工程验收记录。

2. 一般项目

（1）卷材防水层的搭接缝应粘贴或焊接牢固，密封严密，不得有扭曲、皱折、翘边和起泡等缺陷。

检验方法：观察检查。

（2）采用外防外贴法铺贴卷材防水层时，立面卷材接槎的搭接宽度，高聚物改性沥青类卷材应为150mm，合成高分子类卷材应为100mm，且上层卷材应盖过下层卷材。

检验方法：观察和尺量检查。

（3）侧墙卷材防水层的保护层与防水层应结合紧密，保护层厚度应符合设计要求。

检验方法：观察和尺量检查。

（4）卷材搭接宽度的允许偏差应为-10mm。

检验方法：观察和尺量检查。

课题3 地下工程涂膜防水

涂膜防水是在自身具有一定防水能力的混凝土结构表面上多遍涂刷一定厚度的防水涂料，涂料经常温胶联固化后，形成一层具有一定坚韧性的防水涂膜层的防水方法。根据防水基层情况和使用部位，可在涂层中加铺胎体增强材料，以提高其防水效果和增强防水层强度和耐久性。由于涂膜防水的防水效果好，施工简便，特别适用于结构外形复杂的防水施工，因此被广泛应用于受侵蚀性介质或受振动作用的地下工程主体和施工缝、后浇缝、变形缝等的结构表面防水。

2.3.1 地下工程涂膜防水层的材料规格及质量要求

1. 防水涂料的分类及性能

地下工程涂膜防水层所用涂料分为有机防水涂料和无机防水涂料两类。

有机防水涂料可选用反应型、水乳型、聚合物水泥等涂料，主要包括橡胶沥青类、合成橡胶类和合成树脂类。有机防水涂料的性能指标应符合表2-13的规定。有机防水涂料固化成膜后最终形成柔性防水层，与防水混凝土主体组合形成刚性、柔性两道防水设防，这是目前普遍应用的涂膜防水方法。

无机防水涂料可选用掺外加剂、掺合料的水泥基防水涂料、水泥基渗透结晶型防水涂料。它在水泥中掺有一定的聚合物，所以能不同程度地改变水泥固化后的物理力学性能，但是它与防水混凝土主体组合后形成的是刚性两道防水设防，因此，不适用于变形较大或受振动部位的涂膜防水层。无机防水涂料的性能指标应符合表2-14的规定。

无机防水涂料宜用于结构主体的背水面，有机防水涂料宜用于地下工程主体结构的迎水面。用于背水面的有机防水涂料应具有较高的抗渗性，且与基层有较好的粘结性。

表2-13 有机防水涂料的性能指标

| 涂料种类 | 可操作时间/min | 潮湿基面粘结强度/MPa | 抗渗性/MPa | | | 浸水168h后拉伸强度/MPa | 浸水168h后断裂伸长率(%) | 耐水性(%) | 表干/h | 实干/h |
			涂膜(120min)	砂浆迎水面	砂浆背水面					
反应型	≥20	≥0.5	≥0.3	≥0.8	≥0.3	≥1.7	≥400	≥80	≤12	≤24
水乳型	≥50	≥0.2	≥0.3	≥0.8	≥0.3	≥0.5	≥350	≥80	≤4	≤12
聚合物水泥	≥30	≥1.0	≥0.3	≥0.8	≥0.6	≥1.5	≥80	≥80	≤4	≤12

注：1. 浸水168h后拉伸强度和断裂伸长率是在浸水取出后只经擦干即进行试验所得的值。

2. 耐水性指标是指材料浸水168h后取出擦干即进行试验，其粘结强度及抗渗性的保持率。

表2-14 无机防水涂料的性能指标

涂料种类	抗折强度/MPa	粘结强度/MPa	一次抗渗性/MPa	二次抗渗性/MPa	冻融循环/次
掺外加剂、掺合料水泥基防水涂料	>4	>1.0	>0.8	—	>50
水泥基渗透结晶型防水涂料	≥4	≥1.0	>1.0	>0.8	>50

2. 防水涂料涂刷的厚度规定

涂刷的防水涂料固化后形成一定厚度的涂膜，如果涂膜厚度太薄就起不到防水作用和很难达到合理使用年限的要求，因此，各种涂料的防水层涂膜厚度必须符合表2-15的规定。物理性能较好的合成高分子防水涂料均属薄质防水涂料，涂膜固化后很难达到规定的涂膜厚度，可采用薄涂多次或多布多涂的方法来达到厚度要求。

表2-15 防水涂料厚度 （单位:mm）

| 防水等级 | 设防道数 | 有机防水涂料 | | | 无机防水涂料 | |
		反应型	水乳型	聚合物水泥	水泥基	水泥基渗透结晶型
一级	三道或三道以上	1.2~2.0	1.2~1.5	1.5~2.0	1.5~2.0	≥0.8
二级	二道设防	1.2~2.0	1.2~1.5	1.5~2.0	1.5~2.0	≥0.8
三级	一道设防	—	—	≥2.0	≥2.0	—
	复合设防	—	—	≥1.5	≥1.5	—

3. 防水涂料品种的选择

防水涂料品种的选择应符合下列规定：

（1）潮湿基层宜选用与潮湿基面粘结力大的无机防水涂料或有机防水涂料，也可采用先涂无机防水涂料而后再涂有机防水涂料的方式形成复合防水涂层。

（2）冬期施工宜选用反应型涂料。

（3）埋置深度较大的重要工程、有振动或有较大变形的工程，宜选用高弹性防水涂料。

（4）有腐蚀性的地下环境宜选用耐腐蚀性较好的有机防水涂料，并应做刚性保护层。

（5）聚合物水泥防水涂料应选用Ⅱ型产品。

4. 防水涂料的质量要求

（1）应具有良好的耐水性、耐久性、耐腐蚀性及耐菌性。

（2）应无毒、难燃、低污染。

（3）无机防水涂料应具有良好的湿干粘结性和耐磨性；有机防水涂料应具有较好的延伸性及较大适应基层变形能力。

2.3.2 地下工程涂膜防水层的施工

2.3.2.1 找平层的要求

（1）地下工程涂膜防水层应涂刷在结构具有自防水性能的基层上，与结构共同组成刚柔复合防水体系，以提高防水可靠性能。具有腐蚀性能的混凝土外加剂、微膨胀剂不得用于地下刚性防水工程，以免对钢筋产生腐蚀作用，对结构产生重大危害。

（2）地下工程涂膜防水层宜涂刷在补偿收缩水泥砂浆找平层上。找平层的平整度应符合要求，且不应有空鼓、起砂、掉灰等缺陷存在。涂布时，找平层应干燥。下雨、将要下雨或雨后尚未干燥时，不得施工。

（3）地下工程防水施工期间，应做好排水工作，使地下水位降低至涂膜防水层底部最低标高以下不小于 300mm，以利于水乳型涂料的固化。施工完毕，待涂层固化成膜后方可结束排水工作。

2.3.2.2 防水层施工

1. 施工条件和施工准备

（1）施工所用机具要备齐，并检验待用。

（2）基层表面先用铲刀和笤帚将突出物、砂浆疙瘩等异物清除，并将尘土杂物清扫干净。如有油污铁锈等，要用有机溶剂、钢丝刷、砂纸等清除。

（3）基层平整度要求为：用 2m 长的直尺检查，基层与直尺之间的最大空隙不应超过 5mm，每米长度内不得多于 1 处。阴阳角用氯丁胶乳砂浆做成 40mm×40mm 的倒角。

（4）基层如有裂缝，裂缝宽度不大于 0.2mm 的可不予处理；大于 0.2mm、不大于 0.5mm 的应灌注化学浆液；宽度大于 0.5mm 的裂缝，在化学注浆前，要将裂缝凿成宽 6mm、深 12mm 的 V 形槽，先用密封材料嵌深 7mm，再用聚合物砂浆做 5mm 厚的保护层。

（5）涂料施工最佳气温为 10~30℃。

2. 施工工艺流程

地下涂膜防水层的施工工艺流程为：基层处理→平面涂布处理剂→（增强涂布或增补涂布）→平面防水层涂布施工→平面部位铺贴油毡隔离层→平面部位浇筑细石混凝土保护层→钢筋混凝土地下结构施工→修补混凝土立墙外表面→立墙外侧涂布基层处理剂→（增强涂布或增补涂布）→涂布立墙防水层→立墙防水层的保护层施工→基坑回填。

3. 施工注意事项

（1）无机防水涂料基层表面应干净、平整、无浮浆和明显积水。

（2）有机防水涂料基层表面应基本干燥，不应有气孔、凹凸不平、蜂窝麻面等缺陷。

（3）涂料防水层严禁在雨天、雾天、五级及以上大风时施工，不得在施工环境温度低于5℃及高于35℃或烈日暴晒时施工。涂膜固化前如有降雨可能时，应及时做好已完涂层的保护工作。

（4）防水涂料的配制应按涂料的技术要求进行。

（5）防水涂料应分层刷涂或喷涂，涂层应均匀，不得漏刷漏涂；接槎宽度不应小于100mm。

（6）铺贴胎体增强材料时，应使胎体层充分浸透防水涂料，不得有露槎及褶皱。

（7）采用有机防水涂料施工前，基层阴阳角应做成圆弧形，阴角直径宜大于50mm，阳角直径宜大于10mm，在底板转角部位应增加胎体增强材料，并应增涂防水涂料。

（8）防水涂料宜采用外防外涂或外防内涂法施工，如图2-6、图2-7所示。

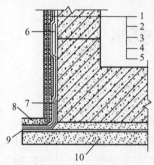
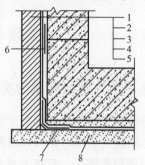

图2-6　防水涂料外防外涂构造

1—保护墙　2—砂浆保护层　3—涂料防水层
4—砂浆找平层　5—结构墙体　6—涂料防水层加强层
7—涂料防水加强层　8—涂料防水层搭接部位保护层
9—涂料防水层搭接部位　10—混凝土垫层

图2-7　防水涂料外防内涂构造

1—保护墙　2—砂浆保护层　3—涂料防水层
4—砂浆找平层　5—结构墙体　6—涂料防水层加强层
7—涂料防水加强层　8—混凝土垫层

（9）掺外加剂、掺合料的水泥基防水涂料厚度不得小于3.0mm；水泥基渗透结晶型防水涂料的用量不应小于1.5kg/m²，且厚度不应小于1.0mm；有机防水涂料的厚度不得小于1.2mm。

4. 保护层

有机防水涂料施工完后应及时做保护层，保护层应符合下列规定：

（1）底板、顶板应采用20mm厚1∶2.5水泥砂浆层和40～50mm厚的细石混凝土保护，顶板防水层与保护层之间宜设置隔离层。

（2）侧墙背水面应采用20mm厚的1∶2.5水泥砂浆层保护。

（3）侧墙迎水面宜选用软质保护材料或20mm厚的1∶2.5水泥砂浆层保护。

2.3.3　地下工程涂膜防水层的质量检查与验收

1. 主控项目

（1）涂料防水层所用的材料及配合比必须符合设计要求。

检验方法：检查产品合格证、产品性能检测报告、计量措施和材料进场检验报告。

（2）涂料防水层的平均厚度应符合设计要求，最小厚度不得低于设计厚度的90%。

检验方法：用针测法检查。

（3）涂料防水层在转角处、变形缝、施工缝、穿墙管等部位的做法必须符合设计要求。

检验方法：观察检查和检查隐蔽工程验收记录。

2. 一般项目

（1）涂料防水层应与基层粘结牢固、涂刷均匀，不得流淌、鼓泡、露槎。

检验方法：观察检查。

（2）涂层间夹铺胎体增强材料时，应使防水涂料浸透胎体覆盖完全，不得有胎体外露现象。

检验方法：观察检查。

（3）侧墙涂料防水层的保护层与防水层应结合紧密，保护层厚度应符合设计要求。

检验方法：观察检查。

课题4　地下工程刚性防水

2.4.1　地下刚性材料防水的类型

地下刚性材料防水包括混凝土结构自防水和水泥砂浆防水层防水两大类。

混凝土结构自防水，是以调整配合比、掺加外加剂和掺合料配制的防水混凝土，实现防水功能的一种防水做法，是地下室多道防水设防中的一道重要防线，也是做好地下室防水工程的基础。它同时兼有承重、围护和抗渗的功能，还可满足一定的耐冻融和耐侵蚀的要求。因此，地下工程的钢筋混凝土结构，应首先采用防水混凝土，并根据防水等级的要求采用其他防水措施。

水泥砂浆防水层包括聚合物防水砂浆防水层、掺加外加剂或掺合料水泥砂浆防水层等，宜采用多层抹压法施工，可用于主体结构的迎水面或背水面，不应用于受持续振动或温度高于80℃的地下工程防水。水泥砂浆防水层应在基础垫层、初期支护、围护结构及内衬结构验收合格后施工。

2.4.2　地下工程混凝土结构自防水施工

2.4.2.1　材料要求

1. 水泥

用于防水混凝土的水泥应符合下列规定：

（1）水泥品种宜采用硅酸盐水泥、普通硅酸盐水泥。采用其他品种水泥时应经试验确定。

（2）在受侵蚀性介质作用时，应按介质的性质选用相应的水泥品种。

（3）不得使用过期或受潮结块的水泥，并不得将不同品种或强度等级的水泥混合使用。

2. 砂、石

用于防水混凝土的砂、石，应符合下列规定：

（1）石子宜选用坚固耐久、粒形良好的洁净石子。石子最大粒径不宜大于40mm，泵送时最大粒径不应大于输送管径的1/4；吸水率不应大于1.5%。不得使用碱活性骨料。石子的质量要求应符合国家现行标准《普通混凝土用砂、石质量及检验方法标准》（JGJ 52—2006）的有关规定。

（2）砂宜选用坚硬、抗风化性强、洁净的中粗砂，不宜使用海砂。砂的质量要求应符合国家现行标准《普通混凝土用砂、石质量及检验方法标准》（JGJ 52—2006）的有关规定。

3. 水

用于拌制混凝土的水，应符合国家现行标准《混凝土用水标准》（JGJ 63—2006）的有关规定。

4. 掺合料

防水混凝土选用矿物掺合料时，应符合下列规定：

（1）粉煤灰的品质应符合现行国家标准《用于水泥和混凝土中的粉煤灰》（GB/T 1596—2005）的有关规定。粉煤灰的级别不应低于 II 级，烧失量不应大于 5%，用量宜为胶凝材料总量的 20%～30%，当水胶比小于 0.45 时，粉煤灰用量可适当提高。

（2）硅粉的品质应符合表 2-16 的要求，用量宜为胶凝材料总量的 2%～5%。

表 2-16　硅粉品质要求

项　　目	指　　标
比表面积/（m²/kg）	≥15000
二氧化硅含量（%）	≥85

（3）粒化高炉矿渣粉的品质要求应符合现行国家标准《用于水泥和混凝土中的粒化高炉矿渣粉》（GB/T 18046—2008）的有关规定。

（4）使用复合掺合料时，其品种和用量应通过试验确定。

5. 外加剂

防水混凝土可根据工程需要掺入减水剂、膨胀剂、防水剂、密实剂、引气剂、复合型外加剂及水泥基渗透结晶型材料，其品种和用量应经试验确定，所用外加剂的技术性能应符合国家现行有关标准的质量要求。

2.4.2.2　防水混凝土设计要求

（1）防水混凝土的设计抗渗等级，应符合表 2-17 的规定。

表 2-17　防水混凝土设计抗渗等级

工程埋置深度 H/m	设计抗渗等级
$H<10$	P6
$10 \leq H<20$	P8
$20 \leq H<30$	P10
$H \geq 30$	P12

注：1. 本表适用于 I、II、III 类围岩（土层及软弱围岩）。

　　2. 山岭隧道防水混凝土的抗渗等级可按国家现行有关标准执行。

（2）防水混凝土的环境温度不得高于80℃；处于侵蚀性介质中防水混凝土的耐侵蚀要求应根据介质的性质按有关标准执行。

（3）防水混凝土结构底板的混凝土垫层，强度等级不应小于C15，厚度不应小于100mm，在软弱土层中不应小于150mm。

（4）防水混凝土结构，应符合下列规定：

1）结构厚度不应小于250mm。

2）裂缝宽度不得大于0.2mm，并不得贯通。

3）钢筋保护层厚度应根据结构的耐久性和工程环境选用，迎水面钢筋保护层厚度不应小于50mm。

2.4.2.3 防水混凝土施工

1. 施工准备

施工前的准备工作包括：编制施工组织设计，选择施工方案，做好技术交底；进行原材料的检验，备足原材料并妥善保管；备齐所需的工具、机械和设备，并进行试运转；进行防水混凝土的试配工作；做好基坑排降水工作，防止地表水流入，并确保地下水位在施工底面最低标高以下500mm，避免在带水或带泥浆的情况下进行防水混凝土结构的施工。

2. 模板

防水混凝土所用模板，除满足一般要求以外，应特别注意拼缝严密，支撑牢固。一般不宜用穿过防水混凝土的螺栓或铁丝固定模板，以防产生引水现象，发生渗漏。防水混凝土结构内部设置的各种钢筋或绑扎铁丝，不得接触模板。固定模板用的螺栓必须穿过混凝土结构时，可采用工具式螺栓或螺栓加堵头，螺栓上应加焊方形止水环。拆模后应采取加强防水措施将留下的凹槽封堵密实，并宜在迎水面涂刷防水涂料，如图2-8所示。

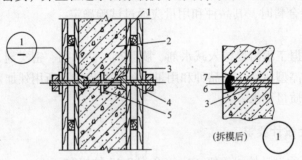

图2-8 用工具式螺栓固定模板的防水做法

1—模板 2—结构混凝土 3—固定模板用螺栓 4—工具式螺栓
5—止水环 6—嵌缝材料 7—聚合物水泥防水砂浆

3. 钢筋

为了有效地保护钢筋和阻止钢筋的引水作用，绑扎钢筋时，应按设计规定留足保护层，迎水面防水混凝土的保护层厚度不应小于50mm。底板钢筋均不能接触混凝土垫层，结构内部设置的各种钢筋以及绑扎钢丝均不得接触模板。留设保护层时，应以相同配合比的细石混凝土或水泥砂浆垫块垫起钢筋。

4. 防水混凝土的配制与搅拌

防水混凝土的配合比，应符合下列规定：

（1）胶凝材料用量应根据混凝土的抗渗等级和强度等级等选用，其总用量不宜小于 320kg/m³；当强度要求较高或地下水有腐蚀性时，胶凝材料用量可通过试验调整。

（2）在满足混凝土抗渗等级、强度等级和耐久性条件下，水泥用量不宜小于 260kg/m³。

（3）砂率宜为 35%~40%，泵送时可增至 45%。

（4）灰砂比宜为 1:1.5~1:2.5。

（5）水胶比不得大于 0.50，有侵蚀性介质时水胶比不宜大于 0.45。

（6）防水混凝土采用预拌混凝土时，入泵坍落度宜控制在 120~160mm，坍落度每小时损失值不应大于 20mm，坍落度总损失值不应大于 40mm。

（7）掺加引气剂或引气型减水剂时，混凝土含气量应控制在 3%~5%。

（8）预拌混凝土的初凝时间宜为 6~8h。

防水混凝土必须严格按配合比准确称量，其计量允许偏差应符合表 2-18 的规定。

表 2-18 防水混凝土配料计量允许偏差

混凝土组成材料	每盘计量(%)	累计计量(%)
水泥、掺合料	±2	±1
粗、细骨料	±3	±2
水、外加剂	±2	±1

注：累计计量仅适用于微机计量的搅拌站。

防水混凝土拌合物应采用机械搅拌，搅拌时间不宜小于 2min。掺外加剂时，搅拌时间应根据外加剂的技术要求确定。

5. 防水混凝土的浇筑和振捣

防水混凝土拌合物在运输过程中要防止产生离析和坍落度损失。当出现离析时，必须进行二次搅拌。当坍落度损失不能满足施工要求时，应加入原水胶比的水泥浆或二次掺加同品种的减水剂进行搅拌，严禁直接加水。防水混凝土应分层连续浇筑，分层厚度不得大于 500mm。

防水混凝土必须采用机械振捣，振捣时间宜为 10~30s，以混凝土开始泛浆和不冒气泡为准，应避免漏振、欠振和超振。

6. 施工缝留设和处理

（1）施工缝留设。施工缝是防水混凝土结构容易发生渗漏的部位。施工时，防水混凝土应连续浇筑，尽可能少留施工缝。当留设施工缝时，墙体水平施工缝不应留在剪力最大处或底板与侧墙的交接处，应留在高出底板表面不小于 300mm 的墙体上。拱（板）墙结合的水平施工缝，宜留在拱（板）墙接缝线以下 150~300mm 处。墙体有顶留孔洞时，施工缝距孔洞边缘不应小于 300mm。垂直施工缝应避开地下水和裂隙水较多的地段，并宜与变形缝相结合。

施工缝目前多采用平口缝形式，其防水基本构造为中部加上止水环（以改变水的渗透路径，延长渗透路线），或加遇水膨胀橡胶（可堵塞渗水通道），如图 2-9~图 2-12 所示。

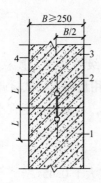

图 2-9　施工缝防水基本构造(一)

1—先浇混凝土　2—中埋止水带

3—后浇混凝土　4—结构迎水面

钢板止水带 $L \geqslant 150\text{mm}$；橡胶止水带 $L \geqslant 200\text{mm}$；

钢边橡胶止水带 $L \geqslant 120\text{mm}$

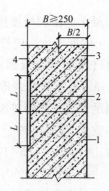

图 2-10　施工缝防水构造(二)

1—先浇混凝土　2—外贴止水带

3—后浇混凝土　4—结构迎水面

外贴止水带 $L \geqslant 150\text{mm}$；

外涂防水涂料 $L = 200\text{mm}$；

外抹防水砂浆 $L = 200\text{mm}$

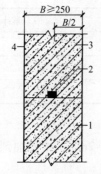

图 2-11　施工缝防水构造(三)

1—先浇混凝土　2—遇水膨胀止水条(胶)

3—后浇混凝土　4—结构迎水面

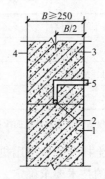

图 2-12　施工缝防水构造(四)

1—先浇混凝土　2—预埋注浆管　3—后浇混凝土

4—结构迎水面　5—注浆导管

(2) 施工缝处理。施工缝的施工应符合下列要求:

1) 水平施工缝浇筑混凝土前，应将其表面浮浆和杂物清除，然后铺设净浆或涂刷混凝土界面处理剂、水泥基渗透结晶型防水涂料等材料，再铺 30~50mm 厚的 1:1 水泥砂浆，并应及时浇筑混凝土。

2) 垂直施工缝浇筑混凝土前，应将其表面清理干净，再涂刷混凝土界面处理剂或水泥基渗透结晶型防水涂料，并应及时浇筑混凝土。

3) 遇水膨胀止水条(胶)应与接缝表面密贴。

4) 选用的遇水膨胀止水条(胶)应具有缓胀性能，7d 的净膨胀率不宜大于最终膨胀率的 60%，最终膨胀率宜大于 220%。

5) 采用中埋式止水带或预埋式注浆管时，应定位准确、固定牢靠。

7. 养护

防水混凝土终凝后(常温下一般浇筑后 4~6h)，应立即进行养护，保持湿润。由于防水混凝土的抗渗等级发展较慢，因此养护时间不应少于 14d。

拆模时，防水混凝土的强度必须超过设计强度等级的 70%；混凝土表面温度与环境温度差，不得超过 15℃，以防混凝土表面产生裂缝；应防止混凝土结构受损。

拆模后，应及时回填土，以利于混凝土后期强度的增长和抗渗性能的提高，避免温差和干缩引起开裂。

8. 大体积防水混凝土的施工

大体积防水混凝土的施工，应符合下列规定：

（1）在设计许可的情况下，掺粉煤灰混凝土设计强度等级的龄期宜为 60d 或 90d。

（2）宜选用水化热低和凝结时间长的水泥。

（3）宜掺入减水剂、缓凝剂等外加剂和粉煤灰、磨细矿渣粉等掺合料。

（4）炎热季节施工时，应采取降低原材料温度、减少混凝土运输时吸收外界热量等降温措施，入模温度不应大于 30℃。

（5）混凝土内部预埋管道，宜进行水冷散热。

（6）应采取保温保湿养护。混凝土中心温度与表面温度的差值不应大于 25℃，表面温度与大气温度的差值不应大于 20℃，温降梯度不得大于 3℃/d，养护时间不应少于 14d。

2.4.3　地下工程水泥砂浆防水层的施工

2.4.3.1　材料要求

用于水泥砂浆防水层的材料，应符合下列规定：

（1）应使用硅酸盐水泥、普通硅酸盐水泥或特种水泥，不得使用过期或受潮结块的水泥。

（2）砂宜采用中砂，含泥量不应大于 1%，硫化物和硫酸盐含量不应大于 1%。

（3）拌制水泥砂浆用水，应符合国家现行标准《混凝土用水标准》（JGJ 63—2006）的有关规定。

（4）聚合物乳液的外观：应为均匀液体，无杂质、无沉淀、不分层。聚合物乳液的质量要求应符合国家现行标准《建筑防水涂料用聚合物乳液》（JC/T 1017—2006）的有关规定。

（5）外加剂的技术性能应符合现行国家有关标准的质量要求。

防水砂浆的主要性能应符合表 2-19 的要求。

表 2-19　防水砂浆主要性能要求

防水砂浆种类	粘结强度/MPa	抗渗性/MPa	抗折强度/MPa	干缩率（%）	吸水率（%）	冻融循环/次	耐碱性	耐水性（%）
掺外加剂、掺合料的防水砂浆	>0.6	≥0.8	同普通砂浆	同普通砂浆	≤3	>50	10%NaOH溶液浸泡14d 无变化	—
聚合物水泥防水砂浆	>1.2	≥1.8	≥8.0	≤0.15	≤4	>50	—	≥80

注：耐水性指标是指砂浆浸水 168h 后材料粘结强度及抗渗性的保持率。

2.4.3.2　水泥砂浆防水层的设计要求

（1）水泥砂浆的品种和配合比设计应根据防水工程要求确定。

（2）聚合物水泥防水砂浆厚度单层施工宜为6~8mm，双层施工宜为10~12mm；掺外加剂或掺合料的水泥防水砂浆厚度宜为18~20mm。

（3）施工时，水泥砂浆防水层的基层混凝土强度或砌体用的砂浆强度均不应低于设计值的80%。

2.4.3.3　掺外加剂水泥砂浆防水层施工

水泥砂浆防水层的构造做法如图2-13所示。

（1）防水净浆、防水砂浆的配制

1）防水净浆的配制方法：按配合比将水泥、水、防水剂准确称量，先将防水剂倒入容器中，缓慢加水搅拌均匀，再加入水泥继续搅拌均匀即可。

2）防水砂浆的配制方法：按配合比将水泥、砂、水、防水剂准确称量，先将称量好的防水剂和水混合搅拌均匀备用，然后将称量好的水泥和砂干拌均匀，再加入已备好的混合液搅拌1~2min即成。

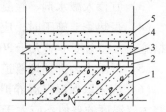

图 2-13　水泥砂浆防水层
的构造做法
1—结构基层　2、4—水泥浆层
3—防水砂浆垫层　5—防水砂浆面层

（2）防水层施工：防水层施工时，先在处理好的基层上涂一道防水净浆，然后分两次抹厚度为12mm的底层防水砂浆。第一次要用力抹压使其与基层结合成一体，凝固前用木抹子搓压成麻面，待阴干后即按同样方法抹第二遍底层砂浆。底层砂浆抹完约12h后，即刻分两次抹厚13mm的面层防水砂浆。在抹面层防水砂浆前，应先在底层防水砂浆上涂刷一道防水净浆，并随涂刷随抹第一遍面层防水砂浆（厚度不超过7mm），凝固前用木抹子均匀搓压成麻面。第一遍面层防水砂浆阴干后再抹第二遍面层防水砂浆，并在凝固前分次抹压密实，最后压光。

水泥砂浆防水层不得在雨天、五级及以上大风中施工。冬期施工时，气温不应低于5℃。夏季不宜在30℃以上或烈日照射下施工。

水泥砂浆防水层终凝后，应及时进行养护。养护温度不宜低于5℃，并应保持砂浆表面湿润，养护时间不得少于14d。

2.4.3.4　聚合物水泥砂浆防水层施工

聚合物水泥砂浆材料有：水泥、水、砂子、EVA（醋酸乙烯-乙烯的共聚物）高分子乳液、母料及MS添加剂。施工时，将水泥加入有2%EVA乳液的水中拌合均匀，调制成可涂刷的稠度，即为聚合物防水素浆。按配合比将拌合均匀的粉料（水泥、母料、砂子）倒入液体料（EVA胶乳、MS添加剂、定量水）中，边加入粉料边搅拌均匀，即成为聚合物水泥防水砂浆。

防水层施工时，在已处理好的基层上，用长柄鬃刷涂刷一道EVA聚合物水泥素浆，厚度约为0.1~0.3mm。素浆干燥后，应先将阴阳角部位及管道根部做补强防水处理，即用聚氨酯防水涂料涂刷两遍，厚度约为1~2mm，宽度不小于100mm。在已表干的素浆层上抹压第一道聚合物水泥砂浆。待第一道砂浆终凝后，再抹压第二道聚合物水泥砂浆，两次抹压厚度约为10~12mm。

为保证防水层质量，大面积施工时须设分格缝。分隔缝间距约为4~5m，分格面积约为20m²。防水层施工完后，适时取出分格条。待分格缝干燥后，缝底铺20mm宽的卷材条，缝两壁涂刷聚氨酯烯涂料，干燥后再用聚氨酯嵌缝膏将分格缝嵌实抹平。

聚合物水泥砂浆防水层未达到硬化状态时，不得浇水养护或直接受雨水冲刷。硬化后应采取干湿交替的养护方法。在潮湿环境中，可在自然条件下养护。

2.4.4　地下工程刚性防水的工程质量通病与防治

2.4.4.1　蜂窝、麻面、孔洞渗漏水

1. 现象

混凝土表面出现蜂窝、麻面、孔洞等质量缺陷。

2. 原因分析

（1）混凝土配合比不当，计量不准，和易性差，振捣不密实或漏振。

（2）下料不当或下料过高却未设溜槽、串筒等，造成石子、砂浆离析。

（3）模板拼缝不严，水泥浆流失。

（4）混凝土振捣不实，气泡未排出而停在混凝土表面。

（5）钢筋较密部位或大型埋设件（管）处，混凝土下料被阻隔，未振捣到位就继续浇筑上层混凝土。

3. 预防措施

（1）严格控制混凝土配合比，经常检查，做到计量准确、混凝土拌合均匀、坍落度合适。

（2）混凝土下料高度超过 1.5m 时，应设串筒或溜槽，浇筑应分层下料，分层振实，排除气泡。

（3）模板拼缝应严密，必要时在拼缝处嵌腻子或粘贴胶带，防止漏浆。

（4）在钢筋密集处及复杂部位，采用细石防水混凝土浇筑；大型埋管两侧应同时浇筑或加开浇筑口。严防漏振。

2.4.4.2　混凝土裂缝漏水

1. 现象

平行于构件短边或阴角处出现细缝或板面上斜细缝，随着时间推移，细缝展宽，以后趋于稳定。此外，冬季裂缝缩小、夏季裂缝张大。

2. 原因分析

（1）混凝土凝结收缩引起裂缝。当混凝土凝结时，游离水分蒸发，体积收缩，特别是地下防水混凝土设计强度等级较高，水泥含量大，又未采用外加剂、掺合料，故收缩量相应也大。其次是终凝后养护工作未跟上，混凝土表面不湿润，失水太快形成干裂。

此外，顶板、底板阴角较多，收缩时阴角处应力集中，易产生撕裂现象。

（2）大体积混凝土（如高层地下室底板）体积大、厚度高，未用低水化热水泥或掺合料，而保温保湿措施不足，引起中心温度与表面温度差异超过 25℃，造成温差裂缝。

3. 预防措施

（1）严格按要求施工，注意混凝土振捣密实。

（2）大体积防水混凝土施工时，必须采取严格的质量保证措施；炎热季节施工时要有降温措施，注意养护温度与养护时间。

2.4.4.3　施工缝渗漏水

1. 现象

由于施工及其他原因留有施工缝，遇水时发生缓慢渗漏现象，使裂缝处的钢筋发生锈蚀，影响地下工程的使用。

2. 原因分析

（1）防水层留槎混乱，层次不清，甩槎长度不够，无法分层搭接，使素灰层不连续。有的没有按要求留斜坡阶梯形槎而留成直槎，接槎后，由于新槎收缩产生微裂缝而造成渗漏水。

（2）施工缝留设在离阴阳角不足200mm处，使甩槎、接槎操作困难，影响施工质量，形成施工缝渗漏。

3. 防治措施

（1）防水层施工缝接槎部位宜留成斜坡阶梯形，留槎部位不论墙面或地面均应离阴角处200mm以上。从接槎处施工时，应按层次顺序分层进行。

（2）不符合要求的槎口，应用剁斧、凿子等剔成坡形，然后逐层搭接。

（3）对出现渗漏水的施工缝，可按孔洞漏水或裂缝漏水直接堵塞法处理。

2.4.4.4　预埋件部位渗水

1. 现象

预埋件部位密封不严，造成渗漏现象，导致预埋件被腐蚀。

2. 原因分析

（1）预埋件除锈不净，防水层抹压不仔细，底部出现漏抹现象，使防水层与预埋件接触不严。

（2）预埋件周边抹压遍数少，素灰层过厚，使周边防水层产生收缩裂缝。

（3）预埋件埋设不牢，施工期间或使用时受振而松动。

3. 防治措施

（1）预埋件的锈蚀必须清理干净。

（2）对预埋件部位必须仔细认真铺抹防水层。

（3）预埋件按设计要求埋设牢固，施工期间避免碰撞。

2.4.5　地下工程刚性防水的施工质量检查与验收

1. 防水混凝土的质量检查与验收

（1）主控项目

1）防水混凝土的原材料、配合比及坍落度必须符合设计要求。

检验方法：检查产品合格证、产品性能检测报告、计量措施和材料进场检验报告。

2）防水混凝土的抗压强度和抗渗性能必须符合设计要求。

检验方法：检查混凝土抗压强度、抗渗性能检验报告。

3）防水混凝土结构的变形缝、施工缝、后浇带、穿墙管、埋设件等设置和构造必须符合设计要求。

检验方法：观察检查和检查隐蔽工程验收记录。

（2）一般项目

1）防水混凝土结构表面应坚实、平整，不得有露筋、蜂窝等缺陷；埋设件位置应准确。

检验方法：观察检查。

2）防水混凝土结构表面的裂缝宽度不应大于 0.2mm，且不得贯通。

检验方法：用刻度放大镜检查。

3）防水混凝土结构厚度不应小于 250mm，其允许偏差应为 +8mm、-5mm；主体结构迎水面钢筋保护层厚度不应小于 50mm，其允许偏差为 ±5mm。

检验方法：尺量检查和检查隐蔽工程验收记录。

2. 水泥砂浆防水层的质量检查与验收

（1）主控项目

1）防水砂浆的原材料及配合比必须符合设计规定。

检验方法：检查产品合格证、产品性能检测报告、计量措施和材料进场检验报告。

2）防水砂浆的粘结强度和抗渗性能必须符合设计规定。

检验方法：检查砂浆粘结强度、抗渗性能检测报告。

3）水泥砂浆防水层与基层之间应结合牢固，无空鼓现象。

检验方法：观察和用小锤轻击检查。

（2）一般项目

1）水泥砂浆防水层表面应密实、平整，不得有裂纹、起砂、麻面等缺陷。

检验方法：观察检查。

2）水泥砂浆防水层施工缝留槎位置应正确，接槎应按层次顺序操作，层层搭接紧密。

检验方法：观察检查和检查隐蔽工程验收记录。

3）水泥砂浆防水层的平均厚度应符合设计要求，最小厚度不得小于设计值的 85%。

检验方法：用针测法检查。

4）水泥砂浆防水层表面平整度的允许偏差应为 5mm。

检查方法：用 2m 靠尺和楔形塞尺检查。

课题 5　膨润土防水材料防水层

膨润土防水材料包括膨润土防水毯和膨润土防水板及其配套材料，其采用机械固定法铺设。膨润土防水材料防水层应用于 pH 值为 4~10 的地下环境，含盐量较高的地下环境应采用经过改性处理的膨润土，并应经检测合格后使用。膨润土防水材料防水层应用于地下工程主体结构的迎水面，防水层两侧应具有一定的夹持力。

2.5.1　材料要求

（1）膨润土防水材料应符合下列规定：

1）膨润土防水材料中的膨润土颗粒应采用钠基膨润土，不应采用钙基膨润土。

2）膨润土防水材料应具有良好的不透水性、耐久性、耐腐蚀性和耐菌性。

3）膨润土防水毯非织布外表面宜附加一层高密度聚乙烯膜。

4）膨润土防水毯的织布层和非织布层之间应连结紧密、牢固，膨润土颗粒应分布均匀。

5）膨润土防水板的膨润土颗粒应分布均匀、粘贴牢固，基材应采用厚度为 0.6~1.0mm 的高密度聚乙烯片材。

（2）膨润土防水材料的性能指标应符合表 2-20 的要求。

表 2-20　膨润土防水材料的性能指标要求

项　　目		性　能　指　标		
		针刺法钠基膨润土防水毯	刺覆膜法钠基膨润土防水毯	胶粘法钠基膨润土防水毯
剥离强度	非制造布-编织布/（N/10cm）	≥40	≥40	—
	非制造布-PE 膜/（N/10cm）	—	≥30	—
渗透系数/（cm/s）		≤5×10^{-11}	≤5×10^{-12}	≤1×10^{-13}
滤失量/ml		≤18		
膨润土耐久性/（ml/2g）		≥20		

2.5.2　设计要求

（1）铺设膨润土防水材料防水层的基层混凝土强度等级不得小于 C15，水泥砂浆强度等级不得低于 M7.5。

（2）阴、阳角部位应做成直径不小于 30mm 的圆弧或 30mm×30mm 的坡角。

（3）变形缝、后浇带等接缝部位应设置宽度不小于 500mm 的加强层，加强层应设置在防水层与结构外表面之间。

（4）穿墙管件部位宜采用膨润土橡胶止水条、膨润土密封膏或膨润土粉进行加强处理。

2.5.3　膨润土防水材料防水层的施工

防水层施工前基层应坚实、清洁，不得有明水和积水。基面平整度 D/L 不应大于 1/6（D 为初期支护基面相邻两凸面间凹进去的深度，L 为初期支护基面相邻两凸面间的距离）。

膨润土防水材料应采用水泥钉和垫片固定，立面和斜面上的固定间距宜为 400~500mm，平面上应在搭接缝处固定。膨润土防水毯的织布面应与结构外表面或底板垫层混凝土密贴；膨润土防水板的膨润土面应与结构外表面或底板垫层密贴。膨润土防水材料应采用搭接法连接，搭接宽度应大于 100mm。搭接部位的固定间距宜为 200mm~300mm，搭接部位的固定位置距搭接边缘的距离宜为 25~30mm，搭接处应涂膨润土密封膏。平面搭接缝可干撒膨润土颗粒，用量宜为 0.3~0.5kg/m。

立面和斜面铺设膨润土防水材料时，应上层压着下层，卷材与基层、卷材与卷材之间应密贴，并应平整无褶皱。膨润土防水材料分段铺设时，应采取临时防护措施。甩槎与下幅防水材料连接时，应将收口压板、临时保护膜等去掉，并应将搭接部位清理干净，涂抹膨润土密封膏，然后搭接固定。膨润土防水材料的永久收口部位应用收口压条和水泥钉固定，并应用膨润土密封膏覆盖。膨润土防水材料与其他防水材料过渡时，过渡搭接宽度应大于400mm，搭接范围内应涂抹膨润土密封膏或铺撒膨润土粉。破损部位应采用与防水层相同的材料进行修补，补丁边缘与破损部位边缘的距离不应小于100mm；膨润土防水板表面膨润土颗粒损失严重时应涂抹膨润土密封膏。

2.5.4 膨润土防水材料防水层的质量检查与验收

1. 主控项目

（1）膨润土防水材料必须符合设计要求。

检验方法：检查产品合格证、产品性能检测报告和材料进场检验报告。

（2）膨润土防水材料防水层在转角处和变形缝、施工缝、后浇带、穿墙管等部位的做法必须符合设计要求。

检验方法：观察检查和检查隐蔽工程验收记录。

2. 一般项目

（1）膨润土防水毯的织布面或防水板的膨润土面，应朝向工程主体结构的迎水面。

检验方法：观察检查。

（2）立面或斜面铺设的膨润土防水材料应上层压住下层，防水层与基层、防水层与防水层之间应密贴，并应平整无折皱。

检验方法：观察检查。

（3）膨润土防水材料的搭接和收口部位应符合《地下工程防水技术规范》（GB 50108—2008）第4.7.5条、第4.7.6条、第4.7.7条的规定。

检验方法：观察检查。

（4）膨润土防水材料搭接宽度的允许偏差应为-10mm。

检验方法：观察和尺量检查。

课题6 地下混凝土结构细部构造防水

地下混凝土结构细部构造防水的内容包括变形缝、后浇带、穿墙管（盒）、预埋件、预留通道接头、孔口、桩头和坑池等。本文主要介绍变形缝、后浇带和穿墙管（盒）的防水构造。

2.6.1 变形缝

结构设置变形缝的目的是为了适应地下工程由于温度、湿度作用及混凝土收缩、徐变而产生的水平变位，以及地基不均匀沉降而产生的垂直变位。变形缝应满足密封防水、适应变形、施工方便、检修容易等要求，以保证工程结构的安全和满足密封防水的要求。用于伸缩的变形缝宜少设，可根据不同的工程结构类别、工程地质情况采用后浇带、加强带、诱导缝等替代。变形缝处混凝土结构的厚度不应小于 300mm。

1. 防水构造

变形缝的宽度宜为 20～30mm，用于沉降的变形缝最大允许沉降差值不应大于 30mm。变形缝的防水措施可根据工程开挖方法、防水等级按表 2-1、表 2-2 选用。变形缝防水构造采用中部加上止水带的方式，以改变水的渗透路径，延长渗透路线，再与防水层或密封材料等复合使用，从而达到防水目的。

变形缝的几种复合防水构造形式如图 2-14～图 2-16 所示。环境温度高于 50℃ 处的变形缝，中埋式止水带可采用金属制作。

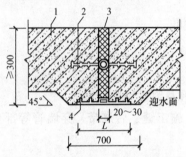
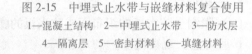

图 2-14　中埋式止水带与外贴防水层复合使用
　　1—混凝土结构　2—中埋式止水带
　　3—填缝材料　4—外贴止水带
　　外贴式止水带 $L \geqslant 300$mm；
外贴防水卷材 $L \geqslant 400$mm；外涂防水涂层 $L \geqslant 400$mm

图 2-15　中埋式止水带与嵌缝材料复合使用
　　1—混凝土结构　2—中埋式止水带　3—防水层
　　4—隔离层　5—密封材料　6—填缝材料

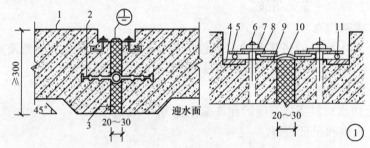

图 2-16　中埋式止水带与可卸式止水带复合使用
1—混凝土结构　2—中埋式止水带　3—填缝材料　4—预埋钢板　5—紧固件压板
6—预埋螺栓　7—螺母　8—垫圈　9—紧固件压块　10—Ω 型止水带　11—紧固件圆钢

2. 施工要求

（1）中埋式止水带施工应符合下列规定：止水带埋设位置应准确，其中间空心圆环应与变形缝的中心线重合；止水带应固定，顶、底板内止水带应成盆状安设；中埋式止水带先施工一侧混凝土时，其端模应支撑牢固，并应严防漏浆；止水带的接缝宜为一处，应设在边墙较高位置上，不得设在结构转角处，接头宜采用热压焊接；中埋式止水带在转弯处应做成圆弧形，（钢边）橡胶止水带的转角半径不应小于 200mm，转角半径应随止水带的宽度增大而相应加大。

（2）密封材料嵌填施工时，应符合下列规定：缝内两侧基面应平整干净、干燥，并应刷涂与密封材料相容的基层处理剂；嵌缝底部应设置背衬材料；嵌填应密实连续、饱满，并应粘结牢固。

2.6.2　后浇带

后浇带是在地下工程不允许留设变形缝，而实际长度超过了伸缩缝的最大间距所设置的一种刚性接缝。后浇带宜用于不允许留设变形缝的工程部位。后浇带应在其两侧混凝土龄期达到42d后再施工；高层建筑的后浇带施工应按规定时间进行。后浇带应采用补偿收缩混凝土浇筑，其抗渗和抗压强度等级不应低于两侧混凝土。

1. 防水构造

后浇带应设在受力和变形较小的部位，其间距和位置应按结构设计要求确定，宽度宜为700～1000mm。后浇带两侧可做成平直缝或阶梯缝，其防水构造形式宜采用图2-17～图2-19所示的做法。

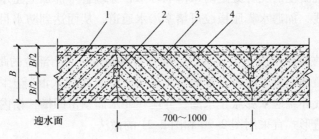

图 2-17　后浇带防水构造（一）

1—先浇混凝土　2—遇水膨胀止水条（胶）　3—结构主筋　4—后浇补偿收缩混凝土

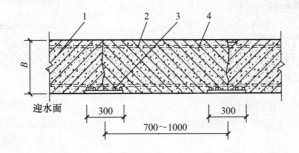

图 2-18　后浇带防水构造（二）

1—先浇混凝土　2—结构主筋　3—外贴式止水带　4—后浇补偿收缩混凝土

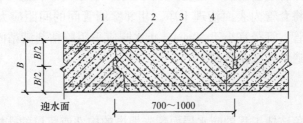

图 2-19　后浇带防水构造（三）

1—先浇混凝土　2—遇水膨胀止水条（胶）　3—结构主筋　4—后浇补偿收缩混凝土

2. 施工要求

用于补偿收缩混凝土的水泥、砂、石、拌合水及外加剂、掺合料、混凝土膨胀剂的物理性能均应满足规范规定。补偿收缩混凝土的配合比应满足设计要求，且膨胀剂掺量不宜大于12%（膨胀剂掺量以胶凝材料总量的百分比表示）。

后浇带混凝土施工前，后浇带部位和外贴式止水带应防止落入杂物，且避免损伤外贴止水带。

采用膨胀剂拌制补偿收缩混凝土时，应按配合比准确计量。后浇带混凝土应一次浇筑，不得留设施工缝。混凝土浇筑后应及时养护，养护时间不得少于28d。

2.6.3 穿墙管（盒）

结构中预先埋设穿墙管（盒），主要是为了避免混凝土浇筑完成后再重新凿洞破坏防水层，以免形成工程渗漏水的隐患。

穿墙管外壁与混凝土的交界处是防水薄弱环节，穿墙管中部加上止水环可改变水的渗透路径，延长渗透路线，加遇水膨胀橡胶可堵塞渗水通道，从而达到防水目的。

1. 防水构造

穿墙管（盒）应在浇筑混凝土前预埋。穿墙管与内墙角、凹凸部位的距离应大于250mm。

结构变形或管道伸缩量较小时，穿墙管可采用主管直接埋入混凝土内的固定式防水法。主管应加焊止水环或环绕遇水膨胀止水圈，并应在迎水面预留凹槽，槽内应采用密封材料嵌填密实。其防水构造形式宜采用图2-20和图2-21的做法。

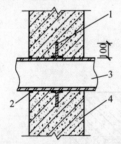

图2-20 固定式穿墙管防水构造（一）

1—止水环 2—密封材料 3—主管 4—混凝土结构

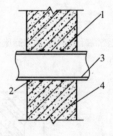

图2-21 固定式穿墙管防水构造（二）

1—遇水膨胀止水圈 2—密封材料
3—主管 4—混凝土结构

2. 施工要求

金属止水环应与主管或套管满焊密实。采用套管式穿墙防水构造时，翼环与套管应满焊密实，并应在施工前将套管内表面清理干净。相邻穿墙管间的间距应大于300mm。采用遇水膨胀止水圈的穿墙管，管径宜小于50mm，止水圈应采用胶粘剂满粘固定于管上，并应涂缓胀剂或采用缓胀型遇水膨胀止水圈。

2.6.4 埋设件

埋设件是为了避免破坏工程的防水层而预先埋设的构件或留设的孔槽等。结构上的埋设件应采用预埋或预留孔（槽）等。埋设件端部或预留孔（槽）底部的混凝土厚度不得小于250mm；当厚度小于250mm时，应采取局部加厚或其他防水措施，如图2-22所示。预留孔

（槽）内的防水层，宜与孔（槽）外的结构防水层保持连续。

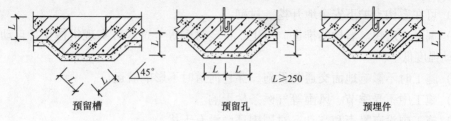

预留槽　　　　　　　　　　预留孔　　　　　　　　　　预埋件

图 2-22　预埋件或预留孔（槽）处理

课题 7　特殊施工法的结构防水

2.7.1　盾构法隧道

　　盾构法施工是用盾构这种施工机械在地面以下暗挖隧道的一种施工方法。盾构（Shield）是一个既可以支承地层压力又可以在地层中推进的活动钢筒结构。钢筒的前端设置有支撑和开挖土体的装置；钢筒的中段安装有顶进所需千斤顶；钢筒尾部可以拼装预制或现浇隧道衬砌环。盾构每推进一环距离，就在盾尾支护下拼装（或现浇）一环衬砌，并向衬砌环外围的空隙中压注水泥砂浆，以防止隧道及地面下沉。盾构推进的反力由衬砌环承担。盾构施工前应先修建一竖井，在竖井处安装盾构，盾构开挖出的土体由竖井通道送出地面。盾构法已广泛用于城市地下工程中，如修建上下水道、电力电缆沟隧道、地下铁道及水底隧道等。盾构法施工工艺如图 2-23 所示。

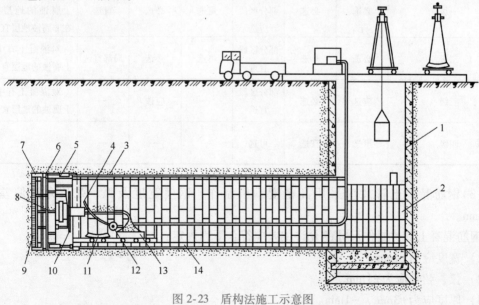

图 2-23　盾构法施工示意图

1—竖井　2—后盾管片　3—盾尾空隙中的压浆　4—压浆孔　5—盾构千斤顶　6—盾构
7—出土转盘　8—出土皮带运输机　9—盾构正面网络　10—管片拼装机
11—管片　12—压浆泵　13—出土机　14—管片衬砌

盾构施工法之所以能在各国迅速发展，主要是以下优点：

（1）可在盾构支护下安全地开挖、衬砌。

（2）掘进速度快。盾构的推进、出土、拼装衬砌等全过程可实现机械化、自动化作业，施工劳动强度低。

（3）施工时不影响地面交通与设施，穿越河道时不影响航运。

（4）施工中不受季节、风雨等气候条件影响。

（5）施工中没有噪声和震动，对周围环境没有干扰。

（6）在松软含水地层中修建埋深较大的长隧道往往具有技术和经济方面的优越性。

2.7.1.1　盾构法隧道防水施工要求

（1）盾构法施工的隧道，宜采用钢筋混凝土管片、复合管片等装配式衬砌或现浇混凝土衬砌。衬砌管片应采用防水混凝土制作。当隧道处于侵蚀性介质的底层时，应采用相应的耐侵蚀混凝土或外涂耐侵蚀的防水涂层。当处于严重腐蚀地层时，可同时采取使用耐侵蚀混凝土和外涂耐侵蚀的外防水涂层的措施。

（2）不同防水等级盾构隧道的衬砌防水措施应符合表 2-21 的要求。

表 2-21　不同防水等级盾构隧道的衬砌防水措施

防水措施 防水等级	高精度管片	接缝防水				混凝土内衬或其他内衬	外防水材料
		密封垫	嵌缝	注入密封剂	螺孔密封圈		
一级	必选	必选	全隧道式部分区段应选	可选	必选	宜选	对混凝土有中等以上腐蚀的地层应选，在非腐蚀地层宜选
二级	必选	必选	部分区段宜选	可选	必选	局部宜选	对混凝土有中等以上腐蚀的地层宜选
三级	应选	必选	部分区段宜选	—	应选	—	对混凝土有中等以上腐蚀的地层宜选
四级	可选	宜选	可选	—	—	—	—

（3）钢筋混凝土管片应采用高精度钢模制作，钢模宽度及弧、弦长允许偏差宜为 ±0.4mm。

钢筋混凝土管片制作尺寸的允许偏差应符合下列规定：

1）宽度应为 ±1mm。

2）弧、弦长应为 ±1mm。

3）厚度应为 +3mm，−1mm。

（4）管片防水混凝土的抗渗等级应符合表 2-17 的规定，且不得小于 P8。管片应进行混凝土氯离子扩散系数或混凝土渗透系数的检测，并宜进行管片的单块抗渗检漏。

（5）管片至少应设置一道密封垫沟槽。接缝密封垫宜选择具有合理构造形式、良好弹性或遇水膨胀性、耐久性、耐水性的橡胶类材料，其外形应与沟槽相匹配。常用的密封垫材料为弹性橡胶密封垫材料和遇水膨胀橡胶密封垫胶料。

（6）管片接缝密封垫应满足在计算的接缝最大张开量和估算的错位量下、埋深水头的 2～3 倍水压下不渗漏的技术要求。重要工程中选用的接缝密封垫，应进行一字缝或十字缝水密性的试验检测。

（7）螺孔防水应符合下列规定：

1）管片肋腔的螺孔口应设置锥形倒角的螺孔密封圈沟槽。

2）螺孔密封圈的外形应与沟槽相匹配，并应有利于压密止水或膨胀止水。在满足止水的要求下，螺孔密封圈的断面宜小。螺孔密封圈应是合成橡胶、遇水膨胀橡胶制品。

（8）嵌缝防水应符合下列规定：

1）在管片内侧环纵向边沿设置嵌缝槽，其深宽比不应小于 2.5，槽深宜为 25～55mm，单面槽宽宜为 5～10mm。嵌缝槽断面构造形状应符合图 2-24 的规定。

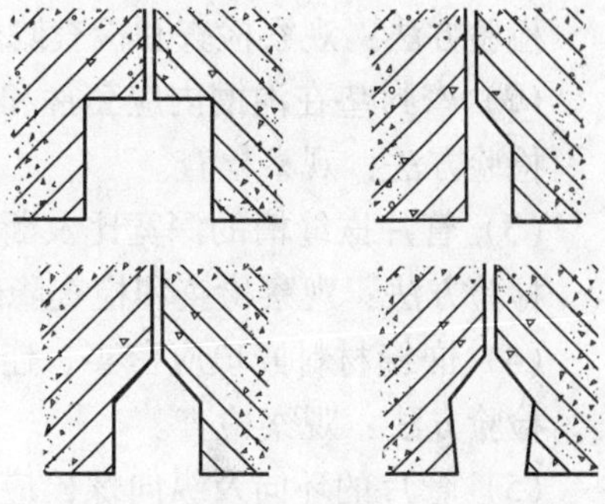

2）嵌缝材料应有良好的不透水性、潮湿基面粘结性、耐久性、弹性和抗下坠性。

3）应根据隧道使用功能和防水等级要求，确定嵌缝作业区的范围与嵌填嵌缝槽的部位，并采取嵌缝堵水或引排水措施（见表 2-21）。

4）嵌缝防水施工应在盾构千斤顶顶力影响范围外进行。同时，应根据盾构施工方法、隧道的稳定性确定嵌缝作业开始的时间。

5）嵌缝作业应在接缝堵漏和无明显渗水后进行，嵌缝槽表面混凝土如有缺损，应采用聚合物水泥砂浆

图 2-24　管片嵌缝槽断面构造形式

或特种水泥修补牢固。嵌缝材料嵌填时，应先涂刷基层处理剂，嵌填应密实平整。

（9）复合式衬砌的内层衬砌混凝土浇筑前，应将外层管片的渗漏水引排或封堵。采用夹层防水层的复合式衬砌时，应根据隧道排水情况选用相应的缓冲层和防水板材料，并按有关规定执行。

（10）管片外防水涂料宜采用环氧或改性环氧涂料等封闭型材料、水泥基渗透结晶型或硅氧烷类等渗透自愈型材料，并应符合下列规定：

1）耐化学腐蚀性、抗微生物侵蚀性、耐水性、耐磨性良好，且无毒或低毒。

2）在管片外弧面混凝土裂缝宽度达到 0.3mm 时，仍能抗最大埋深处水压，不渗漏。

3）具有防杂散电流的功能，体积电阻率高。

（11）竖井与隧道结合处，可用刚性接头，但接缝宜采用柔性材料密封处理，并宜加固竖井洞圈周围土体。在软土地层距竖井结合处一定范围内的衬砌段，宜增设变形缝。变形缝环面应贴设垫片，同时采用适应变形量大的弹性密封垫。

（12）盾构隧道的连接通道及其与隧道接缝的防水应符合下列规定：

1）采用双层衬砌的连接通道，内衬应采用防水混凝土。衬砌支护与内衬间宜设塑料防水板与土工织物组成的夹层防水层，并宜配分区注浆系统加强防水。

2）当采用内防水层时，内防水层宜为聚合物水泥砂浆等抗裂防渗材料。

3）连接通道与盾构隧道接头应选用缓膨胀型遇水膨胀类止水条（胶）、预留注浆管以及

接头密封材料。

2.7.1.2 质量检验

1. 主控项目

（1）盾构隧道衬砌所用防水材料必须符合设计要求。

检验方法：检查产品合格证、产品性能检测报告和材料进场检验报告。

（2）钢筋混凝土管片的抗压强度和抗渗性能必须符合设计要求。

检验方法：检查混凝土抗压强度、抗渗性能检验报告和管片单块检漏测试报告。

（3）盾构隧道衬砌的渗漏水量必须符合设计要求。

检验方法：观察检查和检查渗漏水检测记录。

2. 一般项目

（1）管片接缝密封垫及其沟槽的断面尺寸应符合设计要求。

检验方法：观察检查和检查隐蔽工程验收记录。

（2）密封垫在沟槽内应套箍和粘结牢固，不得歪斜、扭曲。

检验方法：观察检查。

（3）管片嵌缝槽的深宽比及断面构造形式、尺寸应符合设计要求。

检验方法：观察检查和检查隐蔽工程验收记录。

（4）嵌缝材料嵌填应密实、连续、饱满、表面平整、密贴牢固。

检验方法：观察检查。

（5）管片的环向及纵向螺栓应全部穿进并拧紧；衬砌内表面的外露铁件防腐处理应符合设计要求。

检验方法：观察检查。

2.7.2 锚喷支护

2.7.2.1 喷射混凝土的概念、特点、适应范围

喷射混凝土是借助喷射机械，利用压缩空气或其他动力，将按一定比例配制的拌合料，通过管道输送并以高速喷射到受喷面上，使之凝结硬化而形成的一种混凝土。

喷射混凝土施工速度快、效率高，省工、省料，可以边掘进边喷料，省去了临时支护，最大限度地发挥了围岩的自承作用。喷射混凝土和锚杆联合支护，不仅是安全可靠的支护形式，而且在某些场合中，也是在岩层中构筑地下工程最为优越的衬砌形式。

喷射施工可将混凝土的运输、浇筑和捣固结合为一道工序，不要或只要单面模板；可通过输料软管在高空、深坑或狭小的工作区间向任意方位施作薄壁的或复杂的造型结构。喷射施工工序简单，机动灵活，具有广泛的适应性。

喷锚支护主要用于地下工程的支护结构。

2.7.2.2 喷射混凝土所用原材料

1. 水泥

水泥品种和强度等级应满足工程使用要求，当加入速凝剂时，还应考虑水泥与速凝剂的

相容性。喷射混凝土应优先选用不低于 42.5 级的硅酸盐水泥或普通硅酸盐水泥。

2. 骨料

喷射混凝土用砂宜选择中粗砂，细度模数大于 2.5。石子用卵石或碎石均可，但以卵石为好。因为卵石对设备及管路磨蚀小，也不像碎石会因针片状含量多而易引起管路堵塞。石子最大粒径不宜大于 20mm，应级配良好，骨料级配对喷射混凝土拌合料的可泵性、通过管道的流动性、在喷嘴处的水化、对受喷面的粘附以及最终产品的表观密度和经济性都有重要作用。为取得最大表观密度，应避免使用间断级配的骨料。

3. 水

喷射混凝土用水要求与普通混凝土相同，不得使用污水、pH 值小于 4 的酸性水及海水。

4. 配合比

喷射混凝土的配合比（水泥∶砂∶石），一般可采用 1∶2∶2.5，1∶2.5∶2，1∶2∶2，1∶2.5∶1.5（质量比）。水泥用量宜为 300～450kg/m³，水胶比宜为 0.4～0.5。

2.7.2.3　喷射混凝土施工

1. 基本规定

（1）喷射混凝土施工前，应视围岩裂隙及渗漏水的情况，预先采用引排或注浆堵水。

采用引排措施时，应采用耐侵蚀、耐久性好的塑料盲沟，或弹塑性软式导水管等柔性导水材料。

（2）喷锚支护用作工程内衬墙时，应符合下列规定：

1）宜用于防水等级为三级的工程。

2）喷射混凝土的抗渗等级，不应小于 S6。喷射混凝土宜掺入速凝剂、膨胀剂或复合型外加剂、钢纤维与合成纤维等材料，其品种及掺量应通过试验确定。

3）喷射混凝土的厚度应大于 80mm，对地下工程变截面及轴线转折点的阳角部位，应增加 50mm 以上厚度的喷射混凝土。

4）喷射混凝土设置预埋件时，应做好防水处理。

5）喷射混凝土终凝 2h 后，应喷水养护，养护时间不得少于 14d。

（3）锚喷支护作为复合式衬砌的一部分时，应符合下列规定：

1）适用于防水等级为一、二级工程的初期支护。

2）锚喷支护的施工应符合上述 1）～5）项的规定。

（4）根据工程情况可选用锚喷支护、塑料防水板、防水混凝土内衬的复合式衬砌。

2. 施工注意事项

（1）喷射混凝土层厚度应大于 80mm。工程实践和抗渗试验均说明，喷层太薄，特别是围岩欠挖凸出部分喷层较薄很容易渗水。虽然混凝土是一种非匀质的多孔材料，容易渗水，但当混凝土具有一定厚度时，能够平衡渗水压力而阻止压力水继续渗入。

（2）喷射混凝土应多次分层喷射。喷射混凝土多次分层喷射对防水有利。因为单独一层喷射混凝土，难免个别部位出现缺陷，而多层喷射则可使缺陷互相错开，有利于抵抗压力水的渗透。

（3）施工间隔时间不宜太长。施工时要注意各层的施工时间不可间隔太长，以免粘结不好，产生"层次效应"而影响防水效果。一般应在第一层喷射混凝土终凝前后，立即喷射第二层混凝土。如间隔时间长，应用高压水冲洗第一层喷射混凝土，并先薄薄地喷一层水泥砂浆再喷射混凝土，这样做的效果较好。

2.7.2.4 质量检验

1. 主控项目

（1）喷射混凝土所用原材料、混合料配合比以及钢筋网、锚杆、钢拱架等必须符合设计要求。

检验方法：检查产品合格证、产品性能检测报告、计量措施和材料进场检验报告。

（2）喷射混凝土抗压强度、抗渗性能和锚杆抗拔力必须符合设计要求。

检验方法：检查混凝土抗压强度、抗渗性能检验报告和锚杆抗拔力检验报告。

（3）锚喷支护的渗漏水量必须符合设计要求。

检验方法：观察检查和检查渗漏水检测记录。

2. 一般项目

（1）喷层与围岩以及喷层之间应粘结紧密，不得有空鼓现象。

检验方法：用小锤轻击检查。

（2）喷层厚度有60%以上检查点不应小于设计厚度，最小厚不得小于设计厚度的50%，且平均厚度不得小于设计厚度。

检验方法：用针探法或凿孔法检查。

（3）喷射混凝土应密实、平整，无裂缝、脱落、漏喷、露筋。

检验方法：观察检查。

（4）喷射混凝土表面平整度矢弦比 D/L 不得大于 1/6。

检验方法：尺量检查。

2.7.3 地下连续墙

地下连续墙是在地面上用一种挖槽机械，沿着深开挖工程的周边轴线，依靠泥浆护壁，开挖出一条狭长的深槽，将事先绑扎好的钢筋笼下入槽内，并用导管法灌注水下混凝土，以置换泥浆、筑成一个单元槽段，如此逐段进行（按一定的接头方式），在地下筑成的一道连续钢筋混凝土墙壁。地下连续墙按要求可作为截水、防渗、承重和挡土结构。

2.7.3.1 地下连续墙的施工工艺

地下连续墙的施工工艺流程如图 2-25 所示。

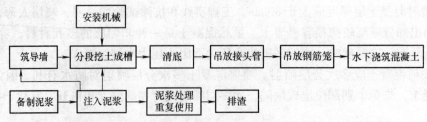

图 2-25 地下连续墙的施工工艺

2.7.3.2 地下连续墙的施工要点

1. 单元槽段划分

一般为 5~8m 为宜，也有采用 10m 或更长。单元槽段长度长，既可减少接头数量，又可提高截水防渗能力和连续性，而且施工效率高。但选择时应考虑地质条件、对邻近结构物的影响、挖槽机最小挖掘长度、钢筋笼的重量及尺寸等因素的影响。

2. 挖槽机械

目前使用的挖槽机械有多头钻挖槽机、钻抓斗式挖槽机和冲击钻等。

多头钻挖槽机主要适用于黏性土、砂质土、砂砾层及淤泥等土层，效率高，对周围建筑物影响较小。钻抓斗式挖槽机构造简单，适应于黏性土和砂性土，不适用于软黏土。冲击式钻机主要采用各种冲击式凿井机，适用于老黏性土、硬土和有孤石的地层，多用于桩排式地下连续墙成孔，具有设备简单、操作容易、工效低的特点。

3. 修筑导墙

深槽开挖前，在地下连续墙纵向轴线位置开挖导沟（一般深 1~2m），在两侧浇筑混凝土导墙，也可采用预制混凝土板、型钢和钢板及砖砌体做导墙。导墙净距应比成槽机宽 3~6cm；导墙顶面应高于施工场地 5~10cm；导墙厚度一般为 0.15~0.25m；导墙应高出地下水位 1.5m。

导墙的作用：为地下连续墙定位置、定标高；支撑挖槽机施工；挖槽时为挖槽机定方向；存储泥浆；维护上部土体稳定和防止土体塌落等。

导墙的施工顺序：平整场地→测量定位→挖槽→绑钢筋→支模板、对撑→浇筑混凝土→拆模后设置横撑→回填外侧空隙并压密。

施工时，导墙内部的水平钢筋必须相互联结成整体，导墙和地下连续墙的中心必须保证垂直，这些直接关系到地下连续墙的施工精确度。

4. 泥浆护壁

为防止槽段开挖过程中土壁坍塌，通常采用泥浆护壁。泥浆的作用是护壁、携砂、冷却、润滑。

泥浆成分是膨润土、掺合物和水。膨润土是一种颗粒极细、遇水显著膨胀、黏性和可塑性都很大的特殊黏土。掺合物有加重剂、增黏剂、分散剂和防漏剂四类，其作用是调整水泥浆的相对密度、黏度、失水量、钙离子和防止渗漏等。新制备的泥浆的相对密度应小于 1.05；成槽后的相对密度上升，但应不大于 1.15；槽底泥浆的相对密度不大于 1.20。

泥浆制备的方法可分为高速回转式搅拌和喷射式搅拌两种。高速回转式搅拌是通过高速回转叶片，使泥浆产生激烈的涡流，从而把泥浆搅拌均匀。喷射式搅拌是用泵把水喷射成射流状，通过喷嘴附近的真空吸力将粉末供给装置中的膨润土吸出，同时通过射流进行搅拌。

5. 挖槽

挖槽时要严格控制垂直度和偏斜度；挖槽要连续作业，并且要按顺序连续施钻。

6. 清底

挖槽结束后，悬浮在泥浆中的颗粒将逐渐沉积到槽底，此外在挖槽过程中未被排出而残留在槽内的土渣，以及吊钢筋笼时从槽壁碰落的泥土等，也会沉积到槽内，因此必须进行清底作业。清底的方法有吸泥泵排泥法（图2-26a）、空气升液排泥法（图2-26b）、潜水泥浆泵排泥法（图2-26c）。

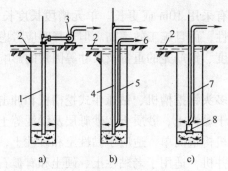

图2-26　清槽方法

a）吸力泵清槽　b）压缩空气清槽　c）潜水泵清槽

1—导管　2—补给泥浆　3—吸力泵　4—空气升液排泥管或导管

5—进气软管　6—空气　7—软管　8—潜水泥浆泵

7. 接头

在各接头的方式中，接头钢管施工较简单可靠。这种方法是：挖槽后在接头部位插入接头管，然后插入钢筋笼并浇筑混凝土；在混凝土未完全硬化前，用千斤顶或卷扬机将钢管少许拨动，隔一定时间将管拔出；再进行下一单元槽段挖槽；最后清除接头混凝土上的泥渣，浇筑混凝土，使各单元段连续起来。

2.7.3.3　施工注意事项

（1）地下连续墙用作主体结构时，应符合下列规定：

1）单层地下连续墙不应直接用于防水等级为一级的地下工程墙体。单墙用于地下工程墙体时，应使用高分子聚合物泥浆护壁材料。

2）墙的厚度宜大于600mm。

3）应根据地质条件选择护壁泥浆及配合比。当地下水含盐或受化学污染时，泥浆配合比应进行调整。

4）单元槽段整修后墙面平整度的允许偏差不宜大于50mm。

5）浇筑混凝土前应清槽、置换泥浆和清除沉渣，沉渣厚度不应大于100mm，并应将接缝面的泥皮、杂物清理干净。

6）钢筋笼浸泡泥浆时间不应超过10h，钢筋保护层厚度不应小于70mm。

7）幅间接缝应采用工字钢或十字钢板接头，锁口管应能承受混凝土浇筑时的侧压力，浇筑混凝土时不得发生位移和混凝土绕管。

8）胶凝材料用量不应少于 $400kg/m^3$，水胶比应小于0.55，坍落度不得小于180mm，石子粒径不宜大于导管直径的1/8。浇筑导管埋入混凝土深度宜为1.5~3m，在槽段端部的浇筑导管与端部的距离宜为1~1.5m，混凝土浇筑应连续进行。冬期施工时应采取保温措施，墙顶混凝土未达到设计强度50%时，不得受冻。

9）支撑的预埋件应设置止水片或遇水膨胀止水条（胶），支撑部位及墙体的裂缝、孔洞等缺陷应采用防水砂浆及时修补；墙体幅间接缝如有渗漏，应采用注浆、嵌填弹性密封材料等进行防水处理，并应采取引排措施。

10）底板混凝土应达到设计强度后方可停止降水，并应将降水井封堵密实。

11）墙体与工程顶板、底板、中楼板的连接处均应凿毛，并应清洗干净，同时应设置1~2道遇水膨胀止水条（胶），接驳器处宜喷涂水泥基渗透结晶型防水涂料或涂抹聚合物水泥防水砂浆。

（2）地下连续墙与内衬构成的复合式衬砌，应符合下列规定：

1）应用作防水等级为一、二级的工程。

2）应根据基坑基础形式、支撑方式内衬构造特点选择防水层。

3）墙体施工应符合上述用作主体结构的连续墙的3）~8）条规定，并应按设计规定对墙面、墙缝渗漏水进行处理，并应在基面找平满足设计要求后施工防水层及浇筑内衬混凝土。

4）内衬墙应采用防水混凝土浇筑，施工缝、变形缝和诱导缝的防水措施应符合规范要求，并应与地下连续墙墙缝互相错开。

2.7.3.4　质量检查

1. 主控项目

（1）防水混凝土的原材料、配合比以及坍落度必须符合设计要求。

检验方法：检查产品合格证、产品性能检测报告、计量措施和材料进场检验报告。

（2）防水混凝土的抗压强度和抗渗性能必须符合设计要求。

检验方法：检查混凝土抗压强度、抗渗性能检验报告。

（3）地下连续墙的渗漏水量必须符合设计要求。

检验方法：观察检查和检查渗漏水检测记录。

2. 一般项目

（1）地下连续墙的槽段接缝构造应符合设计要求。

检验方法：观察检查和检查隐蔽工程验收记录。

（2）地下连续墙墙面不得有露筋、露石和夹泥现象。

检验方法：观察检查。

（3）地下连续墙墙体表面平整度，临时支护墙体允许偏差并没有为50mm，单一或复合墙体允许偏差应为30mm。

检验方法：尺量检查。

<h2 style="text-align:center">单 元 小 结</h2>

地下防水工程是指对工业与民用建筑地下工程、防护工程、隧道及地下铁道等建（构）筑物，进行防水设计、防水施工和维护管理等各项技术工作的工程实体。

地下工程的防水等级，根据防水工程的重要性和使用中对防水的要求，按围护结构允许渗漏水的程度，分为四级。地下工程防水坚持遵循"防、排、截、堵结合，以防为主，多道设防，刚柔并用，因地制宜，综合治理"的原则进行设计。

地下卷材防水层是用防水卷材和与其配套的胶结材料胶合而成的一种多层或单层防水

层，适用于受侵蚀性介质作用或受振动作用的地下工程。卷材防水层一般铺贴在混凝土结构的迎水面，称为外防水。外防水的施工方法根据卷材与主体结构施工的先后顺序不同又分为外防外贴法和外防内贴法。

涂膜防水是在自身具有一定防水能力的混凝土结构表面上多遍涂刷一定厚度的防水涂料，涂料经常温胶联固化后，形成一层具有一定坚韧性的防水涂膜层的防水方法。涂膜防水广泛应用于受侵蚀性介质或受振动作用的地下工程主体和施工缝、后浇缝、变形缝等的结构表面防水。涂刷的防水涂料可采用薄涂多次或多布多涂的方法来达到厚度要求。

地下刚性材料防水包括混凝土结构自防水和水泥砂浆防水层防水两大类。混凝土结构自防水，是以调整配合比、掺加外加剂和掺合料配制的防水混凝土，实现防水功能的一种防水做法。它同时兼有承重、维护和抗渗的功能。水泥砂浆防水层包括聚合物防水砂浆防水层、掺加外加剂或掺合料水泥砂浆防水层等，宜采用多层抹压法施工，可用于主体结构的迎水面或背水面。

地下防水工程的细部防水构造是防水重要的组成部分，应严格按照构造要求施工，保证工程的防水效果。

盾构法施工是用盾构这种施工机械在地面以下暗挖隧道的一种施工方法。盾构（Shield）是一个既可以支承地层压力又可以在地层中推进的活动钢筒结构。用于在软土和软岩中掘进，广泛用于城市地下工程。

喷射混凝土是借助喷射机械，利用压缩空气或其他动力，将按一定比例配制的拌合料，通过管道输送并以高速喷射到受喷面上，使之凝结硬化而形成的一种混凝土。其适应于地下工程的支护结构。

地下连续墙是在地面上用一种挖槽机械，沿着深开挖工程的周边轴线，依靠泥浆护壁，开挖出一条狭长的深槽，将事先绑扎好的钢筋笼下入槽内，并用导管法灌注水下混凝土，以置换泥浆、筑成一个单元槽段，如此逐段进行（按一定的接头方式），在地下筑成的一道连续钢筋混凝土墙壁。地下连续墙按要求可作为截水、防渗、承重和挡土结构。

综合训练题

一、判断题

1. 卷材防水层应选用高聚物改性沥青类或合成高分子类防水卷材。（　）

2. 合成高分子防水卷材单层使用时，厚度不应小于1mm。（　）

3. 涂料防水层厚度的检验方法是用针测法或割取20mm×20mm实样用卡尺测量。（　）

4. 地下防水混凝土结构的抗渗等级不得小于P8。（　）

5. 防水混凝土结构中不允许留设施工缝。（　）

6. 掺外加剂的水泥砂浆防水层的总厚度为25mm。（　）

7. 防水混凝土结构表面的裂缝宽度不应大于0.1mm，并不得贯通。（　）

8. 喷射混凝土的厚度应大于80mm，对地下工程变截面及轴线转折点的阳角部位，应增加50mm以上厚度的喷射混凝土。（　）

9. 地下连续墙墙面的露筋部分应小于3%墙面面积，且不得有露石和夹泥现象。（　）

10. 盾构法施工时竖井与隧道结合处可用刚性接头，但接缝宜采用柔性材料密封处理。（　）

二、填空题

1. 地下工程的防水等级按＿＿＿＿＿＿＿＿的程度，分为＿＿＿＿＿＿＿＿级。

2. 高聚物改性沥青防水卷材间的粘结剥离强度不应小于＿＿＿＿＿＿＿＿。

3. 地下卷材防水层常出现的质量通病有＿＿＿＿＿＿、＿＿＿＿＿＿、＿＿＿＿＿＿、＿＿＿＿＿＿等。

4. 在涂膜防水层中加铺胎体增强材料，目的是提高＿＿＿＿＿＿和增强＿＿＿＿＿＿。

5. 地下刚性材料防水层包括＿＿＿＿＿＿和＿＿＿＿＿＿两大类。

6. 地下刚性防水层常出现的质量通病有＿＿＿＿＿＿、＿＿＿＿＿＿、＿＿＿＿＿＿、＿＿＿＿＿＿等。

7. 喷射混凝土表面平整度允许偏差为＿＿＿＿＿＿mm，且矢弦比 D/L 不得大于＿＿＿＿＿＿。

8. 地下连续墙可起＿＿＿＿＿＿、＿＿＿＿＿＿、＿＿＿＿＿＿和＿＿＿＿＿＿作用。

9. 地下防水工程的细部防水构造内容包括＿＿＿＿＿＿、＿＿＿＿＿＿、＿＿＿＿＿＿、＿＿＿＿＿＿、＿＿＿＿＿＿和＿＿＿＿＿＿等。

10. 盾构法施工的隧道，宜采用＿＿＿＿＿＿、＿＿＿＿＿＿、＿＿＿＿＿＿等装配式衬砌或＿＿＿＿＿＿衬砌。

三、简答题

1. 如何选择地下工程的防水方案？

2. 试述卷材防水层外防外贴法的施工要点。

3. 防水混凝土自防水结构施工有哪些要求？

4. 说明卷材防水层空鼓的原因及防治措施。

5. 试述地下涂膜防水层的施工程序。

6. 说明地下防水混凝土表面出现蜂窝、麻面和孔洞等质量缺陷的原因和防治措施。

7. 试述盾构法的原理及优点。

8. 什么是喷射混凝土？

9. 试述地下连续墙的施工要点。

单元3 厨房、厕浴间防水工程

【单元概述】

楼层厕浴间、厨房间防水工程是指对工业与民用建筑的厕所、浴室、厨房等建筑物，进行防水设计、防水施工和维护管理等各项技术工作的工程实体。本单元主要介绍楼层厕浴间、厨房间防水工程的防水等级，有关的防水规范；主要讲述柔性涂膜防水层和刚性防水砂浆防水层的施工工艺、施工方法、质量检验及常出现的质量通病与防治。

【学习目标】

了解楼层厕浴间、厨房间防水工程的防水等级及防水方案的选择；掌握高分子防水涂料、高聚物改性沥青防水涂料、刚性防水砂浆防水层的施工工艺和施工方法；掌握工程质量检查、质量通病与防治等内容；了解相关的规范和规程。

课题1 厨房、厕浴间防水工程的等级和基本要求

住宅和公共建筑中穿过楼地面或墙体的上下水管道以及供热、燃气管道，一般都集中明敷在厨房间和厕浴间，这使得原来就面积较小、空间狭窄的厕浴间和厨房间形状更加复杂。在这种条件下，如仍用卷材作防水层，则很难取得成功。因为卷材在细部构造处需要剪口，这会形成大量搭接缝，使卷材很难封闭严密和粘结牢固。即在厨卫间卷材防水层难以连成整体，比较容易发生渗漏事故，而涂膜防水层则可取得良好的效果。

3.1.1 厨房、厕浴间防水等级与材料选用

厨房、厕浴间防水设计应根据建筑类别、使用要求划分防水等级，并按不同等级确定设防层次与选用合适的防水材料，详见表3-1的要求。

表3-1 厨房、厕浴间防水等级与设防要求

项　目	防 水 等 级		
	I	II	III
建筑类别	要求高的大型公共建筑、高级宾馆、纪念性建筑等	一般公共建筑、餐厅、商住楼、公寓等	一般建筑
地面设防要求	二道防水设防	一道防水设防或刚柔复合防水	一道防水设防

（续）

项 目		防 水 等 级			
		I	II		III
			单独用	复合用	
选用材料	地面/mm	合成高分子防水涂料厚 1.5 聚合物水泥砂浆 15 细石防水混凝土厚 40	高聚合物改性沥青防水涂料	3	2	高聚合物改性沥青防水涂料 2 厚或防水砂浆 20 厚
			合成高分子防水涂料	1.5	1	
			防水砂浆	20	10	
			聚合物水泥砂浆	7	3	
			细石防水混凝土	40	40	
	墙面/mm	聚合物水泥砂浆厚 10	防水砂浆厚 20 聚合物水泥砂浆厚 7			防水砂浆厚 20
	天棚	合成高分子涂料憎水剂	憎水剂或防水素浆			憎水剂

注：根据厕浴间使用特点，这类地面应尽可能选用改性沥青防水涂料或合成高分子防水涂料。

3.1.2 厨房、厕浴间防水构造要求

1. 一般规定

（1）厨房、厕浴间一般采取迎水面防水。地面防水层设在结构找坡找平层上面并延伸至四周墙面边角，至少需高出地面 150mm。

（2）地面及墙面找平层应采用（1∶2.5）~（1∶3）水泥砂浆，水泥砂浆中宜掺外加剂，或地面找坡、找平采用 C20 细石混凝土一次压实、抹平、抹光。

（3）地面防水层宜采用涂膜防水材料，根据工程性质及使用标准选用高、中、低档防水材料，其基本遍数、用量及适用范围见表 3-2。

表 3-2 涂膜防水基本遍数、用量及适用范围

防 水 涂 料	三遍涂膜及厚度	一布四涂及厚度	二布六涂及厚度	适 用 范 围
高档（如聚氨酯防水涂料等）	1.5mm 厚（约 1.2~1.5kg/m²）	1.8mm 厚（约 1.5~1.8kg/m²）	2.0mm 厚（约 1.8~2.0kg/m²）	用于旅馆等公共建筑
中档（如氯丁胶乳沥青防水涂料等）	1.5mm 厚（约 1.2~1.5kg/m²）	1.8mm 厚（约 1.5~2.0kg/m²）	2.0mm 厚（约 2.0~2.5kg/m²）	用于较高级住宅工程
低档（如 SBS 橡胶改性沥青防水涂料等）	1.5mm 厚（约 1.8~2.0kg/m²）	1.8mm 厚（约 2.0~2.2kg/m²）	2.0mm 厚（约 2.2~2.5kg/m²）	用于一般住宅工程

厕浴间采用涂膜防水时，一般应将防水层布置在结构层与地面面层之间，以便使防水层受到保护。

（4）凡有防水要求的房间地面，如房间跨度超过两个开间，在板支承端处的找平层和

刚性防水层上，均应设置宽为10~20mm的分格缝；并嵌填密封材料；地面宜采取刚性材料和柔性材料复合防水的做法。

（5）厕、浴、厨房间的墙裙可贴瓷砖，高度不低于1500mm；上部可做涂膜防水层，或满贴瓷砖。

（6）厕、浴、厨房间的地面标高，应低于门外地面标高不少于20mm。

（7）墙面的防水层应由顶板底做至地面。地面为刚性防水层时，应在地面与墙面交接处预留10mm×10mm凹槽，嵌填防水密封材料。地面柔性防水层应覆盖墙面防水层150mm。

（8）对洁具、器具等设备以及门框、预埋件等沿墙周边交界处，均应采用高性能的密封材料密封。

（9）穿出地面的管道，其预留孔洞应采用细石混凝土填塞，管根四周应设凹槽，并用密封材料封严，且应与地面防水层相连接。

2. 防水工程设计技术要求

（1）设计原则

1）以排为主，以防为辅。

2）防水层须做在楼地面面层下面。

3）厕浴间地面标高，应低于门外地面标高，地漏标高应再偏低。

（2）防水材料的选择。设计人员应根据工程性质选择不同档次的防水涂料。

1）高档防水涂料：双组分聚氨酯防水涂料。

2）中档防水涂料：氯丁胶乳沥青防水涂料、丁苯胶乳防水涂料。

3）低档防水涂料：APP、SBS橡胶改性沥青基防水涂料。

（3）排水坡度确定

1）厕、浴间的地面应有1%~2%的坡度（高级工程可以为1%），坡向地漏。地漏处排水坡度，以地漏边向外50mm为3%~5%。厕浴间设有浴盆时，盆下地面坡向地漏的排水坡度应为3%~5%。

2）地漏标高应根据门口至地漏的坡度确定，必要时设门槛。

3）餐厅的厨房可设排水沟，其坡度不得小于3%。排水沟的防水层应与地面防水层相连接。

（4）防水层要求

1）地面防水层原则上做在楼地面面层以下，四周应高出地面150mm。

2）水管须做套管，高出地面20mm。管根防水用建筑密封膏进行密封处理。

3）下水管为直管，管根处高出地面。根据管位设小台处理，一般高出地面10~20mm。

4）防水层做完后，再做地面。一般做水泥砂浆地面或贴地面砖等。

（5）墙面与顶棚防水：墙面和顶棚应做防水处理，并做好墙面与地面交接处的防水。墙面与顶棚饰面防水材料及颜色由设计人员选定。

（6）电气防水

1）电气管线须走暗管敷线，接口须封严。电气开关、插座及灯具须采取防水措施。

2）电气设施定位应避开直接用水的范围，保证安全。电气安装、维修由专业电工操作。

（7）设备防水：设备管线明、暗管兼有，一般设计明管要求接口严密，阀门开关灵活，无漏水；暗管应设有管道间，以便于维修使用。

（8）装修防水：要求装修材料耐水，面砖的粘结剂除强度、粘结力好，还要具有耐水性。

3.1.3　厨房、厕浴间地面构造与施工要求

厨房、厕浴间地面构造一般做法如图3-1所示。

厕浴间卫生器具剖面，如图3-2所示。

1. 结构层

厕浴间地面结构层宜采用整体现浇钢筋混凝土板或预制整块开间钢筋混凝土板。如设计采用预制空心板时，则板缝应用防水砂浆堵严，表面20mm深处宜嵌填沥青基密封材料；也可在板缝嵌填防水砂浆并抹平表面，然后附加涂膜防水层，即铺贴100mm宽玻璃纤维布一层，涂刷二道沥青基防水涂料做防水层，其厚度不小于2mm。

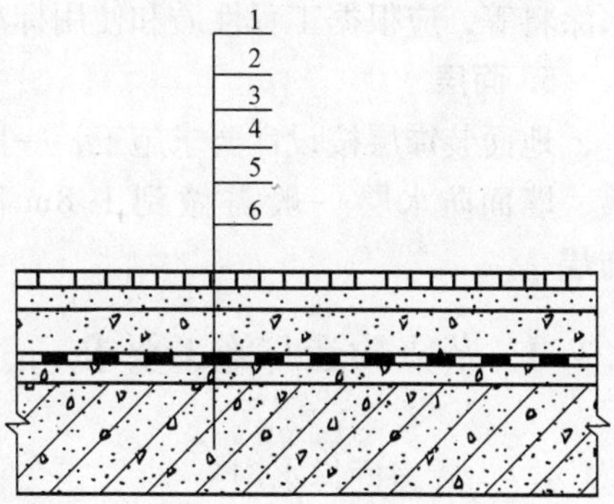

2. 找坡层

地面坡度应严格按照设计要求施工，做到坡度准确，排水通畅。找坡层厚度小于30mm时，可用水泥混合砂浆（水泥：石灰：砂＝1：1.5：8）；厚度大于30mm时，宜用1：6水泥炉渣材料，此时炉渣粒径宜为5~20mm，要求严格过筛。

图 3-1　地面一般构造
1—地面面层　2—水泥砂浆结合层　3—找坡层
4—防水层　5—水泥砂浆找平层　6—结构层

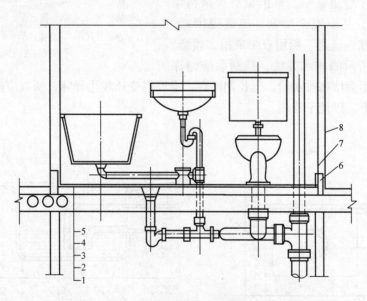

图 3-2　厕浴间防水构造剖面图
1—结构板　2—垫层　3—找平层　4—防水层　5—面层　6—混凝土防水台
（高出地面150mm）　7—防水层（与混凝土防水台同高）　8—轻质隔墙板

3. 找平层

找平层要求采用（1：2.5）~（1：3）水泥砂浆。找平前清理基层并浇水湿润，但不得有积水。找平时边扫水泥浆边抹水泥砂浆，做到压实、找平、抹光，水泥砂浆宜掺防水剂，以

形成一道防水层。

4. 防水层

由于厕浴、厨房间管道多,工作面小,基层结构复杂,故一般采用涂膜防水材料较为适宜。其常用涂膜防水材料有聚氨酯防水涂料、氯丁胶乳沥青防水涂料、SBS 橡胶改性沥青防水涂料等,应根据工程性质和使用标准选用。

5. 面层

地面装饰层按设计要求施工,一般常采用 1:2 水泥砂浆、陶瓷锦砖和防滑地砖等。

墙面防水层一般需做到 1.8m 高,然后抹水泥砂浆或贴面砖(或贴面砖到顶)装饰层。

3.1.4　节点构造与施工要求

3.1.4.1　厨房间排水沟

厨房间排水沟的防水层应与地面防水层相互连接,其构造如图 3-3 所示。

3.1.4.2　厨房间洗涤池排水管

厨房间洗涤池排水管如果用传统方法进行排水处理,由于管道狭窄,常因菜渣等杂物堵塞而排水不畅,甚至完全堵塞,疏通很困难,经常性的"堵塞—疏通"给用户带来很大烦恼。如果用图 3-4 所示的排水方法,残剩菜渣储存

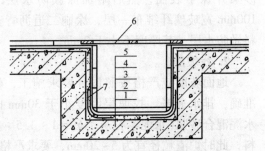

图 3-3　厨房间排水沟防水构造层

1—结构层　2—刚性防水层　3—柔性防水层
4—粘结层　5—面砖层　6—铁算子
7—转角处卷材附加层

在贮水罐中,不会堵塞排水管,但长期贮存,会腐烂变质发生异味,所以应经常清理。吸水弯管头可以卸下,以便于清理。

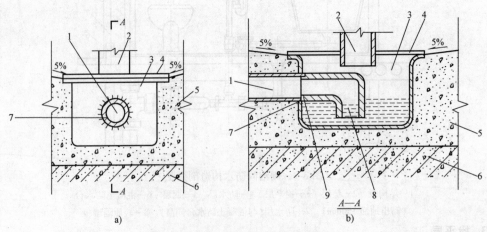

图 3-4　洗涤池贮水灌排水管排水构造

a) 侧面　b) A—A 剖面

1—金属排水管　2—洗涤池排水管　3—金属贮水罐　4—带孔盖板

5—200mm 厚 C20 细石混凝土台阶　6—楼板　7—满焊连接　8—吸水弯管头　9—插卸式连接

3.1.4.3　穿楼板管道

1. 基本规定

（1）穿楼板管道一般包括冷热水管、暖气管、污水管、煤气管、排气管等。一般均在楼板上预留管孔或采用手持式薄壁钻机钻孔成型，然后安装立管。管孔宜比立管外径大40mm 以上，如为热水管、暖气管、煤气管时，则需在管外加设钢套管，套管上口应高出地面 20mm，下口与板底齐平，留管缝 2~5mm。

（2）一般来说，单面临墙的管道，离墙应不小于50mm，双面临墙的管道，一边离墙不小于 50mm，另一边离墙不小于 80mm，如图 3-5 所示。

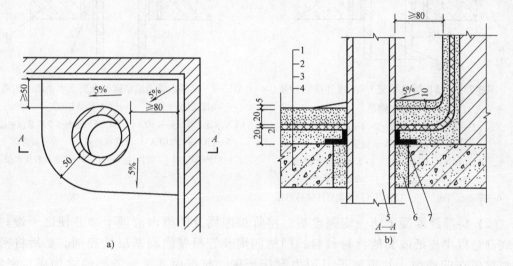

图 3-5　厕浴间、厨房间穿楼板管道转角墙构造示意图

a）平面　b）立面

1—水泥砂浆保护层　2—涂膜防水层　3—水泥砂浆找平层　4—楼板　5—穿楼板管道

6—补偿收缩嵌缝砂浆　7—"L"形橡胶膨胀止水条

（3）穿过地面防水层的预埋套管应高出防水层20mm，管道与套管间尚应留5~10mm 缝隙，缝内先填聚苯乙烯（聚乙烯）泡沫条，再用密封材料封口（图 3-6），并在管子周围加大排水坡度。

2. 防水做法

穿楼板管道的防水做法有两种处理方法：一种是在管道周围嵌填 UEA 管件接缝砂浆；另一种是在此基础上，在管道外壁箍贴膨胀橡胶止水条，如图 3-7、图 3-8 所示。

3. 施工要求

（1）立管安装固定后，将管孔四周松动石子凿除，如管孔过小则应按规定要求凿大，然后在板底支模板，孔壁洒水湿润，刷 108 胶水一遍，灌筑 C20 细石混凝土，混凝土应比板面低 15mm 并捣实抹平。细石混凝土中宜掺微膨胀剂，终凝后洒水养护并挂牌明示，两天内不得碰动管子。

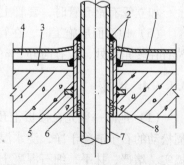

图 3-6　穿过防水层管套

1—防水层　2—密封材料　3—找平层

4—面层　5—止水环　6—预埋套管

7—管道　8—聚苯乙烯（聚乙烯）泡沫

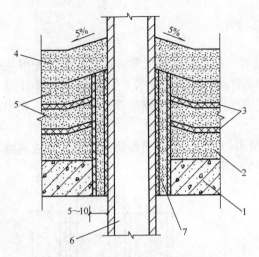
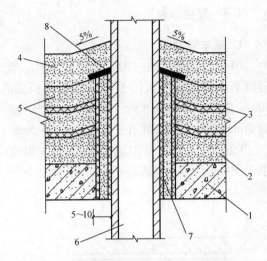

图 3-7　穿楼板管道填充 UEA 管件接缝砂浆
防水构造

1—钢筋混凝土楼板　2—UEA 砂浆垫层

3—10%UEA 水泥素浆

4—(10%~12%UEA)1：2~2.5 砂浆保护层

5—(10%~12%UEA)1：2 防水砂浆

6—穿楼板管道　7—(15%UEA)1：2 管件接缝砂浆

图 3-8　穿楼板管道箍贴膨胀橡胶止水条防水构造

1—钢筋混凝土楼板　2—UEA 砂浆垫层　3—10%
UEA 水泥素浆　4—(10%~12%UEA)1：2~2.5 砂浆保护层

5—(10%~12%UEA)1：2 防水砂浆　6—穿楼板管道

7—(15%UEA)1：2 管件接缝砂浆　8—膨胀橡胶止水条

（2）待灌缝混凝土达一定强度后，将管根四周及凹槽内清理干净并使之干燥。凹槽底部垫以牛皮纸或其他背衬材料，凹槽四周及管根壁涂刷基层处理剂。然后将密封材料挤压在凹槽内，并用腻子刀用力刮压严密、与板面齐平，务必使之饱满、密实、无气孔。

（3）地面施工找坡、找平层时，在管根四周均应留出 15mm 宽缝隙，待地面施工防水层时再二次嵌填密封材料将其封严，以便使密封材料与地面防水层连接。

（4）将管道外壁 200mm 高范围内，清除灰浆和油污杂质，涂刷基层处理剂，然后按设计要求涂刷防水涂料。

如立管有钢套管时，套管上缝应用密封材料封严。

（5）地面面层施工时，在管根四周 50mm 处，最少应高出地面 5mm 成馒头形。当立管位置在转角墙处，应有向外 5% 的坡度。

3.1.4.4　地漏

（1）地漏一般先在楼板上预留管孔，然后安装地漏。地漏立管安装固定后，将管孔四周松动的石子清除干净，浇水湿润，然后板底支模板，灌 1：3 水泥砂浆或 C20 细石混凝土，捣实、堵严、抹平，细石混凝土宜掺微膨胀剂。

（2）厕浴间垫层向地漏处找 1%~3% 坡度。垫层厚度小于 30mm 时用水泥混合砂浆找坡、找平；大于 30mm 时用水泥炉渣材料或用 C20 细石混凝土一次找坡、找平、抹光。

（3）地漏上口四周用 20mm×20mm 密封材料封严，上面做涂膜防水层，如图 3-9 所示。

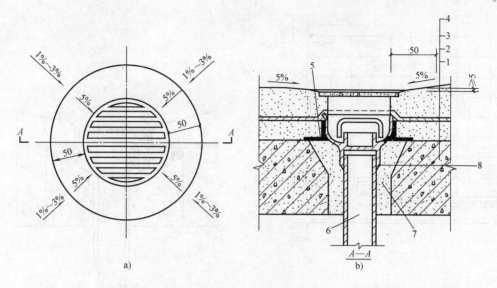

图 3-9 地漏口防水做法示意图

a) 平面 b) A—A 剖面

1—钢筋混凝土楼板 2—水泥砂浆找平层 3—涂膜防水层 4—水泥砂浆保护层

5—膨胀橡胶止水条 6—主管 7—补偿收缩混凝土 8—密封材料

（4）地漏口周围、直接穿过地面或墙面防水层管道及预埋件的周围与找平层之间应预留宽 10mm、深 7mm 的凹槽，并嵌填密封材料，地漏离墙面净距离宜为 50~80mm。

3.1.4.5 小便槽

（1）小便槽防水构造如图 3-10 所示。

（2）楼地面防水做在面层下面，四周卷起至少 150mm 高。小便槽防水层与地面防水层交圈，立墙防水做到花管处以上 100mm，两端展开 500mm 宽。

（3）小便槽地漏做法如图 3-11 所示。

（4）防水层宜采用涂膜防水材料及做法。

（5）地面泛水坡度为 1%~2%，小便槽泛水坡度为 2%。

3.1.4.6 大便器

（1）大便器立管安装固定后，与穿楼板立管做法一样，用 C20 细石混凝土灌孔堵严抹平，并在立管接口处四周用密封材料交圈封严（密封材料尺寸为 20mm×20mm），上面防水层做至管顶部，如图 3-12 所示。

（2）蹲便器与下水管相连接的部位最易发生渗漏，应用与两者（陶瓷与金属）都有良好粘结性能的密封材料封闭严密，如图 3-13 所示。下水管穿过钢筋混凝土现浇板的处理方法与穿楼板管道防水做法相同，膨胀橡胶止水条的粘贴方法与穿楼板管道箍贴膨胀橡胶止水条防水做法相同。

（3）采用蹲便器时，在大便器尾部进水处与管接口用沥青麻丝及水泥砂浆封严，外抹防水涂料做保护层。蹲坑根部防水做法如图 3-14 所示。

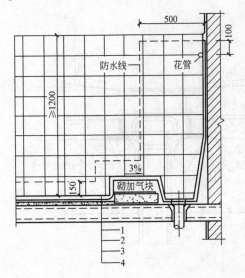

图 3-10　小便槽防水剖面

1—面层材料　2—涂膜防水层

3—水泥砂浆找平层　4—结构层

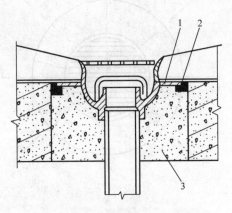

图 3-11　小便槽地漏处防水托盘

1—防水托盘　2—20mm×20mm 密封材料封严

3—细石混凝土灌孔

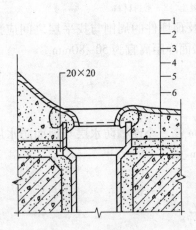

图 3-12　蹲便器防水剖面

1—大便器底　2—1∶6 水泥焦渣垫层

3—水泥砂浆保护层　4—涂膜防水层

5—水泥砂浆找平层　6—楼板结构层

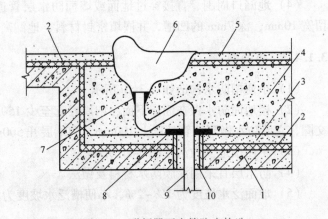

图 3-13　蹲便器下水管防水构造

1—钢筋混凝土现浇板　2—10%UEA 水泥素浆　3—20mm 厚 10%~12%

UEA 水泥砂浆防水层　4—轻质混凝土填充层　5—15mm 厚 10%~12%

UEA 水泥砂浆防水层　6—蹲便器　7—密封材料　8—遇水膨胀

橡胶止水条　9—下水管　10—15%UEA 管件接缝填充砂浆

3.1.4.7　预埋地脚螺栓

　　厕浴间的坐便器常用细而长的预埋地脚螺栓固定，应力较集中，容易造成开裂。如防水处理不好，很容易在此处造成渗漏。对其进行防水处理的方法是：将横截面为 20mm×30mm 的遇水膨胀橡胶止水条截成 30mm 长的块状，然后将其压扁成厚度为 10mm 的扁饼状材料，中间穿孔，孔径略小于螺栓直径，在铺抹 10%~20%UEA 防水砂浆［水泥∶砂 = 1∶(2~2.5)］保护层前，将止水薄饼套入螺栓根部，平贴在砂浆防水层上，如图 3-15 所示。

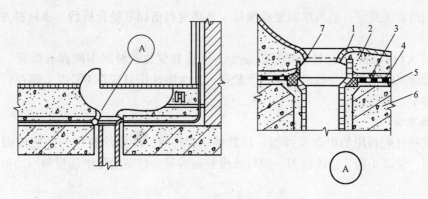

图 3-14 蹲便器蹲坑根部防水构造

1—大便器底 2—1:6水泥炉渣垫层 3—15mm厚1:2.5水泥砂浆保护层 4—涂膜防水层
5—20mm厚1:2.5水泥砂浆找平层 6—结构层 7—20mm×20mm密封材料交圈封严

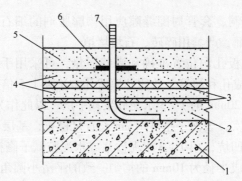

图 3-15 预埋地脚螺栓防水构造

1—钢筋混凝土楼板 2—UEA砂浆垫层 3—10%UEA水泥素浆
4—10%~12%UEA防水砂浆 5—10%~12%UEA砂浆保护层
6—扁平状膨胀橡胶止水条 7—地脚螺栓

课题 2　厨房、厕浴间地面防水层施工

　　根据厕浴间和厨房间的特点，采用柔性涂膜防水层和刚性防水砂浆防水层，或两者复合的防水层，将会取得理想的防水效果。因防水涂料涂布于复杂的细部构造部位能形成没有接缝的、完整的涂膜防水层。特别是合成高分子防水涂膜和高聚物改性沥青防水涂膜，它们的延伸性较好，基本能适应基层变形的需要。防水砂浆则以补偿收缩水泥砂浆较为理想，其微膨胀的特性，能防止或减少砂浆收缩开裂，使砂浆致密化，提高其抗裂性和抗渗性。

3.2.1　厨房、厕浴间地面防水层施工的施工准备

1. 材料准备

　　（1）进场材料复验：供货时必须有生产厂家提供的材料质量检验合格证。材料进场后，使用单位应对进场材料的外观进行检查，并做好记录。材料进场一批，应抽样复验一批。复验项目包括抗拉强度、断裂伸长率、不透水性、低温柔性、耐热度。各地企业也可根据本地

区主管部门的有关规定，适当增减复验项目。各项材料指标复验合格后，该材料方可用于工程施工。

（2）防水材料储存：材料进场后，设专人保管和发放。材料不能露天放置，必须分类存放在干燥通风的室内，并远离火源，严禁烟火。水溶性涂料应在0℃以上储存，受冻后的材料不能用于工程。

2. 机具准备

一般应备有配料用的电动搅拌器、拌料桶、磅秤等；涂刷涂料用的短把棕刷、油漆毛刷、滚动刷，油漆小桶、油漆嵌刀、塑料或橡胶刮板等；铺贴胎体增强材料用的剪刀、压碾辊等。

3. 基层要求

（1）厕浴间现浇混凝土楼面必须振捣密实，随抹压光，形成一道自身防水层，这是十分重要的。

（2）穿楼板的管道孔洞、套管周围缝隙应用掺膨胀剂的细石混凝土浇灌严实并抹平，孔洞较大的，应吊底模浇灌，严禁用碎砖、石块堵填。

（3）为保证管道穿楼板孔洞位置准确和灌缝质量，可采用手持金刚石薄壁钻机钻孔。经应用测算，这种方法的成孔和灌缝工效比芯模留孔方法高1.5倍。

（4）在结构层上做厚20mm的1：3水泥砂浆找平层，以此作为防水层基层。

（5）基层必须平整坚实，表面平整度用2m长直尺检查，基层与直尺间最大间隙不应大于3mm。如基层有裂缝或凹坑，用1：3水泥砂浆或水泥胶腻子修补平滑。

（6）基层所有转角做成半径为10mm的均匀一致的平滑小圆角。

（7）所有管件、地漏或排水口等部位，应就位正确，安装牢固。

（8）基层含水率应满足各种防水材料对含水率的要求。

4. 劳动组织

为保证质量，应由专业防水施工队伍施工，一般民用住宅厕浴间的防水施工以2~3人为一组较合适。操作工人操作时要穿工作服、戴手套、穿软底鞋。

3.2.2　厨房、厕浴间的地面涂膜防水层施工

1. 聚氨酯防水涂料施工

（1）施工程序：清理基层→涂刷基层处理剂→涂刷附加层防水涂料→刮涂第一遍涂料→刮涂第二遍涂料→刮涂第三遍涂料→第一次蓄水试验→稀撒砂粒→质量验收→保护层施工→第二次蓄水试验。

（2）操作要点

1）清理基层：将基层清扫干净；基层应做到找坡正确，排水顺畅，表面平整、坚实、无起灰、起砂、起壳及开裂等现象。涂刷基层处理剂前，基层表面应达到干燥状态。

2）涂刷基层处理剂：将聚氨酯甲、乙两组分与二甲苯按1：1.5：2的比例配合，搅拌均匀即可使用。先在阴阳角、管道根部用滚动刷或油漆刷均匀涂刷一遍，然后大面积涂刷，材料用量为 $0.15\sim0.2\mathrm{kg/m^2}$。涂刷后干燥4h以上，才能进行下一工序施工。

3）涂刷附加增强层防水涂料：在地漏、管道根、阴阳角和出入口等容易漏水的薄弱部位，应先用聚氨酯防水涂料按甲：乙＝1：1.5的比例配合，均匀刮涂一次，做附

加增强层处理。按设计要求，细部构造也可做带胎体增强材料的附加增强层处理。胎体增强材料宽度为 300~500mm，搭接缝宽度为 100mm，施工时，边铺贴平整，边刮涂聚氨酯防水涂料。

4）刮涂第一遍涂料：将聚氨酯防水涂料按甲料：乙料＝1：1.5 的比例混合，开动电动搅拌器，搅拌 3~5min，用胶皮刮板均匀刮涂一遍。操作时要厚薄一致，用料量为 0.8~1.0kg/m²，立面刮涂高度不应小于 100mm。

5）刮涂第二遍涂料：待第一遍涂料固化干燥后，按上述方法刮涂第二遍涂料。刮涂方向应与第一遍相垂直，用料量与第一遍相同。

6）刮涂第三遍涂料：待第二遍涂料涂膜固化后，再按上述方法刮涂第三遍涂料，用料量为 0.4~0.5kg/m²。

刮涂三遍聚氨酯涂料后，用料量总计为 2.5kg/m²，防水层厚度应不小于 1.5mm。

7）第一次蓄水试验：涂膜防水层完全固化干燥后，即可进行蓄水。蓄水 24h 后观察，以无渗漏为合格。

8）饰面层施工：涂膜防水层蓄水试验不渗漏，质量检查合格后，即可进行粉抹水泥砂浆或粘贴陶瓷锦砖、防滑地砖等饰面层施工。施工时应注意成品保护，不得破坏防水层。

9）第二次蓄水试验：厕浴间装饰工程全部完成后，工程竣工前还要进行第二次蓄水试验，以检验防水层完工后是否被水电或其他装饰工程损坏。蓄水试验合格后，厕浴间的防水施工才算圆满完成。

2. 氯丁胶乳沥青防水涂料的施工

氯丁胶乳沥青防水涂料，根据工程需要，防水层可组成一布四涂、二布六涂或只涂三遍防水涂料的三种做法，其用量参考见表 3-3。

表 3-3 氯丁胶乳沥青涂膜防水层用料参考

材　料	三　遍　涂　料	一　布　四　涂	二　布　六　涂
氯丁胶乳沥青防水涂料/(kg/m²)	1.2~1.5	1.5~2.2	2.2~2.8
玻璃纤维布/(m²/m²)	—	1.13	2.25

（1）施工程序。以一布四涂为例，其施工程序如下：

清埋基层→满刮一遍氯丁胶乳沥青水泥腻子→涂刷第一遍涂料→做细部构造增强层→铺贴玻璃纤维布同时涂刷第二遍涂料→涂刷第三遍涂料→涂刷第四遍涂料→蓄水试验→饰面层施工→质量验收→第二次蓄水试验。

（2）操作要点

1）清理基层：将基层上的浮灰、杂物清理干净。

2）刮氯丁胶乳沥青水泥腻子：在清理干净的基层上，满刮一遍氯丁胶乳沥青水泥腻子。管道根部和转角处要厚刮，并抹平整。腻子的配制方法是将氯丁胶乳沥青防水涂料倒入水泥中，边倒边搅拌，待其成稠浆状时即可刮涂于基层表面。腻子厚度约 2~3mm。

3）涂刷第一遍涂料：待上述腻子干燥后，再在基层上满刷一遍氯丁胶乳沥青防水涂料（在大桶中搅拌均匀后，再倒入小桶中使用）。操作时涂刷不得过厚，但也不能漏刷，以表面均匀，不流淌、不堆积为宜。立面需刷至设计高度。

4）做附加增强层：在阴阳角、管道根、地漏、大便器等细部构造处分别做一布二涂附加增强层。即将玻璃纤维布(或无纺布)剪成相应部位的形状铺贴于上述部位,同时刷氯丁胶乳沥青防水涂料,要贴实、刷平,不得有折皱、翘边现象。

5) 铺贴玻璃纤维布同时涂刷第二遍涂料:待附加增强层干燥后,先将玻璃纤维布剪成相应尺寸铺贴于第一道涂膜上,然后在上面涂刷防水涂料,使涂料浸透布纹网眼并牢固地粘贴于第一道涂膜上。玻璃纤维布搭接宽度不宜小于 100mm,并顺流水接槎,从里面往门口铺贴,先做平面后做立面。立面应贴至设计高度,平面与立面的搭接缝留在平面上,距立面边宜大于 200mm,收口处要压实贴牢。

6) 涂刷第三遍涂料:将上遍涂料实干后(一般宜 24h 以上),再满刷第三遍防水涂料,涂刷要均匀。

7) 涂刷第四遍涂料:上遍涂料干燥后,可满刷第四遍防水涂料。一布四涂防水层施工即告完成。

8) 蓄水试验:防水层实干后,可进行第一次蓄水试验,蓄水 24h 无渗漏水为合格。

9) 饰面层施工:蓄水试验合格后,可按设计要求及时粉抹水泥砂浆或铺贴面砖等。

10) 第二次蓄水试验:方法与目的同聚氨酯防水涂料。

3.2.3　厨房、厕浴间的地面刚性防水层施工

厕浴间、厨房间的刚性材料防水层的理想材料是具有微膨胀性能的补偿收缩混凝土和补偿收缩水泥砂浆。

补偿收缩混凝土和补偿收缩水泥砂浆用于厕浴间、厨房间的地面防水。对于同一种微膨胀剂,根据不同的防水部位,选择不同的加入量,可使防水层基本上起到不裂不渗的防水效果。

下面以 U 型混凝土膨胀剂(UEA)为例,介绍其不同的配合比和施工方法。

1. 材料及要求

(1) 水泥:42.5 级普通硅酸盐水泥或矿渣硅酸盐水泥。

(2) UEA:符合《混凝土膨胀剂》(GB 23439—2009)的规定。

(3) 砂子:中砂,含泥量小于 2%。

(4) 水:饮用水或洁净非污染水。

2. UEA 砂浆的配制

在楼板表面铺抹 UEA 防水砂浆应按不同的部位,配制含量不同的 UEA 防水砂浆。不同部位 UEA 防水砂浆的配合比参见表 3-4。

表 3-4　不同防水部位 UEA 防水砂浆的配合比

防 水 部 位	厚度 /mm	C+UEA /kg	UEA / (C+UEA)	配 合 比			水 胶 比	稠 度 /cm
				水泥	UEA	砂		
垫层	20~30	550	10%	0.90	0.10	3.0	0.45~0.50	5~6
防水层(保护层)	15~20	700	10%	0.90	0.10	2.0	0.40~0.45	5~6
管件接缝	—	700	15%	0.85	0.15	2.0	0.30~0.35	2~3

3. 防水层施工

(1) 基层处理:施工前,应对楼面板基层进行清理,除净浮灰杂物,对凹凸不平处用

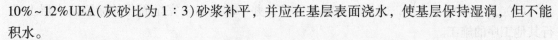

10%~12%UEA(灰砂比为1∶3)砂浆补平,并应在基层表面浇水,使基层保持湿润,但不能积水。

(2)铺抹垫层:按1∶3水泥砂浆垫层配合比,配制灰砂比为1∶3UEA垫层砂浆,将其铺抹在干净湿润的楼板基层上。铺抹前,按照坐便器的位置,准确地将地脚螺栓预埋在相应的位置上。垫层的厚度应根据标高而定,一般为20~30mm,必须分2~3层铺抹,每层应揉浆、拍打密实。在抹压的同时,应完成找坡工作。地面向地漏口找坡2%,地漏口周围50mm范围内向地漏中心找坡5%,穿楼板管道根部位向地面找坡为5%,转角墙部位的穿楼板管道向地面找坡为5%。分层抹压结束后,在垫层表面用钢丝刷拉毛。

(3)铺抹防水层:待垫层强度能允许上人时,把地面和墙面清扫干净,并浇水充分湿润,然后铺抹四层防水层,第一、第三层为10%UEA水泥素浆,第二、第四层为10%~12%UEA(水泥∶砂=1∶2)水泥砂浆层。铺抹方法如下:

1)第一层先将UEA和水泥按1∶9的配合比准确称量,充分干拌均匀,再按水胶比加水,拌和成稠浆状后就可用滚刷或毛刷涂抹,厚度为2~3mm。

2)第二层灰砂比为1∶2,UEA掺量为水泥重量的10%~12%,一般可取10%。拌制方法见前述第一层、UEA砂浆的配制。待第一层素灰初凝后,即可铺抹,厚度为5~6mm。凝固20~24h后,适当浇水湿润。

3)第三层掺10%UEA的水泥素浆层。其拌制要求、涂抹厚度均与第一层相同,待其初凝后,即可铺抹第四层。

4)第四层UEA水泥砂浆的配合比、拌制方法、铺抹厚度均与第二层相同。铺抹时应分次用铁抹子压5~6遍,使防水层坚固密实,最后再用力抹压光滑。硬化12~24h后,即浇水养护3d。

以上四层防水层的施工,应按照垫层的坡度要求找坡,铺抹的操作方法与地下工程防水砂浆施工方法相同。

(4)管道接缝防水处理:待防水层达到强度要求后,拆除捆绑在穿楼板部位的模板条。清理干净缝壁的乳渣、碎物,并按节点防水做法的要求涂布素灰浆和填充UEA掺量为15%的水泥∶砂=1∶2管件接缝防水砂浆,最后灌水养护7d。蓄水期间,如不发生渗漏现象,可视为合格;如发生渗漏,找出渗漏部位,及时修复。

(5)铺抹UEA砂浆保护层:保护层UEA的掺量为10%~12%,灰砂比为1∶(2~2.5),水胶比为0.4。铺抹前,对要求用膨胀橡胶止水条做防水处理的管道、预埋螺栓的根部及需用密封材料嵌填的部位及时做防水处理。然后分层铺抹厚度为15~25mm的UEA水泥砂浆保护层,并按坡度要求找坡,待硬化12~24h后,浇水养护3d。最后,根据设计要求铺抹装饰面层。

3.2.4　厕浴间地面防水施工的注意事项

(1)厕浴间施工一定要严格按规范操作,因一旦发生漏水维修时很困难。

(2)在厕浴间施工不得抽烟,并要注意通风。

(3)养护期到后一定要做厕浴间闭水试验,如发现渗漏应及时修补。

(4)操作人员应穿软底鞋,严禁踩踏尚未固化的防水层。铺抹水泥砂浆保护层时,脚下应铺设无纺布走道。

（5）防水层施工完毕，应设专人看管保护，并不准在尚未完全固化的涂膜防水层上进行其他工序的施工。

（6）防水层施工完毕，应及时进行验收，及时进行保护层的施工，以减少不必要的损坏返修。

（7）在对穿楼板管道和地漏管道施工时，应用棉纱或纸团暂时封口，防止杂物落入管道，堵塞管道，留下排水不畅或泛水的后患。

（8）进行刚性保护层施工时，严禁施工机具、灰槽在涂膜表面拖动，施工人员应穿软底鞋在铺有无纺布的隔离层上行走。铲运砂浆时，应精心操作，防止铁锹铲伤涂膜；抹压砂浆时，铁抹子不得下意识地在涂膜防水层上磕碰。

（9）厕浴间大面积防水层也可采用 JS 复合防水涂料、防水宝、堵漏灵、防水剂等刚性防水材料做防水层，其施工必须严格按生产厂家的说明书及施工指南进行。

3.2.5　厕浴间渗漏维修

厕浴间的渗漏是比较常见的。由于厕浴间的功能所需，常有水流过，且有较多不同用途的管道穿过，若管道与楼地面、墙体之间没有恰当的防水措施或封闭不严时，会增加渗漏的可能性。

1. 厕浴间渗漏部位及原因

（1）大便器与排水管连接处漏水：由于排水管高度不够，大便器出口插入排水管的深度不够，连接处没有填抹严实，使在大便器使用后，地面积水，墙壁潮湿，甚至下层顶板墙壁也出现潮湿和滴水现象。

（2）蹲坑上水井进口处漏水：施工时蹲坑上水接口处被砸坏而未发现，上水胶皮碗绑扎不牢，或用钢丝绑扎后钢丝锈蚀断坏，以及胶皮碗与蹲坑上水连接处破裂，使蹲坑在使用后地面积水，墙壁潮湿，造成下层顶板和墙壁也有潮湿和滴水现象。

（3）地漏下水口渗水：下水口标高与地面或卫生间设备标高不适应，形成倒泛水，卫生设备排水不畅通，使防水卷材薄弱部位渗漏或卷材腐烂；楼板套管上口出地面高度过小，水直接从套管渗漏到下层顶板。

（4）下层顶板局部或普遍渗漏：卷材因成品保护工作未做好而局部破裂，找平层空鼓开裂，穿楼板管道未做套管，凿洞后洞口未处理好，混凝土内有砖、木屑等杂物，堵洞混凝土与楼板连接处产生裂缝，这些都会造成防水层与找平层粘结不牢，形成进水口。水通过缺陷进入结构层，使顶板出现渗漏。

2. 厕浴间维修基本要求

（1）修缮前，对厕浴间进行现场查勘，确定漏水点，针对渗漏原因和部位，制定修缮方案。

（2）检查管道与楼面或墙面的交接部位，卫生洁具等设施与楼地面交接部位，地漏部位，楼面、墙面及其交接部位，所产生的渗漏现象。

（3）维修防水层时，先做附加层，管根应用密封材料嵌填封严。

（4）修缮选用的防水材料，其性能应与原防水层材料兼容。

（5）在防水层上铺设面层时不应损伤防水层。

3. 楼地面渗漏维修

(1) 裂缝的维修

1) 大于 2mm 的裂缝，应沿裂缝局部清除面层和防水层，沿裂缝剔凿宽度和深度均不应小于 10mm 的沟槽，清除浮灰、杂物，沟槽内嵌填密封材料，铺设带胎体增强材料涂膜防水层，并与原防水层搭接封严。经蓄水检查无渗漏再修复面层。

2) 小于 2mm 的裂缝，可沿裂缝剔除 40mm 宽面层，暴露裂缝部位，清除裂缝浮灰、杂物，铺设涂膜防水层，经蓄水检查无渗漏再修复面层。

3) 小于 0.5mm 裂缝，可不铲除地面面层，清理裂缝表面后，沿裂缝走向涂刷二遍宽度不小于 100mm 的无色或浅色合成高分子涂膜防水层。

(2) 倒泛水与积水的处理：地面倒泛水和地漏安装过高造成地面积水时，应凿除相应部位的面层，修复防水层，再铺设面层并重新安装地漏。地漏接口和翻口外沿嵌填密封材料时，应堵严。

(3) 穿管部位渗漏的维修

1) 穿过楼地面管道的根部积水渗漏，应沿管根部轻剔凿出宽度和深度均不小于 10mm 的沟槽，清理浮灰、杂物后，槽内嵌填密封材料，并在管道与地面交接部位涂刷管道高度及地面水平宽度均不小于 100mm、厚度不小于 1mm 的无色或浅色合成高分子防水涂料。

2) 管道与楼地面间裂缝小于 1mm，应将裂缝部位清理干净，绕管道及管道根部地面涂刷两遍合成高分子防水涂料，其涂刷管道高度及地面水平宽度均不应小于 100mm，涂膜厚度不应小于 1mm。

3) 因穿过楼地面的套管损坏而引起的渗漏水，应更换套管，对所设套管要封口，并高出楼地面 20mm 以上，套管根部要密封，如仍渗漏可按前述(1)或(2)的规定进行修缮。

(4) 楼地面与墙面交接部位酥松的维修

1) 楼地面与墙面交接缝渗漏，应将裂缝部位清理干净，涂刷带胎体增强材料的涂膜防水层，其厚度不应小于 1.5mm，平面及立面涂刷范围均应大于 100mm。

2) 楼地面与墙面交接部位酥松等损坏，应凿除损坏部位，用 1：2 水泥砂浆修补基层，涂刷带胎体增强材料的涂膜防水层，其厚度不应小于 1.5mm，平面及立面涂刷范围应大于 100mm。新旧防水层搭接宽度(压槎宽度)不应小于 50mm；压槎顺序要注意流水方向。

(5) 楼地面防水层的翻修

1) 采用聚合物水泥砂浆翻修时，应将面层及原防水层全部凿除，清理干净后，在裂缝及节点等部位按上述(1)~(4)的规定进行防水处理。

涂刷基层处理剂并用聚合物水泥砂浆重做防水层，防水层经检验合格后方可做面层。

2) 采用防水涂膜翻修时，面层清理后，基层应牢固、坚实、平整、干燥。平面与立面相交及转角部位均应做成圆角或弧形。卫生洁具、设备、管道(件)应安装牢固并处理好固定预埋件的防腐、防锈、防水和接口及节点的密封。铺设防水层前，应先做附加层。做防水层时，四周墙面涂刷高度不应小于 100mm。在做二层以上涂层施工时，涂层间相隔时间应以上一道涂层达到实干为宜。

4. 墙面渗漏维修

(1) 墙面粉刷起壳、剥落、酥松等损坏部位应凿除并清理干净后，用 1：2 防水砂浆修补。

（2）墙面裂缝渗漏的维修应按一般墙裂缝修补处理。

（3）涂膜防水层局部损坏，应清除损坏部位，修整基层，补做涂膜防水层，涂刷范围应大于剔除周边 50~80mm。裂缝大于 2mm 时，必须批嵌裂缝，然后涂刷防水涂料。

（4）穿过墙面管道根部渗漏，宜在管道根部用合成高分子防水涂料涂刷二遍。管道根部空隙较大且渗漏水较为严重时，应按前述"楼地面渗漏维修"（3）条 1）的规定处理。

（5）墙面防水层高度不够引起的渗漏，维修时应符合下列规定：

1）维修后的防水层高度：淋浴间不应小于 1800mm；浴盆临墙不应小于 800mm；蹲坑部位应超过蹲台地面 400mm。

2）在增加防水层高度时，应先处理加高部位的基层，新旧防水层之间搭接宽度不应小于 80mm。

（6）浴盆、洗脸盆与墙面交接处渗漏水，应用密封材料嵌缝密封。

5. 给排水设施渗漏维修

（1）设备功能性渗漏维修及给排水管道节点维修做法

1）设备必须完好，安装牢固；所有固定管件、预埋件均应做防水、防锈处理。

2）设备堵塞应疏通，管道节点渗漏应予以排除。

3）设备、管道维修时应注意保护已有防水层。维修工程结束后，必须检查与设备、管道接合部位的防水，如有损伤，应按楼地面和墙面有关内容处理。

（2）卫生洁具与排水管连接处渗漏维修

1）便器与排水管连接处漏水引起楼地面渗漏时，宜凿开地面，拆下便器。重新安装便器前，应用防水砂浆或防水涂料做好便池底部的防水层。

2）便器进水口漏水，宜凿开便器进水口处地面进行检查。皮碗损坏应更换，更换的皮碗，应用 14 号铜丝分两道错开绑扎牢固。

3）卫生洁具更换、安装、修理完成，经检查无渗漏水后，方可进行其他修复工序。

6. 工程维修质量要求

厕浴间防水工程维修质量应达到如下的要求：

（1）修缮施工完成后，楼地面、墙面及给排水设施不得有渗漏水现象。

（2）楼地面排水坡度应符合设计要求，排水畅通，不得有积水现象。

（3）涂膜防水层应无裂缝、脱皮、流淌、起鼓、折皱等现象，涂膜厚度应符合规定。

（4）给排水设施安装应牢固，连接处应封闭严密。

课题 3　厨房、厕浴间防水工程的工程质量控制手段与措施

3.3.1　厨房、厕浴间防水工程的施工质量控制

1. 涂膜防水工程基本规定

（1）每批产品进场要有产品合格证书和产品试验报告单。产品应有的技术资料、参数等应齐全；材料的品种、牌号和配合应与试验报告相符，并必须符合有关要求。使用前要进行复验，合格才能使用。

（2）水泥砂浆找平层完工后，应对其平整度、强度、坡度和干燥程度进行验收，符合规范和施工要求后方能进行涂布施工。

（3）穿楼板管道、地漏立管、水落口杯等预埋件应事先敷设固定，确定无松动现象为合格。

（4）涂膜防水层应牢固，不得有起皮、起鼓、裂纹、孔洞等现象；末端收头涂膜应粘结牢固、密封严密；涂膜厚度应满足要求。

（5）最后一遍涂膜实干24h后，即可进行蓄水试验。蓄水高度应能覆盖整个防水层，但应低于100mm。蓄水保持时间为24h，如无渗漏水即为合格，可进行刚性保护层的施工；如发生渗漏现象，应认真查找渗漏部位，找出原因，并及时进行修复处理，不再发生渗后，再进行刚性保护层的施工。

（6）工序交接检查、验收记录和隐蔽工程记录应齐全，归档备查。

2. 刚性材料防水工程基本规定

（1）施工所用材料，其质量应符合有关规范的规定。

（2）严格按配合比的规定，经准确称量后再拌制UEA防水砂浆。特别应注意的是：不同防水部位的防水砂浆，其UEA的加入量是不同的，称量应准确，不得凭经验估量加入。每配一次砂浆，均应由专人填写配制记录单，填清各种材料的用量和本次砂浆所使用的部位。质检人员应经常检查配制记录单，发现问题应及时纠正。

（3）防水层的铺抹是防水质量好坏的关键，每铺抹一层，均应由质检人员验收，合格后才能进行下道工序的施工。

（4）垫层、防水层和保护层的坡度、平整度均应符合要求，不得出现掉砂、酥松、凹坑、裂缝和积水现象。

3.3.2 厨房、厕浴间防水工程的成品保护措施

（1）施工好的涂膜防水层应采取保护措施，防止损坏。施工中遗留的钉子、木棒、砂浆等杂物，应及时清除干净。

（2）操作人员不得穿钉子鞋作业。涂膜防水层施工后、干燥前不许上人乱踩，以免破坏防水层，造成渗漏隐患。

（3）已稳固好的穿过墙体、楼板等处的管道，应加以保护；施工过程中不得碰撞、变位。

（4）地漏、蹲坑、排水口等应保持通畅，施工中应采取保护措施。

（5）防水层施工完毕，应及时进行验收，及时进行保护层施工，以减少不必要的损坏返修。

（6）在对穿楼板管道和地漏管道施工时，应用棉纱或纸团暂时封口，防止杂物落入管道，堵塞管道，留下排水不畅或泛水的后患。

3.3.3 厨房、厕浴间防水工程的工程质量要求

（1）厨房、卫生间防水层完成后不得渗漏。

（2）排水坡度应符合设计要求，不积水，排水系统畅通，地漏顶应为地面最低处。

（3）设备接缝、固定螺栓及节点柔性密封应严密，粘结牢固。

（4）刚性防水层厚度应符合设计要求，表面平整密实，光滑无砂眼。

（5）涂膜防水层厚度应符合设计要求，涂层不裂、不皱、不鼓泡。

3.3.4　厨房、厕浴间防水工程的工程质量通病与防治

3.3.4.1　楼地面渗漏

1. 原因分析

（1）灌缝混凝土、砂浆面层施工质量不好，不密实、有微孔。

（2）楼板板面裂纹，如现浇混凝土出现干缩，或预制空心板在长期荷载作用下发生变形，在两块板拼缝处出现裂纹。

（3）厕浴间楼板上未做防水层，或防水层质量不好，局部损坏。

2. 防治措施

（1）按规范进行厨房、厕浴间地面设计与施工。

（2）填缝处理法：对于楼板面上有显著裂缝时，宜用填缝处理法，即先沿裂缝位置进行扩缝，凿出 15mm×15mm 的凹槽，清除浮渣，用水冲洗干净，刮填无机盐类防水堵漏材料。

（3）厨房、厕浴间大面积地面渗漏，可先拆除地面的饰面层，暴露出漏水部位，然后重新刷防水涂料。除刮填聚氨酯防水涂料外，通常都要加铺胎体增强材料进行补修。防水层全部做好经试水不再渗漏后，方可在上面铺贴地面饰材。

（4）表面处理：厨房、厕浴间渗漏，亦可不拆除贴面材料，直接在其表面刮涂透明或彩色的聚氨酯防水涂料。

3.3.4.2　穿过楼板管道渗漏

1. 原因分析

（1）厨房、厕浴间的管道，一般都是土建完工后进行安装的，常因预留孔洞不合适，安装施工时随便开凿，安装完管道后又没有用混凝土认真填补密实，而形成渗水通道，地面稍一有水，就首先由这个薄弱环节渗漏。

（2）暖气立管在通过楼板处没有设置套管，当管子因冷热变化、胀缩变形时，管壁就与楼板混凝土脱开、开裂，形成渗水通道。

（3）穿过楼板的管道受到振动影响，也会使管壁与混凝土脱开，出现裂缝。

2. 防治措施

（1）"堵漏灵"嵌填法：先在渗漏的管道根部周围混凝土楼板上，用凿子剔凿一道深 20～30mm、宽 10～20mm 的凹槽，清除槽内浮渣，并用水清洗干净，在潮湿条件下，用"堵漏灵"块料填入槽内砸实，再用砂浆抹平（图 3-16）。

（2）涂膜堵漏法：将渗漏的管道根部楼板面清理干净，涂刷合成高分子防水涂料，并粘贴胎体增强材料（图 3-17）。

3.3.4.3　墙面返潮和地面渗漏

1. 原因分析

（1）墙面防水层设计高度偏低，地面与墙面转角处未做成圆弧形和未做附加增强处理。

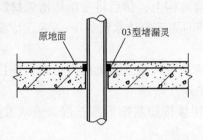
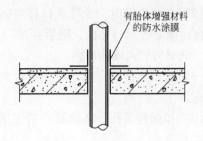

图 3-16　"堵漏灵"嵌填法　　　　　　　　　图 3-17　涂膜堵漏法

（2）地漏、墙角、管道、门口等处结合不严密，造成渗漏。

（3）砌筑墙体的黏土砖（烧结普通砖）含碱性和酸性物质。

2. 预防措施

（1）墙面上设有水器具时，其防水高度一般为 1500mm，淋浴处墙面防水高度应大于 1800mm。

（2）地面与墙体根部接触处应现浇 150mm 高细石混凝土导墙，且转角处地面找平层应做成圆弧形或钝角，并做涂膜附加增强处理。

（3）预留洞口、孔洞、埋设的预埋件位置必须准确、可靠。洞口、预埋件周边必须设有防渗漏的附加防水层措施。

（4）防水层施工时，应保持基层干净、干燥，确保涂膜防水层与基层的粘结牢固。

（5）进场黏土砖（烧结普通砖）应进行抽样复试，如发现黏土砖含有碱性或酸性物质时，其墙面应增加防潮措施。

3.3.4.4　地面水汇水倒坡

1. 原因分析

地漏偏高，集水汇水性差，地面不平有积水，坡度不顺或排水不畅或倒流水。

2. 预防措施

（1）地面坡度要求有 2%，且坡向准确，距地漏边 50mm 范围坡度增大至 5%，使地漏处成喇叭口形，使集水、汇水性好，确保排水通畅。

（2）严格控制地漏标高，且应至少低于地面表面 5mm。

（3）厕浴、厨房间地面应比走廊及其他室内地面低于 20mm。

（4）面层施工后应做蓄水或泼水试验，严禁有积水和倒坡现象。

3.3.4.5　地漏四周渗漏

1. 原因分析

（1）地漏偏高，集水汇水性差。

（2）承口杯与基体及排水管接口结合不严密，防水处理过于简陋，密封不严。

（3）地漏周围嵌填的混凝土不密实，有缝隙。

2. 预防措施

（1）安装地漏时严格控制标高。地漏高度应根据门口至地漏的坡度确定，必要时设门槛，宁可稍低于地面，也决不可超高，确保地面排水迅速、通畅。

（2）安装地漏时，先将承口杯牢固地粘结在承重结构上，然后将带胎体增强材料的附加增强层铺贴于承口杯内，随后用插口压紧，再在其四周满涂防水涂料1~2遍，待涂膜干燥后，把漏勺放入承插口内。

（3）管口连接固定前，应先进行测量复核地漏标高及位置、正确后方可对口连接，密封固定。

（4）地漏预留孔，在地漏立管安装固定后，要用掺微膨胀剂的细石混凝土认真捣实、抹平。

3.3.4.6　立管四周渗漏

1. 原因分析

（1）立管或套管的周边孔洞填塞不严实，砂浆或混凝土中夹杂碎砖、纸袋木屑等杂物。

（2）立管或套管管根四周未留凹槽和嵌填密封材料。

（3）套管未高出地面或套管与立管之间环隙未嵌密封材料，导致立管四周渗漏。

2. 预防措施

（1）立管或套管的周边孔洞应用掺微膨胀剂的细石混凝土嵌填密实，板底应支模，不得用纸袋、碎砖等堵孔代替模板。

（2）立管或套管管根四周应留20mm×30mm凹槽并嵌填密封材料，并在嵌填密封材料前，在凹槽底设置背衬材料，凹槽四周及管壁刷基层处理剂。

（3）套管高度应比设计地面高出20mm以上；套管周边应做同高度的细石混凝土护墩；套管与主管之间环隙应用密封材料填塞严密。

3.3.4.7　卫生洁具渗漏

1. 原因分析

（1）卫生洁具有砂眼、裂纹。

（2）管道安装前，接头部分未清除灰尘，影响粘结。

（3）下水管道接头不严密。

（4）大便器与冲洗器、存水弯、排水管接口安装时未填塞油麻丝，缝口灰嵌填不密实，未养护，使接口有缝隙。

（5）大便器与冲洗器用胶皮碗绑扎连接，未用铜丝而用铁丝绑扎，年久铁丝锈蚀断开；或胶皮碗本身材质低劣，硬脆或老化，也易破裂。

2. 防治措施

（1）不合格产品不能用。

（2）重新更换法：如纯属管材与卫生洁具本身质量问题，最好是拆除，重新更换质量合格的材料。

（3）接头封闭法：对于非承压的下水管道，如因接口质量不好而渗漏时，可沿缝口凿出深10mm的缝口，然后将自粘性密封胶等防水密封材料嵌入接头缝隙中，进行密封处理。

（4）如属大便器的皮碗绑扎铁丝锈断，可将其凿开后。重新用14号铜丝绑扎两道，试水无渗漏后，再行填料封闭。

3.3.4.8　厕浴间墙及地面大面积潮湿

1. 原因分析

在进行淋浴时，水和水蒸气很多，房间又是封闭的，水蒸气等一时不能排出。水和蒸汽逐渐被地面和墙体吸收，使其逐渐饱和，而出现大面积的潮湿。

2. 防治措施

出现楼板、墙体大面积浸湿，应首先查清浸湿的原因。如系楼板裂缝、墙根渗漏等原因所造成，则应按前述的相应方法进行处理，如其他均无问题，就单纯因为湿度过大，毛细管渗水的原因所造成时，可用以下方法进行处理：

（1）墙或地面潮湿，可用 02 型堵漏灵浆料处理 Ⅰ 号浆料，其配比为 02 型堵漏灵：水 = 1：（0.7~0.8），搅均匀，静置 30min 后即可使用；Ⅱ 号浆料，其配比为 02 型堵漏灵：水 = 1：（0.8~1.0），搅拌均匀，静置 30min 后即可使用。

处理时用 Ⅰ 号浆料和 Ⅱ 号浆料在墙面或地面上刮压或涂刷两层（Ⅰ 号一层，Ⅱ 号一层），每层 3~5 遍，待每层做完有硬感时，用水养护，以免裂缝。

（2）墙及地面有大面积缓漫出水时，可先用 03 型堵漏浆料刮涂一遍止水，再用 02 型堵漏灵刮涂，这样可使墙面、地面干燥。03 型堵漏浆料，其配比为 03 型堵漏灵：水 = 1：（0.3~0.4），搅拌均匀，静置 20min 后使用。

3.3.5　厨房、厕浴间防水施工质量标准与检验

防水层质量分为合格和不合格。

1. 基本规定

（1）隔离层的施工质量验收应以每个层次或每个施工段（或变形缝）作为一个检验批，高层建筑标准层可以每三层（不足三层按三层计）作为一个检验批。

（2）每个检验批应以各子分部工程的基层按自然间（或标准间）检验。抽查数量：随机检验不应少于三间；不足三间，应全数检查。

（3）隔离层工程的施工质量检验的主控项目，必须达到《建筑地面工程施工质量验收规范》（GB 50209—2010）规定的质量标准，认定为合格；一般项目 80% 以上的检查点（处）符合规范规定的质量要求，其他检查点（处）不得有明显影响使用，并不得大于允许偏差的 50% 为合格。

2. 主控项目

（1）隔离层材质必须符合设计要求和国家产品标准的规定。

检验方法：观察检查和检查材质合格证及检测报告。

（2）楼层结构必须采用现浇混凝土或整块预制混凝土板，混凝土强度等级不应低于 C20；楼板四周除门洞外，应做混凝土翻边，其高度不应小于 120mm。施工时结构层标高和预留孔洞应准确，严禁乱凿洞。

检验方法：观察和钢尺检查。

（3）水泥类防水隔离层的防水性能和强度等级必须符合设计要求。

检验方法：观察检查和检查检测报告。

（4）防水隔离层严禁渗漏，坡向正确、排水流畅。

检验方法：观察检查和蓄水、泼水检验或坡度检查及检查检测记录。

3. 一般项目

（1）隔离层与下一层结合牢固，不得有空鼓；防水涂料层应平整、均匀，无脱皮、起壳、裂缝、鼓泡等缺陷。

检验方法：用小锤轻击检查和观察检查。

（2）隔离层厚度应符合设计要求。

检验方法：观察检查和用钢尺检查。

（3）隔离层表面的允许偏差应符合表 3-5 的规定。

表 3-5　隔离层表面的允许偏差

项　次	项　　目	允　许　偏　差	检　验　方　法
1	表面平整度	3mm	用 2m 靠尺和楔形塞尺检查
2	标高	±4mm	用水准仪检查
3	坡度	不大于房间相应尺寸的 2/1000，且不大于 30mm	用坡度尺检查
4	厚度	在个别地方不大于设计厚度的 1/10	用钢尺检查

单 元 小 结

厨房、厕浴间防水工程是指对工业与民用建筑的厕所、浴室、厨房等建筑物，进行防水设计、防水施工和维护管理等各项技术工作的工程实体。

厨房、厕浴间防水工程应根据建筑类别、使用要求划分防水等级（共分为三级），并按不同等级，确定设防层次与选用合适的防水材料。根据厕浴间、厨房间使用特点，这类地面应尽可能选用改性沥青防水涂料或合成高分子防水涂料，穿管部位用密封材料嵌缝处理。

厨房、厕浴间的防水工程，由于面积小，管道多，阴阳转角复杂，尤其是厨房间排水沟、厨房间洗涤池排水管、穿楼板管道、地漏、小便槽、大便器、预埋地脚螺栓等节点部位构造复杂，应据防水构造详图，采用合理施工工艺进行施工，确保工程质量。

厕浴间和厨房间的防水工程应用柔性涂膜防水层和刚性防水砂浆防水层，或两者复合的防水层。合成高分子防水涂膜和高聚物改性沥青防水涂膜的延伸性较好，基本能适应基层变形的需要，并且可形成无缝的完整的防水层。防水砂浆则以补偿收缩水泥砂浆较为理想，其微膨胀的特性，能防止或减少砂浆收缩开裂，使砂浆致密化，提高其抗裂性和抗渗性。

厕浴间、厨房间所用柔性防水涂膜材料主要有聚氨酯防水涂料和氯丁胶乳沥青防水涂料。应掌握柔性防水涂膜材料施工工艺、施工方法。

厕浴间、厨房间用刚性材料做防水层的理想材料是具有微膨胀性能的补偿收缩混凝土和补偿收缩水泥砂浆。应掌握刚性材料防水层施工工艺、施工方法。

综合训练题

一、判断题（对的划"√"，错的划"×"，答案写在每题括号内）

1. 厕浴地面应低于室内地面 20mm。（　　　）

2. 厕浴间防水施工做法以一毡二油或二毡三油为最佳。（　　　）

3. 厕浴间进行聚氨酯涂膜施工时，对基层，应先将基层清扫干净，然后涂刷一道低黏

度聚氨酯，以起到隔离基层潮气、提高涂膜与基层粘结强度的作用。（　　）

4. 厕浴间防水采用涂膜防水材料比卷材更为合适。（　　）

5. 厕浴间地面坡度为 2%；向地漏处排水，地漏周围半径 50mm 内，坡度为 5%。（　　）

6. 厕所间的管道应在找平层施工前作好，上下水暖气管道必须加设套管，套管应高出地面 20mm。（　　）

7. 厕所地面排水坡度必须找好，如设计无要求时应按 5% 的坡度向地漏处排水。（　　）

二、填空题

1. 厨房、厕浴间防水工程应根据_____、_____划分防水等级；并按不同等级，确定_____与选用合适的_____。

2. 氯丁胶乳沥青防水涂料施工，厕所、厕浴间防水一般采用_____做法。

3. 厕所地面找平层应做好泛水，按规定找坡，地漏周围半径_____ mm 内排水坡度为_____。

4. 厕所地面必须找坡，如设计无要求时应按_____坡度向地漏处排水。

5. 厨房、厕浴间防水隔离层严禁渗漏，坡向正确、排水流畅，检验方法有_____和_____或_____及_____。

6. 厨房、厕浴间防水层质量分为_____和_____两个等级。

7. 厨房、厕浴间用柔性材料做防水层的理想材料是_____和_____。

8. 厕浴间、厨房间用刚性材料作防水层的理想材料是具有微膨胀性能的_____和_____。

9. 厕浴间、厨房间穿过楼板管道渗漏的防治措施有_____和_____。

三、简答题

1. 厨房、厕浴间防水等级与设防要求有何要求？

2. 厨房、厕浴间防水施工中常用材料有哪些？

3. 厨房、厕浴间地面排水坡度有何具体规定？

4. 简述厨房、厕浴间地面构造的一般作法，并用图示意。

5. 简述涂膜防水层厚度的具体规定。

6. 对有穿楼板立管的地面，节点构造与防水处理有何规定？

7. 简述各种地面涂膜防水层施工的工艺程序。

8. 厨房、厕浴间防水施工有何注意事项？

9. 简述厨房、厕浴间防水工程各种质量通病产生的原因以及防治措施。

10. 厨房、厕浴间防水施工验收有哪些规定？

单元 4　建筑工程外墙防水

【单元概述】

建筑外墙防水是指阻止水渗入建筑外墙，满足墙体使用功能的构造及措施。

本单元主要讲述了外墙防水的设防建筑类型和防水构造设计；外墙防水的构造与施工做法及质量检验方法。

【学习目标】

了解外墙防水的重要性及防水构造措施，掌握保温外墙和无保温外墙的防水层施工要求。

课题 1　外墙防水设防地区和建筑类型

随着我国经济建设的飞速发展，工程建设领域的规模和投资保持强劲的连续增长，工程技术和建筑材料也相应取得了同步发展，工程质量在不断改进和提高，群众对产品质量的需求也随着社会的进步得到了进一步保证。在工程防水领域，经过多年的努力，屋面工程和地下工程渗漏水得到的有效的控制，而随着建筑形式和外墙形式的多样化、新型墙体材料的运用和外墙外保温要求的实施，外墙渗漏水问题日趋严重，不仅影响了建筑物的正常使用，同时对结构安全也造成了一定的影响。因此，外墙防水必须引起重视，在外墙防水设计与施工中应严格按标准要求进行。

专业人员经过大量的调研综合分析表明：建筑外墙渗漏情况在全国范围内比较多见，尤其华南、华东、东北、华北等地区更为突出。由于华南、华东地区降雨量大，沿海地区风力又大，加之建筑形式的多样化致使墙体渗漏情况加剧。东北、华北地区的渗漏水问题主要集中在冬季融雪过程。为有效解决和指导建筑工程外墙防水问题，国家住房和城乡建设部出台了行业标准《建筑外墙防水工程技术规程》（JGJ/T 235—2011），该规程于 2011 年 12 月 1 日起实施，适用于新建、改建和扩建的以砌体或混凝土作为围护结构的建筑外墙防水工程的设计、施工及验收。建筑外墙防水应本着"安全适用、技术先进、经济合理"的原则进行设防。

建筑外墙防水应具有防止雨水雪水侵入墙体的基本功能，并应具有抗冻融、耐高低温、承受风荷载等性能。

在合理使用和正常维护的条件下，有下列情况之一的建筑外墙，宜进行墙面整体防水：

1）年降水量大于或等于 800mm 地区的高层建筑外墙。

2）年降水量大于或等于 600mm 且基本风压大于或等于 $0.5kN/m^2$ 地区的外墙。

3）年降水量大于或等于 400mm 且基本风压大于或等于 $0.4kN/m^2$ 地区有外保温的外墙。

4）年降水量大于或等于 500mm 且基本风压大于或等于 0.35kN/m² 地区有外保温的外墙。

5）年降水量大于或等于 600mm 且基本风压大于或等于 0.3kN/m² 地区有外保温的外墙。

除以上规定的建筑外，年降水量大于或等于 400mm 地区的其他建筑外墙应采用节点构造防水措施。

全国主要城镇年降水量及基本风压值可按《建筑外墙防水工程技术规程》（JGJ/T 235—2011）附录 A 采用。

居住建筑外墙外保温系统的防水性能应符合现行行业标准《外墙外保温工程技术规程》（JGJ 144—2004）的规定。

建筑外墙防水采用的防水材料及配套材料除应符合外墙构造层次的要求外，尚应满足环保及安全的要求。

课题 2   外墙防水设计与材料选用

4.2.1   外墙防水层构造设计

（1）外墙整体防水层应设置在迎水面，通常设置在结构墙体的找平层上，饰面层或保温层设置在防水层上面（图 4-1）。采用这种构造防水设计时，防水材料宜选用聚合物水泥防水砂浆或普通防水砂浆。

（2）干挂石材或玻璃幕墙结构，防水层可设置在结构墙体的找平层上，也可根据保温层的情况设置在保温层上面（图 4-2）。设置在保温层上的防水层，宜选用聚合物水泥防水涂料、聚合物乳液防水涂料或聚氨酯防水涂料，也可选用聚合物水泥防水砂浆或普通防水砂浆。当选用矿物棉保温材料时，防水层宜采用防水透气膜。

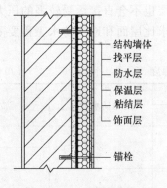

结构墙体
找平层
防水层
保温层
粘结层
饰面层

锚栓

图 4-1   设置在保温层下的防水层构造组成

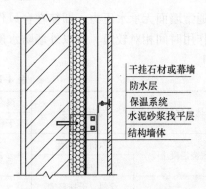

干挂石材或幕墙
防水层
保温系统
水泥砂浆找平层
结构墙体

图 4-2   设置在保温层上的防水层构造组成

（3）节点构造防水。建筑外墙节点构造防水包括门窗洞口、雨篷、阳台、变形缝、伸出外墙管道、女儿墙压顶、外墙预埋件、预制构件等交接部位防水设防。节点防水主要采用节点密封和导水排水等措施。门窗框防水构造组成如图 4-3 所示。

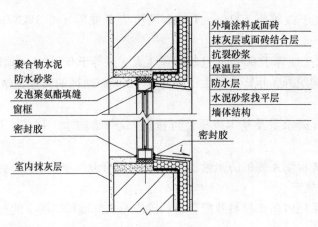

图 4-3 门窗框防水构造组成

4.2.2 导排水措施

（1）坡度排水。对有可能积水的平面均应做成向外或流向水落口的斜坡，如雨篷面、窗台面、女儿墙顶面、阳台、空调机搁板等。

（2）阻水措施。下雨时，雨水在张力和风的作用下会沿顶面内延，如窗顶、雨篷底。为了阻止雨水内延，可以采取三种措施：

1）将外口边缘做成"老鹰嘴"，雨水顺尖嘴部位滴下。

2）在离外口 20~50mm 处设置一定宽度和深度的凹槽，阻止水内延。

3）在外口安装装饰性成品线条，雨水沿线条滴下。

必要时可以选用两种措施同时使用。

4.2.3 外墙防水层最小厚度

通常墙面无承水压力，即使在台风作用下，防水层也不会直接承受较强的压力水，而且过程作用时间相对较短，所以外墙防水层最小厚度要求比屋面和地下防水工程要薄一点，见表 4-1。

表 4-1 防水层最小厚度 （单位:mm）

墙体基层种类	饰面层种类	聚合物水泥防水砂浆		普通防水砂浆	防水涂料
		干粉类	乳液类		
现浇混凝土	涂料、幕墙	3	5	8	1.0
	面砖				—
砌　体	涂料、干挂幕墙	5	8	10	1.2
	面砖				—

4.2.4 外墙防水材料选用

1. 防水材料选用原则

（1）安全原则。安全原则包括两个方面，首先由于墙面结构为竖向持续受力，防水层与各相关层的粘结强度必须满足工程要求。防水材料与基层的粘结力以及在防水材料面上直接施工的构造层的粘结力，必须达到防止整体下滑或局部起壳的要求。对于设置在结构层与饰面层之间的防水层，聚合物水泥防水砂浆或普通防水砂浆是满足与各构造层有效好粘结性能的首选材料。其次是防火安全性能。幕墙结构有可能将防水层设置在幕墙内的最外层，有机防水涂料及防水透气膜是可选的材料，这种情况下所选用的防水材料必须满足有关防火规范要求。

（2）防水原则。防水材料应满足相应抗渗要求和整体性要求。所有防水材料（最低0.2MPa）均能达到12级台风（0.85×10^3MPa）时大雨的水压，所以防水材料抗渗性能不是最主要的考虑因素，而材料的收缩和温差裂缝是导致漏水的主要原因，因此材料的收缩性能等是主要考虑因素。聚合物防水砂浆的收缩率只有普通砂浆的一半，抗折性能也大大高于普通砂浆，所以聚合物防水砂浆更为适用。

(3)密封原则。外墙防水最为关键的是门窗等节点防水。整体墙面吸水后，雨水通过砂浆层，在窗框与墙体间隙等薄弱部位渗入室内。这有两方面问题需要解决，一是墙体与窗间的填充材料必须是防水的，二是与门窗框直接相连的材料不仅粘结性能好，而且要在门窗开启受力和受强风振动和时不会开裂。特别是较大面积的落地窗，风压推力可能达到几千牛顿，边框会出现弯挠变形，雨水会顺风直入室内。所以，门窗框部位不仅要有相应强度和防水性能的砂浆防水，还需要用高分子密封材料进行密封处理，必要时还可以用高分子防水涂料进行节点防水。

2. 防水材料要求

（1）建筑外墙防水工程所用材料应与外墙相关层次材料相容；防水材料的性能指标应符合国家现行有关材料标准的规定。

（2）普通防水砂浆性能应符合表 4-2 的规定，检验方法应按《预拌砂浆》（GB/T 25181—2010）的有关规定执行。

表 4-2　普通防水砂浆主要性能

项　目	指　标
稠度/mm	50，70，90
终凝时间/h	≥8，≥12，≥24
28d 抗渗压力/MPa	≥0.6
14d 拉伸粘结强度/MPa	≥0.20
28d 收缩率（%）	≤0.15

（3）聚合物水泥防水砂浆性能应符合表 4-3 的规定，检验方法应按现行行业标准《聚合物水泥防水砂浆》（JC/T 984—2011）的相关规定执行。

表 4-3　聚合物水泥防水砂浆主要性能

项　目		指　标	
		干粉类	乳液类
凝结时间	初凝/min	≥45	≥45
	终凝/h	≤12	≤24
抗渗压力/MPa	7d	≥1.0	
粘结强度/MPa	7d	≥1.0	

（续）

项　目		指　　标	
		干粉类	乳液类
抗压强度/MPa	28d	≥24.0	
抗折强度/MPa	28d	≥8.0	
收缩率(%)	28d	≤0.15	
压折比		≤3	

（4）聚合物水泥防水涂料性能应符合表 4-4 的规定，检验方法应按现行行业标准《聚合物水泥防水涂料》（GB/T 23445—2009）的有关规定执行。

表 4-4　聚合物水泥防水涂料主要性能

项　目	指　标
固体含量(%)	≥70
拉伸强度(无处理)/MPa	≥1.2
断裂伸长率(无处理)(%)	≥200
低温柔性(φ10 棒)	−10℃，无裂纹
粘结强度(无处理)/MPa	≥0.5
不透水性(0.3MPa,30min)	不透水

（5）聚合物乳液防水涂料性能应符合表 4-5 的规定，检验方法应按现行国家标准《聚合物乳液建筑防水涂料》（JC/T 864—2008）的相关规定执行。

表 4-5　聚合物乳液防水涂料主要性能

试　验　项　目		指　　标	
		Ⅰ类	Ⅱ类
拉伸强度/MPa		≥1.0	≥1.5
断裂延伸率(%)		≥300	
低温柔性(绕φ10 棒,棒弯 180°)		−10℃，无裂纹	−20℃，无裂纹
不透水性(0.3MPa,30min)		不透水	
固体含量(%)		≥65	
干燥时间/h	表干时间	≤4	
	实干时间	≤8	

（6）聚氨酯防水涂料性能应符合表 4-6 的规定，检验方法应按现行国家标准《聚氨酯防水涂料》（GB/T 19250—2013）的有关规定执行。

表 4-6 聚氨酯防水涂料主要性能

项　　目	指　　标			
	单组分		多组分	
	Ⅰ类	Ⅱ类	Ⅰ类	Ⅱ类
拉伸强度/MPa	≥1.90	≥2.45	≥1.90	≥2.45
断裂延伸率(%)	≥550	≥450	≥450	≥450
低温弯折性/℃	≤-40		≤-35	
不透水性(0.3MPa,30min)	不透水		不透水	
固体含量(%)	≥80		≥92	
表干时间/h	≤12		≤8	
实干时间/h	≤24		≤24	

（7）防水透气膜性能应符合表 4-7 的规定；检验方法应按现行国家标准《建筑防水卷材试验方法》（GB/T 328 系列）和《塑料薄膜和片材透水蒸气性试验方法　杯式法》（GB/T 1037—1988）的有关规定执行。

表 4-7 防水透气膜主要性能

项　　目	指　　标	
水蒸气透过量/[g/(m^2·24h), 23℃]	≥1000	
2h 不透水性/mm	≥1000	
最大拉力/(N/50mm)	≥100	≥250
断裂伸长率(%)	≥35	≥10
撕裂性能/N	≥35	
耐老化性能/h	160	

（8）外墙防水所用的密封材料主要有硅酮建筑密封胶、聚氨酯建筑密封胶、聚硫建筑密封胶、丙烯酸酯建筑密封胶等，其性能均应满足相关规定要求。

（9）外墙防水施工所用的配套材料主要有耐碱网格布、界面处理剂和热镀锌电焊网等，其性能均应满足相关规定要求。

课题 3 外墙防水层构造与施工

4.3.1 外墙防水层构造及要求

1. 防水内容及要求

建筑外墙整体防水设计包括外墙防水工程的构造、防水层材料的选择和节点的密封防水构造。建筑外墙的防水层应设置在迎水面上，不同结构材料的交接处应采用每边不少于 150mm 的耐碱玻璃纤维网格布或经防腐处理的金属网片做抗裂增强处理。外墙各构造层次之间应粘结牢固，并宜进行界面处理。界面处理材料的种类和做法应根据构造层次材料确定。建筑外墙防水材料应根据工程所在的地区的环境以及施工时的气候、气象条件选用。

建筑外墙节点构造防水设计应包括门窗洞口、雨篷、阳台、变形缝、伸出外墙管道、女儿墙压顶、外墙预埋件、预制构件等交接部位的防水设防。

2. 整体防水层构造

（1）无外保温外墙的整体防水层设计应符合下列规定：外墙采用涂料饰面时，防水层应设在找平层和涂料饰面层之间（图4-4），防水层宜采用聚合物水泥防水砂浆或普通防水砂浆；外墙采用块材饰面时，防水层应设在找平层和块材粘结层之间（图4-5），防水层宜采用聚合物水泥防水砂浆或普通防水砂浆；外墙采用幕墙饰面时，防水层应设在找平层和幕墙饰面之间（图4-6），防水层宜采用普通防水砂浆、聚合物水泥防水砂浆、聚合物水泥防水涂料、聚合物乳液防水涂料或聚氨酯防水涂料。防水层的最小厚度应符合表4-8的规定。

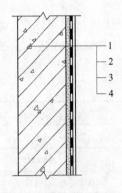

图4-4　涂料饰面外墙整体防水构造
1—结构墙体　2—找平层
3—防水层　4—涂料面层

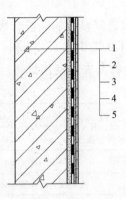

图4-5　块材饰面外墙整体防水构造
1—结构墙体　2—找平层　3—防水层
4—粘结层　5—饰块材面层

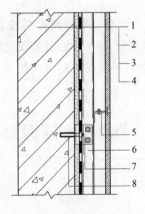

图4-6　幕墙饰面外墙整体防水构造
1—结构墙体　2—找平层　3—防水层　4—面板
5—挂件　6—竖向龙骨　7—连接件　8—锚栓

表4-8　无外保温外墙的整体防水层最小厚度　　　　　（单位：mm）

墙体基层种类	饰面层种类	聚合物水泥防水砂浆		普通防水砂浆	防水涂料	防水饰面涂料
		干粉类	乳液类			
现浇混凝土	涂料	3	5	8	1.0	1.2
	面砖				—	—
	幕墙				1.0	—
砌体	涂料	5	8	10	1.2	1.5
	面砖				—	—
	干挂幕墙				1.2	—

（2）外保温外墙的整体防水层设计应符合下列规定：

1）采用涂料饰面时，防水层可采用聚合物水泥防水砂浆或普通防水砂浆。保温层的抗裂砂浆层如达到聚合物水泥防水砂浆性能指标要求，可兼作防水层，设在保温层和涂料饰面之间，如图4-7所示。乳液聚合物防水砂浆厚度不应小于5mm，干粉聚合物防水砂浆厚度不应小于3mm。

2）采用块材饰面时，防水层宜采用聚合物水泥防水砂浆，厚度应符合表4-8的规定。保温层的抗裂砂浆层如达到聚合物水泥防水砂浆性能指标要求，可兼作防水防护层，如图4-8所示。

聚合物水泥砂浆防水层中应增设耐碱玻纤网格布或热镀锌钢丝网增强，并应用锚栓固定于结构墙体中。

3）采用幕墙饰面时，防水层应设在找平层和幕墙饰面之间，如图4-9所示。防水层宜采用聚合物水泥防水砂浆、普通防水砂浆、聚合物水泥防水涂料、聚合物乳液防水涂料、聚氨酯防水涂料或防水透气膜。防水涂料厚度不应小于1.0mm。当外墙保温层选用矿物棉保温材料时，防水层宜采用防水透气膜。

（3）砂浆防水层宜留分格缝，分格缝宜设置在墙体结构不同材料交接处。水平分格缝宜与窗口上沿或下沿平齐；垂直分格缝间距不宜大于6m，且宜与门、窗框两边线对齐。分格缝宽宜为8~10mm，缝内应采用密封材料做密封处理。保温层的抗裂砂浆层兼作防水层时，防水层不宜留设分格缝，如图4-10所示。

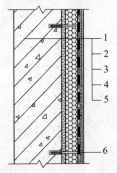

图4-7　涂料饰面外保温外墙整体防水构造
1—结构墙体　2—找平层　3—保温层
4—防水层　5—涂料层　6—锚栓

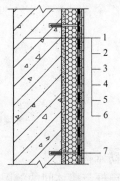

图4-8　块材饰面外保温外墙整体防水构造
1—结构墙体　2—找平层　3—保温层　4—防水层
5—粘结层　6—饰面块材层　7—锚栓

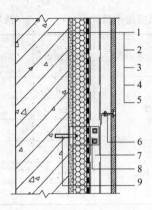

图 4-9　幕墙饰面外保温外墙整体防水构造　　　图 4-10　抗裂砂浆层兼作防水层的外墙整体防水构造
1—结构墙体　2—找平层　3—保温层　4—防水层　　　　　1—结构墙体　2—找平层　3—保温层
5—面板　6—挂件　7—竖向龙骨　8—连接件　9—锚栓　　　4—防水抗裂层　5—装饰面层　6—锚栓

（4）外墙饰面层设计应符合下列规定：防水砂浆饰面层应留置分格缝；分格缝间距宜根据建筑层高确定，但不应大于6m；缝宽宜为8~10mm；面砖饰面宜留设宽度为5~8mm的块材接缝，用聚合物水泥防水砂浆勾缝；防水饰面涂料应涂刷均匀，涂层厚度应根据具体的工程与材料确定，但不得小于1.5mm。

（5）上部结构与地下墙体交接部位的防水层应与地下墙体防水层搭接，搭接长度不应小于150mm，防水层收头应用密封材料封严，如图4-11所示；有保温的地下室外墙防水层应延伸至保温层的深度。

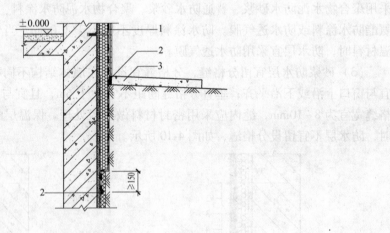

图 4-11　上部结构与地下墙体交接部位防水构造
1—外墙防水层　2—密封材料　3—室外地坪（散水）

3. 节点防水构造

（1）门窗框与墙体间的缝隙宜采用聚合物水泥防水砂浆或发泡聚氨酯填充；外墙防水层应延伸至门窗框，防水层与门窗框间应预留凹槽、嵌填密封材料；门窗上楣的外口应做滴水线；外窗台应设置不小于5%的外排水坡度（图4-12、图4-13）。

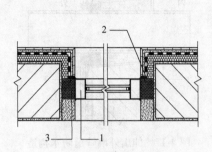

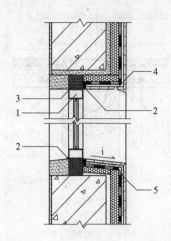

图 4-12 门窗框防水平剖面构造

1—窗框 2—密封材料 3—发泡聚氨酯填充

图 4-13 门窗框防水立剖面构造

1—窗框 2—密封材料 3—发泡聚氨酯填充
4—滴水线 5—外墙防水层

（2）雨篷应设置不小于 1% 的外排水坡度，外口下沿应做滴水线；雨篷与外墙交接处的防水层应连续；雨篷防水层应沿外口下翻至滴水线（图 4-14）。

（3）阳台应向水落口设置不小于 1% 的排水坡度，水落口周边应留槽嵌填密封材料；阳台外口下沿应做滴水线（图 4-15）。

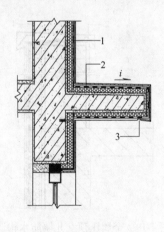

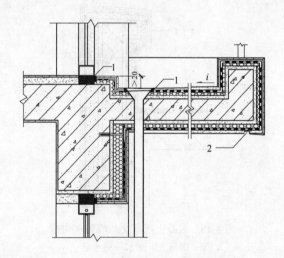

图 4-14 雨篷防水构造

1—外墙防水层 2—雨篷防水层 3—滴水线

图 4-15 阳台防水构造

1—密封材料 2—滴水线

（4）变形缝处应增设合成高分子防水卷材附加层，卷材两端应满粘于墙体，满粘的宽度应不小于 150mm，并应钉压固定；卷材收头应用密封材料密封（图 4-16）。

（5）穿过外墙的管道宜采用套管，套管应内高外低，坡度不应小于 5%，套管周边应做防水密封处理（图 4-17）。

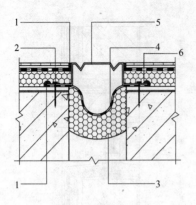

图 4-16　变形缝防水构造

1—密封材料　2—锚栓　3—保温衬垫材料　4—合成高分
子防水卷材(两端粘结)　5—不锈钢板　6—压条

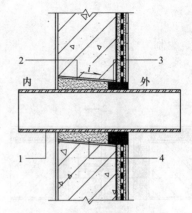

图 4-17　伸出外墙管道防水构造

1—伸出外墙管道　2—套管　3—密封材料
4—聚合物水泥防水砂浆

（6）女儿墙压顶宜采用现浇钢筋混凝土或金属压顶，压顶应向内找坡，坡度不应小于2%。当采用混凝土压顶时，外墙防水层应延伸至压顶内侧的滴水线部位（图4-18）；当采用金属压顶时，外墙防水层应做到压顶的顶部，金属压顶应采用专用金属配件固定（图4-19）。

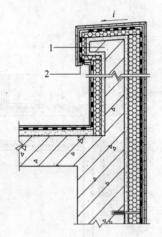

图 4-18　混凝土压顶女儿墙防水构造

1—混凝土压顶　2—防水层

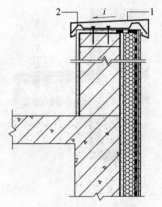

图 4-19　金属压顶女儿墙防水构造

1—金属压顶　2—金属配件

（7）外墙预埋件四周应用密封材料封闭严密，密封材料与防水层应连续。

4.3.2　外墙防水层的施工

1. 施工规定

（1）外墙防水施工应符合设计要求，施工前应编制专项施工方案并进行技术交底。

（2）外墙防水应由有相应资质的专业队伍进行施工。作业人员应持有有关主管部门颁发的上岗证。

（3）防水材料进场时应进行检验，经验收合格后方可使用。

（4）外墙防水施工应进行过程控制和质量检查；应建立各道工序自检、交接检和专职人员检查的制度，并应有完整的检查记录。每道工序完成，经检查验收合格后方可进行下道工序的施工。

（5）外墙门框、窗框应在防水层施工前安装完毕，并应验收合格；伸出外墙的管道、设备或预埋件也应在建筑外墙防水施工前安装完毕。

（6）外墙防水层的基层应平整、坚实、牢固、干净，不得有酥松、起砂、起皮现象。

（7）面砖、块材的勾缝应连续、平直、密实、无裂缝、无空鼓。

（8）外墙防水工程完工后，应采取保护措施，不得损坏防水层。

（9）外墙防水工程严禁在雨天、雪天和五级风及其以上时施工；施工的环境气温宜为5~35℃。施工时应采取安全防护措施。

2. 无外保温外墙防水工程施工

无保温外墙的防水包括砂浆防水层和涂膜防水层。

（1）施工准备

1）外墙结构表面的油污、浮浆应清除，孔洞、缝隙应堵塞抹平，不同结构材料交接处的增强处理材料应固定牢固。

2）外墙结构表面宜进行找平处理，找平层施工应符合下列规定：外墙基层表面清理干净后，方可进行界面处理；界面处理材料的品种和配比应符合设计要求，拌和应均匀一致，无粉团、沉淀等缺陷；涂层应均匀，不露底；待表面收水后，方可进行找平层施工；找平层砂浆的强度和厚度应符合设计要求，厚度在10mm以上时，应分层压实、抹平。

3）外墙防水层施工前，宜先做好节点处理，再进行大面积施工。

（2）砂浆防水层施工

1）基层表面应为平整的毛面，光滑表面应做界面处理，并充分湿润。

2）防水砂浆的配合比应按照设计要求，通过试验确定；配制乳液类聚合物水泥防水砂浆前，乳液应先搅拌均匀，再按规定比例加入拌合料中搅拌均匀；干粉类聚合物水泥防水砂浆应按规定比例加水搅拌均匀；粉状防水剂配制普通防水砂浆时，应先将规定比例的水泥、砂和粉状防水剂干拌均匀，再加水搅拌均匀；液态防水剂配制普通防水砂浆时，应先将规定比例的水泥和砂干拌均匀，再加入用水稀释的液态防水剂搅拌均匀。

3）配制好的防水砂浆宜在1h内用完；施工中不得任意加水。

4）界面处理材料涂刷厚度应均匀、覆盖完全。收水后应及时进行砂浆防水层的施工。

5）防水砂浆涂抹厚度大于10mm时应分层施工，第二层应待前一层指触不粘时进行，各层应粘结牢固；每层宜连续施工。当需留槎时，应采用阶梯坡形槎，接槎部位离阴阳角不得小于200mm；上下层接槎应错开300mm以上。接槎应依层次顺序操作、层层搭接紧密。喷涂施工时，喷枪的喷嘴应垂直于基面，合理调整压力、喷嘴与基面距离。涂抹时应压实、抹平；遇气泡时应挑破，保证铺抹密实。抹平、压实应在初凝前完成。

6）窗台、窗楣和凸出墙面的腰线等部位上表面的流水坡应找坡准确，外口下沿的滴水线应连续、顺直。

7）砂浆防水层分格缝的留设位置和尺寸应符合设计要求。分格缝的密封处理应在防水砂浆达设计强度的80%后进行，密封前应将分格缝清理干净，密封材料应嵌填密实。

8）砂浆防水层转角宜抹成圆弧形，圆弧半径应不小于 5mm，转角抹压应顺直。

9）门框、窗框、管道、预埋件等与防水层相接处应留 8~10mm 宽的凹槽，密封处理应符合上述 7）的要求。

10）砂浆防水层未达到硬化状态时，不得浇水养护或直接受雨水冲刷。聚合物水泥防水砂浆硬化后应采用干湿交替的养护方法；普通防水砂浆防水层应在终凝后进行保湿养护。养护时间不宜少于 14d。养护期间不得受冻。

（3）涂膜防水层施工

1）施工前应先对细部构造进行密封或增强处理。

2）涂料的配制和搅拌要求：双组分涂料配制前，应将液体组分搅拌均匀；配料应按照规定要求进行，不得任意改变配合比；应采用机械搅拌，配制好的涂料应色泽均匀，无粉团、沉淀。

3）涂膜防水层的基层宜干燥；防水涂料涂布前，应先涂刷基层处理剂。

4）涂膜宜多遍完成，后遍涂布应在前遍涂层干燥成膜后进行。挥发性涂料的每遍用量每平方米不宜大于 0.6kg。

5）每遍涂布应交替改变涂层的涂布方向，同一涂层涂布时，先后接槎宽度宜为 30~50mm。

6）涂膜防水层的甩槎应避免污损，接涂前应将甩槎表面清理干净，接槎宽度不应小于 100mm。

7）胎体增强材料应铺贴平整、排除气泡，不得有褶皱和胎体外露，胎体层充分浸透防水涂料。胎体的搭接宽度不应小于 50mm。胎体的底层和面层涂膜厚度均不应小于 0.5mm。

8）涂膜防水层完工并经验收合格后，应及时做好饰面层。饰面层施工时应有成品保护措施。

3. 外保温外墙防水工程施工

保温外墙的防水主要采用防水砂浆、防水涂料和防水透气膜。

（1）施工准备：防水层施工之前，保温层应固定牢固、表面平整、干净。

外墙保温层的抗裂砂浆层的厚度、配比应符合设计要求。当内掺纤维等抗裂材料时，比例应符合设计要求，并应搅拌均匀。当外墙保温层采用有机保温材料时，抗裂砂浆施工时应先刮涂界面处理材料，然后分层抹压抗裂砂浆。抗裂砂浆层的中间宜设置耐碱玻纤网格布或金属网片。金属网片应与墙体结构固定牢固。玻纤网格布铺贴应平整无皱折，两幅间的搭接宽度不应小于 50mm。抗裂砂浆应抹平压实，表面无接槎印痕，网格布或金属网片不得外露。防水层为防水砂浆时，抗裂砂浆表面应搓毛。抗裂砂浆终凝后应进行保湿养护。防水砂浆养护时间不宜少于 14d；养护期间不得受冻。

（2）外墙保温层上的砂浆防水层和涂膜防水层的施工同无保温外墙的防水层做法。

（3）防水透气膜施工。防水施工所用的防水透气膜施工应符合下列规定：

1）基层表面应平整、干净、牢固，无尖锐凸起物。

2）铺设宜从外墙底部一侧开始，将防水透气膜沿外墙横向展开，铺于基面上，沿建筑立面自下而上横向铺设。按顺水方向上下搭接。当无法满足自下而上铺设顺序时，应确保沿顺水方向上下搭接。

3）防水透气膜横向搭接宽度不得小于 100mm，纵向搭接宽度不得小于 150mm。相邻两幅膜的纵向搭接缝应相互错开，间距不小于 500mm。防水透气膜搭接缝应采用配套胶粘带覆盖密封。

4）防水透气膜应随铺随固定。固定部位应预先粘贴小块丁基胶带，用带塑料垫片的塑料锚栓将防水透气膜固定在基层墙体上，固定点每平方米不得少于 3 处。

5）铺设在窗洞或其他洞口处的防水透气膜，以"I"字形裁开，用配套胶粘带固定在洞口内侧。与门、窗框连接处应使用配套胶粘带满粘密封，四角用密封材料封严。

6）幕墙体系中穿透防水透气膜的连接件周围应用配套胶粘带封严。

课题 4   外墙防水工程的工程质量检查与验收

4.4.1   一般规定

（1）建筑外墙防水工程的工程质量应符合下列规定：

1）防水层不得有渗漏现象。

2）使用的材料应符合设计要求。

3）找平层应平整、坚固，不得有空鼓、酥松、起砂、起皮现象。

4）门窗洞口、穿墙管、预埋件及收头等部位的防水构造，应符合设计要求。

5）砂浆防水层应坚固、平整，不得有空鼓、开裂、酥松、起砂、起皮现象。

6）涂膜防水层应无裂纹、皱折、流淌、鼓泡和露胎体现象。

7）防水透气膜应铺设平整、固定牢固，不得有皱折、翘边等现象；搭接宽度符合要求，搭接缝和细部构造密封严密。

8）外墙防护层应平整、固定牢固，构造符合设计要求。

（2）外墙防水层渗漏检查应在持续淋水 2h 后或雨后进行。

（3）外墙防水使用的材料应有产品合格证和出厂检验报告，材料的品种、规格、性能等应符合国家现行有关标准和设计要求。对进场的防水材料应抽样复检，并提出抽样试验报告，不合格的材料不得在工程中使用。

（4）外墙防水工程应按装饰装修分部工程的子分部工程进行验收，外墙防水子分部工程各分项工程的划分应符合表 4-9 的要求。

表 4-9   外墙防水子分部工程各分项工程的划分

子分部工程	分项工程
建筑外墙防水工程	砂浆防水层
	涂膜防水层
	防水透气膜防水层

（5）建筑外墙防水工程各分项工程施工质量检验数量，应按外墙面面积，每 $500m^2$ 抽查一处，每处 $10m^2$，且不得少于 3 处；不足 $500m^2$ 时应按 $500m^2$ 计算。节点构造应全部进行检查。

4.4.2   砂浆防水层

1. 主控项目

（1）砂浆防水层的原材料、配合比及性能指标，必须符合设计要求。

检验方法：检查出厂合格证、质量检验报告、计量措施和抽样复验报告。

（2）砂浆防水层不得有渗漏现象。

检验方法：持续淋水 30min 后观察检查。

（3）砂浆防水层与基层之间及防水层各层之间应结合牢固，无空鼓。

检验方法：观察和用小锤轻击检查。

（4）砂浆防水层在门窗洞口、伸出外墙管道、预埋件、分格缝及收头等部位的节点做法，应符合设计要求。

检验方法：观察检查和检查隐蔽工程验收记录。

2. 一般项目

（1）砂浆防水层表面应密实、平整，不得有裂纹、起砂、麻面等缺陷。

检验方法：观察检查。

（2）砂浆防水层留槎位置应正确，接槎应按层次顺序操作，层层搭接紧密。

检验方法：观察检查。

（3）砂浆防水层的平均厚度应符合设计要求，最小厚度不得小于设计值的80%。

检验方法：观察和尺量检查。

4.4.3　涂膜防水层

1. 主控项目

（1）防水层所用防水涂料及配套材料应符合设计要求。

检验方法：检查出厂合格证、质量检验报告和抽样复验报告。

（2）涂膜防水层不得有渗漏现象。

检验方法：雨后或持续淋水 30min 后观察检查。

（3）涂膜防水层在门窗洞口、伸出外墙管道、预埋件及收头等部位的节点做法，应符合设计要求。

检验方法：观察检查和检查隐蔽工程验收记录。

2. 一般项目

（1）涂膜防水层的平均厚度应符合设计要求，最小厚度不应小于设计厚度的80%。

检验方法：针测法或割取 20mm×20mm 实样用卡尺测量。

（2）涂膜防水层应与基层粘结牢固，表面平整，涂刷均匀，无流淌、皱折、鼓泡、露胎体和翘边等缺陷。

检验方法：观察检查。

4.4.4　防水透气膜防水层

1. 主控项目

（1）防水透气膜及其配套材料应符合设计要求。

检验方法：检查出厂合格证、质量检验报告和现场抽样复验报告。

（2）防水透气膜防水层不得有渗漏现象。

检验方法：雨后或持续淋水 30min 后观察检查。

（3）防水透气膜在门窗洞口、伸出外墙管道、预埋件及收头等部位的节点做法，应符合设计要求。

检验方法：观察检查和检查隐蔽工程验收记录。

2. 一般项目

（1）防水透气膜的铺贴应顺直，与基层应固定牢固，膜表面无皱折、伤痕、破裂等缺陷。

检验方法：观察检查。

（2）防水透气膜的铺贴方向应正确，纵向搭接缝应错开，搭接宽度的负偏差不应大于 10mm。

检验方法：观察和尺量检查。

（3）防水透气膜的搭接缝应粘结牢固，密封严密。防水透气膜的收头应与基层粘结并固定牢固，缝口封严，不得有翘边现象。

检验方法：观察检查。

4.4.5　分项工程验收

（1）外墙防水工程质量验收的程序和组织，应符合现行《建筑工程施工质量验收统一标准》（GB 50300—2013）的规定。

（2）外墙防水工程验收的文件和记录应按表 4-10 要求执行。

表 4-10　外墙防水防护工程验收的文件和记录

序号	项　　目	文件和记录
1	防水设计	设计图纸及会审记录，设计变更通知单
2	施工方案	施工方法、技术措施、质量保证措施
3	技术交底记录	施工操作要求及注意事项
4	材料质量证明文件	出厂合格证、质量检验报告和抽样复验报告
5	中间检查记录	检验批、分项工程质量验收记录、隐蔽工程验收记录、施工检验记录、雨后或淋水检验记录
6	施工日志	逐日施工情况
7	工程检验记录	抽样质量检验、现场检查
8	施工单位资质证明及施工人员上岗证件	资质证书及上岗证复印件
9	其他技术资料	事故处理报告、技术总结等

（3）建筑外墙防水工程隐蔽验收记录应包括下列内容：

1）防水层的基层。

2）密封防水处理部位。

3）门窗洞口、伸出外墙管道、预埋件及收头等细部做法。

外墙防水工程验收后，应填写分项工程质量验收记录，交建设单位和施工单位存档。

单 元 小 结

根据地区降水量、基本风压和有无保温层判断是否需要做外墙防水层。

外墙的防水材料及构造应符合规定。

无保温外墙的防水包括防水砂浆防水和防水涂料防水。保温外墙的防水主要采用防水透气膜防水。都应按规程的要求仔细施工，保证质量。

综合训练题

一、判断题

1. 年降水量大于或等于400mm且基本风压大于或等于0.4kN/m²地区的外墙宜进行墙面整体防水。（　　）

2. 建筑外墙防水所使用的防水材料及配套材料除应符合外墙构造层次要求外，尚应满足环保及安全的要求。（　　）

3. 建筑外墙的防水层可设置在迎水面或背水面。（　　）

4. 保温层的抗裂砂浆层如达到聚合物水泥防水砂浆性能指标要求，可兼作防水防护层。（　　）

5. 当外墙保温层选用矿物棉保温材料时，防水层宜采用防水透气膜。（　　）

6. 外墙砂浆防水层可以不设分格缝。（　　）

二、填空题

1. 外墙防水的原则是_____、_____、_____。

2. 现浇混凝土墙面防水砂浆的最小厚度为_____mm。

3. 保温外墙采用涂料饰面时，防水层可采用_____或_____。

4. 聚合物水泥防水砂浆防水层中应增设_____或_____增强，并应用_____固定于结构墙体中。

5. 外墙防水层根据材料不同分为_____、_____和_____三种。

6. 检验涂膜防水层是否渗漏的方法是_____后观察检查。

三、简答题

1. 画出保温防水外墙的构造。

2. 外墙防水砂浆防水层施工有哪些要求？

3. 简述外墙防水涂料的施工做法。

4. 建筑外墙防水工程的质量应符合哪些规定？

单元5 构筑物防水工程

【单元概述】

构筑物防水工程一般是指不具备、不包含或不提供人类居住功能的人工建造物的防水工程。本单元主要介绍水池防水施工、水箱防水施工、冷库工程防潮隔热施工、管道接口防水施工等四种构筑物防水施工，讲述了各种构筑物防水施工的施工工艺、施工方法、工程成品保护、质量检验和注意事项等。

【学习目标】

掌握水池防水施工、水箱防水施工、冷库工程防潮隔热施工、管道接口防水施工等四种构筑物防水施工的施工工艺、施工方法、工程成品保护、质量检验和注意事项等；了解相关的规范和规程。

课题1 水池防水施工

5.1.1 水池防水等级要求

目前我国还没有针对水池防水专门编写技术规范，但是根据《地下工程防水技术规范》（GB 50108—2008）的要求，水池的防水等级标准应符合表5-1的要求。

表 5-1 水池防水标准

防水等级	防水标准
一级	不允许池体内外的水单向或相互渗透，结构表面无湿渍
二级	允许池体内外的水微量单向或相互渗透，结构表面可有少量湿渍 总湿渍面积不应大于总防水面积的 0.2%；任意 $100m^2$ 防水面积上的湿渍不超过 3 处，单个湿渍的最大面积不大于 $0.2m^2$，漏水量不大于 $0.1L/(m^2 \cdot d)$
三级	允许池体内外的水少量单向或相互渗透，不得有线流和漏泥沙 任意 $100m^2$ 防水面积上的漏水点数不超过 7 处，单个漏水点的最大漏水量不大于 $2.5L/d$，单个湿渍的最大面积不大于 $0.3m^2$
四级	池体有漏水点，不得有线流和漏泥沙 整个工程平均漏水量不大于 $2L/(m^2 \cdot d)$；任意 $100m^2$ 防水面积的平均漏水量不大于 $4L/(m^2 \cdot d)$

为正确界定水池的防水等级，对水池不同防水等级的适用范围应有规定，根据《地下工程防水技术规范》（GB 50108—2008）的要求，结合水池的实际情况，水池不同防水等级的适用范围应符合表5-2的要求。

表 5-2　不同防水等级的适用范围

防水等级	适 用 范 围	实 例
一级	不允许池体内外的水单向或双向相互渗透的水池；少量的单向或双向相互渗透会造成池体内水质改变、池体外物品变质失效，严重影响池体外设备正常运转、工程安全、环境污染的部位；极重要的战备工程	饮用水池、室内浴池、室内消防池、化工池、在湿陷性黄土上建造的蓄水池等
二级	允许池体内外的水微量单向或双向相互渗透的水池；少量的单向或双向相互渗透不会造成池体内水质改变、池体外物品变质失效，不会严重影响池体外设备正常运转、工程安全、环境污染的部位；重要的战备工程	地表上饮用水池；建造于地表下的非饮用水池；游泳池、浴池、消防池；在非湿陷性黄土上建造的蓄水池等
三级	允许池体内外的水少量单向或双向相互渗透的蓄水池；一般的战备工程	一般环境内的喷泉池、水渠、水上游乐场等
四级	对渗漏无严格要求的水池、临时性水池	施工用临时蓄水池

5.1.2　水池防水方案的选择

对于平面尺寸较大的水池，由于其结构易产生变形开裂，一般选用延伸性较好的防水卷材或者防水涂料防水。对于平面尺寸较小的水池，则可以采用刚性防水。此外，还可以采用金属防水层防水。

5.1.3　水池防水材料的选择

对于供应生活用水的水池或者游泳池的防水层，必须选用无毒无害的材料，以避免污染水质。如三元乙丙丁基橡胶防水卷材、氯化聚乙烯橡胶共混防水卷材等高分子防水卷材，聚氨酯防水涂料、硅橡胶防水涂料等。

5.1.4　水池防水施工

5.1.4.1　水池防水卷材施工

水池卷材防水层的一般构造如图 5-1 所示。下面以三元乙丙丁基橡胶卷材防水为例，介绍水池卷材防水的施工要点和注意事项。

1. 材料准备

三元乙丙丁基橡胶卷材、聚氨酯底胶、CX404 胶粘剂、丁基粘结剂、聚氨酯嵌缝膏、强度等级 42.5 级的普通硅酸盐水泥、108 胶、二甲苯、乙酸乙酯。

2. 施工机具

手提式电动搅拌机、高压吹风机、平铲、钢丝刷、扫帚、铁筒、色粉袋、弹线、剪刀、

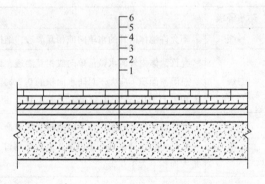

图 5-1　水池卷材防水层构造
1—基层　2—基层处理剂　3—基层胶粘剂
4—防水卷材　5—刚性结合层　6—刚性保护层

辊刷、油漆刷、压辊、橡皮刮板、铁抹子、棉纱、皮卷尺、钢卷尺。

3. 施工条件

（1）水池结构混凝土经检查验收合格。

（2）结构层表面已干燥，含水率不大于9%。

（3）气温不低于5℃；冬期施工应有保温措施；雨天施工应有防雨设备。

4. 施工工艺

基层处理→涂刷聚氨酯底胶→复杂部位增强处理→铺贴卷材防水层→接头处理→卷材末端收头→蓄水试验→保护层施工→检查验收。

5. 操作要点

（1）基层处理：铲除基层表面的异物；用高压吹风机吹扫阴阳角、管根、排水口等部位；用溶剂清洗基层表面油污。

（2）涂刷聚氨酯底胶：将聚氨酯涂膜防水材料按照甲料∶乙料＝1∶3的比例（质量比）配合，搅拌均匀即成底胶。将配制好的底胶用毛刷在阴阳角、管根部涂刷，再用长把辊刷进行大面积涂布。涂布厚薄要均匀一致，不得有漏刷露底现象。

（3）复杂部位增强处理：将聚氨酯涂膜防水材料按照甲料∶乙料＝1∶3的比例（质量比）配合，搅拌均匀，用毛刷在阴阳角、管根部、突出部位等均匀涂刷，涂刷厚度以2mm为宜，24小时固化后即可进行下一道工序。复杂部位可以采用密封胶片或卷材作为补强层来进行增强处理，如图5-2所示。

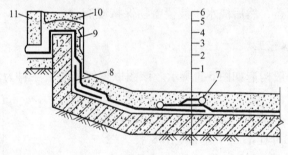

图 5-2　水池卷材防水构造实例

1—素土夯实　2—水池底板　3—基层处理剂（聚氨酯底胶）及胶粘剂

4—卷材防水层搭接缝　5—卷材附加层　6—细石混凝土保护层

7—嵌缝密封膏　8—卷材附加补强层　9—水泥砂浆粘结层

10—剁斧黄冈岩块　11—混凝土压块　12—钢筋混凝土池壁

（4）铺贴卷材

1）确定卷材配置方案。按照先立面后平面，转角及立面自下而上的顺序配置卷材，在铺贴面上弹出标准线。

2）在卷材上涂胶粘剂。将卷材平摊在干净、平整的基层上，用长把辊刷蘸满胶粘剂，均匀涂布在卷材表面，但卷材接缝部位宽100mm内不涂胶。涂布厚薄要均匀，不得漏涂。当胶膜干燥到不粘手时，将卷材用纸筒芯卷好，注意不得带入砂粒、灰尘等异物。

3）在基层上涂胶粘剂。用长把辊刷蘸满胶粘剂，均匀涂布在基层处理剂已经干燥的基层表面上。不要在一处反复涂刷，以免将底胶"咬"起。涂胶后手感不粘时，即可铺卷材。

4）铺贴卷材。将已经涂布胶粘剂的卷材筒用直径为 30mm、长为 1500mm 的铁管穿上并抬起，将卷材的一端粘贴固定在预定的位置上，沿弹出的标准线铺展。操作的时候卷材不要拉得太紧，每隔 1m 左右向标准线靠贴一下，边对线边铺贴。

5）排除空气。每铺完一张卷材，立即用干净而松软的长把辊刷从卷材的一端开始朝卷材的横方向顺序用力滚压一遍，将空气彻底排出。

6）滚压。排出空气以后，平面部位用外包橡胶的长为 300mm、质量为 30~40kg 的铁辊滚压一遍，立面部分用手持压辊滚压粘牢。

7）接头处理。将接头处翻开，每隔 500~1000mm 用 CX404 胶临时固定，大面积卷材铺好后即粘贴接头。将丁基胶粘剂以 A∶B＝1∶1（质量比）的比例配合，搅拌均匀，用毛刷均匀涂刷在翻开接头的表面，干燥 10~30min，从一端开始，一边压合一边挤出空气。粘贴好的接头不允许有皱褶、气泡等缺陷，然后用铁辊滚压一遍。卷材重叠三层的部位，用聚氨酯嵌缝膏密封。

8）卷材末端收尾。卷材收头用聚氨酯嵌缝膏等密封材料密闭。当密封材料固化后，在收头处刷聚氨酯涂膜防水材料一层；在其尚未固化时，用聚合物砂浆（水泥∶砂子∶108 胶＝1∶3∶0.15）压缝将接头封闭。

（5）蓄水试验。卷材防水层完工以后，做蓄水试验。无渗漏为合格。

（6）保护层施工。蓄水试验合格后，将水放完并干燥，然后在防水层上薄刷一层聚氨酯涂膜防水材料，一边刷一边撒细砂。待该层材料固化成膜后，在其上做刚性保护层。随即用湿草袋或者湿麻袋覆盖，然后浇水，使覆盖物保持湿润。

5.1.4.2　水池涂膜防水施工

水池涂膜防水层一般构造如图 5-3 所示。该图以聚氨酯防水涂料为例。

1. 材料准备

甲组分（预聚体）、乙组分（固化剂）、底涂乙料、磷酸或者苯磺酰氯、二月桂酸二丁基锡、108 胶、二甲苯、乙酸乙酯、强度等级 42.5 级的普通硅酸盐水泥、石渣或者中砂。

2. 施工机具

电动搅拌机、高压吹风机、拌料桶、小型油漆桶、磅秤、塑料或者橡皮刮板、铁皮小刮板、油漆刷、圆辊刷、小抹子、扫帚、墩布等。

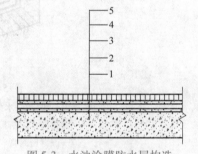

图 5-3　水池涂膜防水层构造
1—基层　2—基层处理剂　3—第一
道涂膜防水层（聚氨酯防水涂料）
4—第二道涂膜防水层（聚氨酯
防水涂料），固化前稀撒
石渣　5—保护层

3. 施工条件

（1）基体检查验收合格。

（2）穿墙管道部位高出基层表面 200mm 以上，管件、地漏或者排水口已经安装牢固，接缝严密，收头圆滑，无松动，阴阳角部位已做成圆角。

（3）施工温度在 5℃以上。

4. 施工工艺

施工工艺顺序为：基层处理→涂刷底胶→增强涂抹→涂布第一层涂膜防水层→涂布第二

层涂膜防水层→稀撒石渣或者中砂→蓄水试验→抹水泥砂浆保护层→养护→检查验收。

5. 操作要点

（1）基层处理：清理基层表面及管道根部等部位的异物，基层凹凸不平处用水泥砂浆补平。

（2）涂刷底胶

1）配制底胶：将聚氨酯甲料与专供底涂使用的乙料按照（1∶3）~（1∶4）（质量比）的比例配合，搅拌均匀即可使用。

2）涂布：先用油漆刷蘸底胶在阴阳角、管子根部等复杂部位均匀涂刷一遍，再用长把辊刷或者橡皮刮板进行大面积涂布。一般涂布量为 0.15~0.2kg/m²。底胶涂布固化后，才能进行下一道工序施工。

（3）增强涂布：将无纺布裁成与管根、地漏、排水口、阴阳角等形状相同、周围加宽200mm 的布，在管根等细部做一布二涂附加防水层。注意不得有气孔、鼓泡、折皱、翘边等现象。

（4）涂布第一层涂膜防水层：底膜固化后，将聚氨酯涂料以甲料∶乙料＝1∶1.5（质量比）的比例配合，搅拌均匀，用橡皮或者塑料刮板均匀刮涂，涂刷厚度约为 1.5mm（即1.5kg/m²）。涂布时先立面后平面，先阴阳角后大面。涂刷可分区分片用后退法施工以留出退路。防水层未固化前不得踩踏。

（5）涂布第二层涂膜防水层：第一道涂膜固化后（一般为 24~72h），即可在其上刮涂第二道涂膜，方法与第一道相同，但是刮涂方向与第一道的方向垂直。

（6）稀撒石渣或者中砂：第二道涂膜固化前，在其上稀撒粒径为 2mm 的石渣或者中砂，用以增强涂膜和保护层的粘结力。

（7）蓄水试验：第二道涂膜固化干燥后，做蓄水试验。不渗漏为合格。

（8）水泥砂浆保护层施工：蓄水试验合格后，放水干燥，然后在防水层表面抹 1∶2水泥砂浆保护层或者根据需要再贴缸砖等。水泥砂浆保护层应该加强浇水养护。

此外，水池还可以采用涂膜卷材复合防水的做法，如图 5-4 所示。

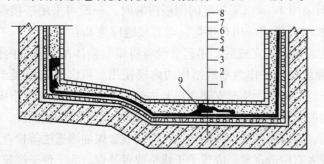

图 5-4　水池涂膜卷材复合防水构造实例

1—基层　2—基层处理剂　3—涂膜防水层　4—胶粘剂　5—卷材防水层

6—卷材附加补强层　7—刚性结合层　8—瓷砖饰面层　9—嵌缝密封膏

5.1.4.3　水池刚性防水施工

水池刚性防水的施工方法可参见本单元课题 2"水箱防水施工"。

5.1.4.4 水池金属防水层施工

水池金属防水层是用薄金属板围成的，四周焊接以及底部封闭的防水箱套，其紧贴于水池结构的表面，起到防水作用。

1. 金属防水层构造

金属防水层有内防和外防两种。工程应用较多的是内防，因为内防设在水池内部，其构造简单、维修容易、能节省材料。

当设计无特殊要求时，固定金属防水板的锚件的数量，可以根据静水压力，按照下式计算确定：

$$n = 4KP/(\pi D^2 R_g)$$

式中　n——每平方米防水金属板锚固件的个数；

P——金属板防水层所承受的静水压力(kN/m^2)；

K——荷载分项系数，对于水压力取 $K = 1.1$；

D——锚固钢筋的直径（m）；

R_g——锚固钢筋的强度设计值(kN/m^2)。

防水钢板的厚度，根据等强原则，按照下式计算：

$$\delta_n = 0.25 D R_g / R_{cp}$$

式中　δ_n——防水钢板厚度（m）；

R_{cp}——防水钢板承受剪力时的强度。

一般采用厚 3~8mm、材质为 Q235 或者 16Mn 的钢板，连接均采用焊接，焊条的规格和性能应满足焊接质量的要求。

2. 金属防水层施工方法及注意事项

金属防水层施工方法可以分为先装法和后装法两种。

（1）先装法施工。先装法适用于尺寸不大、内部形状较为简单的金属防水层。施工时先焊成整体箱套。当采用 4mm 以下厚度的钢板拼装时，一般可采用搭接焊；当采用 4mm 及 4mm 以上厚度的钢板时，应该采用对接焊，垂直接缝应该相互错开。

在外模板及结构底板施工完成后，用起重设备将箱套整体吊入基坑内预设的混凝土支墩（或者钢支架）上准确就位，并作为水池结构的内模使用。依次浇筑混凝土，使其成为整体。在吊装和浇筑混凝土时，需要用临时支架在箱套内侧进行加固，并支撑牢固，以防箱体变形。钢板应该与水池结构的钢筋焊接牢固，或在钢板上焊接一定数量的锚固件，以便与混凝土连接牢固。箱套在安装前，应用探伤仪、气泡法、真空法或者煤油渗透法等检查焊缝的严密性。如果发现焊缝不合格或者有渗透现象，应该予于修整或者补焊。为了便于浇筑混凝土，在底板上可开适当洞口，待混凝土达到设计强度值 70% 后，用比孔稍大的钢板将孔洞补焊严密。

（2）后装法施工。后装法适用于结构尺寸较大、形状复杂的金属防水层。根据钢板尺寸及结构造型，在水池结构的四壁和底板设置预埋件，并与钢筋或者钢固定架焊牢，保证位置正确，待混凝土达到设计强度以后，在埋件处焊接金属防水层。焊接时要注意做到焊缝饱满，无气孔、夹渣、咬肉，同时应该采取间断焊，减少焊缝产生的焊接应力和变形。焊缝经检查合格后，金属防水层与水池结构间的空隙用水泥砂浆灌严。

5.1.5 水池防水成品保护

1. 水池卷材防水工程成品保护

（1）已经铺贴好的卷材防水层，应该及时采取保护措施，操作人员不得穿带钉鞋作业。

（2）穿过池面、池壁等处的管道根部不得破损、变位，以免铺贴卷材以后再进行更换。

（3）防水层施工完以后，应该及时做好保护层。

2. 水池涂膜防水工程成品保护

（1）每次涂刷前均应清理周围，防止灰尘污染涂料。

（2）施工过程中注意天气变化，如果遇到基层返潮、气温突然下降，应该采取措施或者停止施工。

（3）施工中应该掌握好作业顺序，减少在已经施工的涂层上走动，不得在防水层上堆放物品。

（4）防水涂膜固化后，应及时做好保护层。

5.1.6 水池防水的工程质量通病与防治

5.1.6.1 卷材防水层质量通病与防治

1. 防水层空鼓

（1）现象：铺贴后的卷材表面，敲击检查时出现空鼓声或者手感检查时有凸出感。

（2）原因分析

1）基层潮湿，沥青胶结材料与基层粘结不良。

2）由于人员走动或者其他工序的影响，找平层表面被泥水玷污，与基层粘结不良。

3）立墙卷材的铺贴操作比较困难，热作业容易造成铺贴不实不严。

（3）预防措施

1）无论采用外贴法或者内贴法施工，都应该把地下水位降至垫层以下不少于 500mm。垫层上应抹 1：2.5 水泥砂浆找平层，以创造良好的基层表面，同时防止由于毛细水上升造成基层潮湿。

2）保持找平层表面干燥洁净。必要时应在铺贴卷材前采取刷洗、晾干等措施。

3）铺贴卷材前应刷 1~2 道冷底子油，以保证卷材和基层表面粘结。

4）无论采用外贴法或者内贴法，卷材均应实铺，保证铺实贴严。

5）铺贴卷材时气温不宜低于 5℃。冬期施工应采取保温措施，以确保胶结材料的适宜温度。雨期施工应有防雨措施，或错开雨天施工。

（4）处理方法：对于检查处的空鼓部位，应该剪开重新分层粘贴，如图 5-5 所示。

2. 卷材搭接不良

（1）现象：铺贴后的卷材甩槎被污损破坏，或者立面临时保护墙的卷材被撕破，层次不清，无法搭接。

（2）原因分析

1）临时保护墙砌筑强度高，不易拆除，或者拆除时不仔细，没有采取相应的保护措施。

2）施工现场组织管理不善，工序搭接不紧凑；排降水措施不完善，水位回升，浸泡、沾污了卷材槎子。

3）在缺乏保护措施的情况下，底板垫层四周架空平伸向立墙卷铺的卷材，更容易污损破坏。

（3）预防措施：从混凝土底板下面甩出的卷材可刷油铺贴在永久保护墙上，但超出永久保护墙部分的卷材不刷油铺实，而用附加保护油毡包裹钉在木砖上，待完成主体结构，拆除临时保护墙时，撕去附

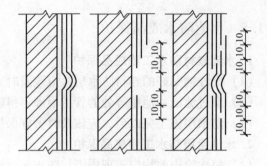

图5-5　卷材空鼓修补法示意

加保护油毡，这样可使内部各层卷材完好无缺，如图5-6所示。

3. 卷材转角部位后期渗漏

（1）现象：转角部位出现渗漏。

（2）原因分析

1）在转角部位，卷材未能按照转角轮廓铺贴严实，后浇或者后砌主体结构时此处卷材遭破坏。

2）所选用的卷材韧性较差，转角处操作不便，沥青胶结材料温度过高或过低，不能确保转角处卷材铺贴严密。

3）转角处未能按照有关要求增设卷材附加层。

（3）预防措施

1）基层转角处应做成圆弧，形成钝角。

2）转角部位尽量选用强度高、延伸率大、韧性好的无胎油毡或沥青玻璃布油毡。

3）沥青胶结材料的温度应严格按照有关要求控制。

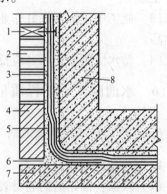

图5-6　外贴法卷材搭接示意
1—木砖　2—临时保护墙　3—卷材
4—永久保护墙　5—转角附加油毡
6—干铺油毡片　7—垫层　8—结构

涂刷厚度应力求均匀一致，各层卷材均要铺贴牢固，并增设卷材附加层。附加层一般可用两层同样的卷材或者一层无胎油毡（沥青玻璃布油毡），按照转角处形状粘结紧密。

（4）处理办法：当转角部位出现粘贴不牢、不实等现象时，应将该处卷材撕开，灌入玛蹄脂，用喷灯烘烤后，逐层补好。

4. 管道处铺贴不严

（1）现象：卷材和管道壁粘结不严，出现张口、翘边现象。一般管径越小，上述现象越严重。

（2）原因分析

1）对管道未进行认真的清理、除锈，不能确保卷材和管道的粘结。

2）穿管处周围呈死角，使卷材不易铺贴严密。

（3）预防措施

1）管道表面的尘垢和铁锈要清除干净。在穿越砖石结构处，管道周围宜以细石混凝土包裹，其厚度不小于300mm。抹找平层时，应将管道根部抹成直径不小于50mm的圆角。卷材应按照转角要求铺贴严实。

2）也可以在穿管处埋设带有法兰的套管，将卷材防水层粘贴在法兰上，粘贴宽度至少为100mm，并用夹板将卷材压紧。法兰及夹板都应清理干净，刷上沥青，夹板下面应加油

毡衬垫。

5.1.6.2 涂膜防水层质量通病与防治

1. 粘结不牢

（1）现象：涂膜与基层粘结不牢固，有起皮、起灰现象。

（2）原因分析

1）基层表面不平整、不清洁。

2）施工时基层过分潮湿。

3）涂料变质或者超过保质期；涂料主剂及含固量不足；涂料搅拌不均匀，有颗粒、杂质残留在涂层中间。

4）涂料成膜厚度不足。

5）防水涂料施工时突遇下雨。

6）突击施工，工序之间没有必要的间歇时间。

（3）预防措施

1）防水层施工前应及时将基层表面清扫，并洗刷干净；基层不平整时宜用涂料拌合水泥砂浆进行修补。

2）选择晴朗天气进行施工，并用简易实验确定基层是否干燥。

3）不使用变质涂料；避免底层涂料未实干时，就进行后续涂层施工。

4）按照设计的厚度和规定的材料用料分层、分遍涂刷。

5）掌握天气预报，并备置防雨设施。

6）根据涂层厚度与当时气候条件，通过试验确定合理的工序间隔时间。

2. 涂膜出现缺陷

（1）现象：涂膜出现裂缝、脱皮、流淌、鼓泡、露胎体、皱折等。

（2）原因分析

1）涂料施工时温度过高，或一次涂刷过厚，或在前遍涂料未实干前即涂刷后续涂料。

2）基层表面有砂粒、杂物；涂料中有沉淀物。

3）基层表面未充分干燥，或在湿度较大的气候下施工。

4）基层表面不平整，涂膜厚度不足，胎体增强材料铺贴不平整。

5）厚质涂料耐热性较差。

（3）预防措施

1）涂料应分层、分遍进行施工，并按照事先试验确定的材料用量与间隔时间进行涂布；夏天气温在30℃以上时，应避开炎热的中午施工。

2）涂料施工前应将基层表面清理干净；涂料中沉淀物可用32目钢丝网过滤。

3）可选择晴朗的天气下操作；或可选用潮湿界面处理剂、基层处理剂等材料，抑制涂膜中鼓泡的形成。

4）基层表面局部不平，可以将涂料掺入水泥砂浆先行修补平整，干燥后即可施工；铺贴胎体增强材料时，要边倒涂料、边推铺、边压实平整。

5）对于厚质涂料及塑料油膏等材料进场时，应抽检复查，不符合要求的坚决不用。

3. 保护层材料脱落

（1）现象：出现保护层材料脱落的现象。

（2）原因分析：保护层材料未经辊压，与涂料粘接不牢。

（3）预防措施

1）保护层材料颗粒不宜过粗，使用前应筛去杂质、泥块，必要时还应冲洗和烘干。

2）在涂刷面层涂料时，应随刷随撒保护材料，然后用表面包胶皮的铁辊轻轻碾压，使材料嵌入面层涂料中。

5.1.7　水池防水的工程质量验收

1. 卷材防水层质量检验

（1）卷材和胶结材料必须符合设计要求和施工规范规定。

（2）卷材防水层及其变形缝、预埋管件等细部做法必须符合设计要求和施工规范规定。

（3）卷材防水层的质量要求和检验方法见表5-3。

表 5-3　卷材防水层质量要求和检验方法

序号	项目	质量等级	质量要求	检验方法
1	卷材防水层的基层	II	基层牢固，表面洁净，阴阳角呈圆弧形或钝角，冷底子油涂布均匀	观察检查和检查隐蔽工程验收记录
		I	基层牢固，表面洁净、平整，阴阳角呈圆弧形或钝角，冷底子油涂布均匀、无漏涂	
2	卷材防水层的铺贴质量	II	铺贴方法和搭接、收头符合施工规范规定，粘贴牢固紧密，接缝严密，无损伤	观察检查和检查隐蔽工程验收记录
		I	铺贴方法和搭接、收头符合施工规范规定，粘贴牢固紧密，接缝严密，无损伤、空鼓等缺陷	
3	卷材防水层的保护层	II	保护层和防水层结合紧密	观察检查
		I	保护层和防水层粘结牢固，结合紧密，厚度均匀一致	

（4）防水卷材层有关尺寸要求和检验方法见表5-4。

表 5-4　卷材防水防水层质量要求和检验方法

序号	项目		尺寸要求	检验方法
1	基层平整度		≤5mm	用2m靠尺和楔形塞尺检查
2	基层阴阳角圆弧半径	阴角	100mm	
		阳角	150mm	
3	卷材的搭接长度	长边	≥100mm	观察和尺量检查
		短边	≥150mm	
4	立面与平面转角处接缝应在平面上，且距立面		≥600mm	
5	卷材粘贴在预埋管法兰上的尺寸		≥100mm	
6	卷材修补处接槎缝宽度		≥150mm	

2. 防水涂膜层质量检验

（1）防水材料的质量必须符合设计要求和施工规范规定。

（2）涂膜防水层应该与基层粘结牢固，并形成连续不断的封闭防水涂膜，无空鼓、起壳、开裂、脱皮等现象。

（3）阴阳角、预埋件以及管道等细部构造处理的涂层严密，无脱层、翘边等粘结不良现象。

（4）保护层的材料质量应该符合设计要求和施工规范规定。料粒保护层必须撒布均匀，不露底。刚性防水层表面必须抹平压光，无起砂、起灰、裂缝脱落等缺陷。

课题 2　水箱防水施工

5.2.1　水箱防水方案的选择

钢筋混凝土水箱箱体一般采用的防水方式为：混凝土结构自防水，再在箱体内壁上做刚性防水、涂膜防水或者卷材防水。

5.2.2　水箱防水材料的选择

水箱防水不管采取什么方式，均不得有任何有毒、有害物质溶入水中，因此不得随意使用防水材料，水质经过检测应符合有关标准的规定。

5.2.3　水箱防水混凝土施工

（1）选择适宜的混凝土坍落度。箱壁的混凝土坍落度宜为 8~11cm，箱底混凝土的坍落度宜为 8~10cm。

（2）搅拌混凝土时，严格按照施工配合比下料，外加剂应均匀掺在水中投入搅拌机，不得直接投入。

（3）混凝土不应采用人工搅拌。

（4）在管道穿越箱壁或者箱底处，可以采用防水套管、管道直埋、预留孔洞后装管等方法，如图 5-7 所示。

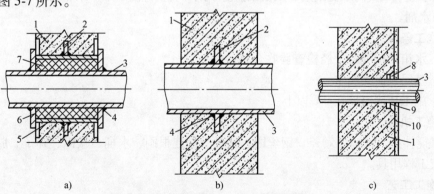

图 5-7　管道穿越箱壁、箱底的常用做法
a）防水套管法　b）管道直埋法　c）预留孔洞后装管法
1—箱壁　2—止水环　3—管道　4—焊缝　5—套管　6—钢板　7—填料
8—水泥砂浆　9—水泥浆　10—水泥砂浆防水层

（5）浇筑混凝土前清理模板内杂物，并用水湿润模板。

（6）箱底混凝土施工应连续进行，特别不能在管道穿越箱底处停工或接头。

（7）施工缝宜留设在环梁内。

（8）水箱壁混凝土要连续浇筑，不留施工缝，浇筑要求如下：

1）混凝土放料要均匀，最好由水箱壁上的两个对称点同时、同方向放料，以防模板变形。

2）水箱壁混凝土应分层浇筑，每层浇筑厚度不超过300~400mm。

3）混凝土用插入式振捣器捣实，并注意避免碰撞钢筋、模板、预埋管件等。

（9）管道穿过箱壁处混凝土的浇筑方法（图 5-8）：

1）水箱壁混凝土浇筑到距离管道下面 20~30mm 处，将管下混凝土捣实、振平。

2）由管道两侧呈三角形均匀、对称地浇筑混凝土，并逐步扩大三角区，此时振捣棒要斜振。

3）将混凝土继续填平至管道上面 30~50mm。

（10）混凝土浇筑完毕，应该及时覆盖面层和洒水湿润，养护期不少于 3 天。

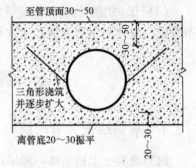

图 5-8 穿箱管做法

5.2.4 水箱防水砂浆施工

防水砂浆，就是在普通砂浆中掺入一定量的防水剂，以提高砂浆的抗渗能力。

1. 材料要求

（1）水泥：强度等级不低于 42.5 级的普通硅酸盐水泥、矿渣硅酸盐水泥、石膏矾土膨胀水泥或者膨胀性不透水水泥。注意，不同强度等级、不同品种的水泥不能混用。

（2）砂：宜采用中砂或者粗砂，其粒径不大于 3mm，含泥量不大于 3%。

（3）水：不含有糖、油等杂质的无侵蚀性的洁净水。

（4）防水剂：由化学原料配制而成，是一种能速凝和提高砂浆、混凝土在静水压力作用下的不透水性的外加剂。常用的防水剂有：氯化物金属盐类防水剂、金属皂类防水剂、氧化铁防水剂、水玻璃矾类防水促凝剂、无机铝盐防水剂和有机硅防水剂。水箱防水砂浆通常采用无机铝盐防水剂。

2. 施工条件

（1）水箱结构混凝土经检查验收合格。

（2）基层表面无明水。

（3）施工环境温度在 0℃ 以上。

3. 施工机具

灰浆搅拌机、铁锤、剁斧、钢丝刷、扫帚、马连根刷、水桶、铁锹、筛子、胶皮手套及一般抹灰工程用具。

4. 施工工艺

基层处理→抹第一遍防水砂浆→养护→刮防水素浆→抹第二遍防水砂浆、压光→养护→蓄水试验→检查验收。

5. 操作要点

（1）清理基层，凿毛光滑的基层面，穿墙管根部剔成凹槽并密封。

（2）抹第一遍防水砂浆。用强度等级为 42.5 级的普通硅酸盐水泥配置 1 : 3 水泥砂浆，加入水泥用量 13%的无机铝盐防水剂，充分搅拌均匀后随即使用。抹灰厚度 10mm，用力抹压使其与基层结成一体，凝固前用木抹子抹平。拌好的砂浆应在 1h 内用完。

（3）自然养护 2~4h。

（4）刮无机铝盐素水泥浆：用强度等级 42.5 级的普通硅酸盐水泥加入水泥用量 10%的无机铝盐防水剂，加入水调成糊状素水泥浆，用刮板在砂浆表面满刮一层，不漏刮。

（5）抹第二遍防水砂浆：刮完素水泥浆 30min 左右，即可抹第二遍防水砂浆。将 1 : 2.5 水泥砂浆中加入水泥用量 13%的无机铝盐防水剂，搅拌均匀，即可使用。抹灰厚度 8~10mm，凝固前用铁抹子压实压光。

（6）自然养护 4~6h 后，用湿草袋或者湿麻袋覆盖表面，再淋水养护 3d。

（7）蓄水试验：封闭管道口，分 3~5 次进水，控制每次进水高度。从四周上下进行检查，做好记录。如无渗漏，可继续灌水至贮水设计标高。停 1d，进行外观检查，并做好水面高度标记。连续观察 7d，外表面无渗漏及水位无明显下降为合格。

5.2.5　水箱刚性多层防水做法

水箱刚性多层防水应该采用五层做法，其基层以外的构造层次为：素灰层→水泥砂浆层→素灰层→水泥砂浆层→素灰层，如图 5-9 所示。

1. 材料准备

强度等级 42.5 级以上的普通硅酸盐水泥、粗砂、纯净水。

2. 施工机具

灰浆搅拌机、铁锤、剁斧、钢丝刷、马连根刷、扫帚、水桶、铁锹、筛子、胶皮手套以及一般抹灰工程用具等。

3. 施工条件

（1）水池结构混凝土经检查验收合格。

（2）基层表面无明水。

（3）施工环境温度在 0℃以上。

4. 施工工艺

基层处理→抹第一层素灰层→抹第二层水泥砂浆层→抹第三层素灰层→抹第四层水泥砂浆层→抹第五层素灰层→养护→蓄水试验→检查验收。

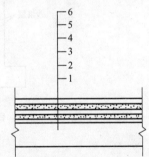

图 5-9　水箱刚性多层防水作法构造
1—基层　2—素灰层　3—水泥砂浆层
4—素灰层　5—水泥砂浆层
6—素灰层

5. 操作要点

首先清理基层，凿毛光滑的基层面，再在处理好的基层面上做防水层，操作要点见表 5-5。

表 5-5　防水层操作要点

抹灰层次	材料	厚度/mm	与上一层间隔时间	操作要点	备注
第一层	素灰 水胶比为 0.37~0.4	2	基层浇水后一天	先抹 1mm 厚，用铁抹子往返用力刮抹 5~6 遍，刮抹均匀，使素灰填实基层的孔隙，再抹 1mm 厚素灰找平，用湿毛刷轻刷一遍	1. 阴阳角要抹成圆弧形 2. 施工缝接槎为斜坡阶梯形，每层接槎应错开，如图 5-10 所示
第二层	1：2 水泥砂浆 水胶比为 0.4~0.5	4~6	上一层初凝后	轻轻抹压使一、二层结合牢固，初凝后用扫帚将水泥砂浆表面按顺序扫成横向条纹，扫时用力不要过大，不往返	
第三层	素灰 （同第一层）	2	上层抹完后隔一夜	洒水润湿，按第一层的方法涂抹，如发现第二层析出白色薄膜，须清洗干净后可操作	
第四层	1：2 水泥砂浆 （同第二层）	4~6	上一层初凝后	抹法同第二层，抹完后不在表面扫条纹，而是在其凝固前分两次用铁抹子抹压密实	
第五层	素灰 （同第一层）	2	上层压光即做第五层	用毛刷均匀地涂刷在第四层表面，随第四层抹平压光	

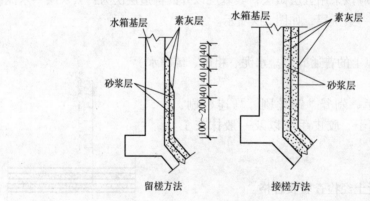

图 5-10　防水层施工缝接槎方法

5.2.6　水箱防水工程成品保护

1. 水箱防水混凝土结构工程成品保护

（1）保护钢筋、模板的位置正确，不得踩踏钢筋和避免模板移位。

（2）在拆模或吊运其他构件时，不得碰坏施工缝或损坏止水带。

（3）保护好穿墙管、预埋件，防止振捣时预埋件移位。

2. 水箱防水砂浆工程成品保护

（1）在抹灰凝结前应防止快干、水冲、撞击和振动，不得碰坏防水层的棱角及面层。

（2）防水层施工后，要防止踩踏，其他工序应在防水层养护完成以后进行，并不得破坏防水层。

5.2.7　水箱防水质量检验

1. 防水混凝土结构质量检验

（1）防水混凝土的原材料、外加剂及预埋件必须符合设计要求和施工规范的规定。

（2）防水混凝土的抗渗等级和强度必须符合设计要求和规范规定。

（3）防水混凝土结构的施工缝、变形缝、止水片、穿墙管件、支模铁件等的设置和构造都应该符合设计要求和施工规范的规定，不得有渗漏。

（4）防水混凝土的质量要求和检验方法见表5-6。

表 5-6　防水混凝土质量要求和检验方法

项目	质量等级	质量要求	检验方法
防水混凝土的外观质量	Ⅱ	混凝土表面平整，无露筋、蜂窝等缺陷，预埋件的位置基本正确，可满足使用要求	观察检查
	Ⅰ	混凝土表面平整，无露筋、蜂窝等缺陷，预埋件的位置正确	

2. 水泥防水砂浆结构质量检验

（1）防水砂浆的原材料、外加剂、配合比及其分层做法必须符合设计要求和施工规范的规定。

（2）水泥砂浆防水层各层之间必须结合牢固，无空鼓。

（3）水泥砂浆防水层质量要求和验收方法见表5-7。

表 5-7　水泥砂浆防水层质量要求和检验方法

序号	项目	质量等级	质量要求	检验方法
1	水泥砂浆防水层的外观质量	Ⅱ	表面无裂纹、起砂，阴阳角处呈圆弧形或者钝角	观察检查
		Ⅰ	表面平整、密实、无裂纹、起砂、麻面等缺陷，阴阳角处呈圆弧形或者钝角，尺寸符合要求	
2	水泥砂浆防水层的施工缝	Ⅱ	留槎位置正确	观察和尺量检查
		Ⅰ	留槎位置正确，按层次顺序操作，层层搭接紧密	

（4）砂浆防水层有关尺寸要求和检验方法见表5-8。

表 5-8　水泥砂浆防水层质量要求和检验方法

序号	项目		尺寸要求	检验方法
1	掺外加剂的水泥砂浆防水层迎水面、背水面分层抹铺总厚度		≥20mm	观察和尺量检查
2	刚性多层做法防水层交叉抹面	迎水面	5层	
		背水面	4层	
3	防水砂浆的稠度控制		70~80mm	
4	阴阳角圆弧半径	阳角	10mm	
		阴角	50mm	
5	刚性多层做法防水层接槎当留在墙面上时，需要离开阴阳角处		≥200mm	

课题3　冷库工程防潮、隔热施工

5.3.1　冷库工程防潮、隔热方案和材料

冷库工程对防潮、隔热有特殊的要求，传统的防潮材料采用石油沥青油毡，常用的做法是二毡三油防潮层。隔热材料可以用软木、聚苯乙烯泡沫塑料板或现场发泡式硬质聚氨酯泡沫塑料。但是，由于传统做法里面大量采用热沥青材料，不仅施工条件恶劣，且劳动强度大，工期长，且容易发生火灾事故，因此应该对传统工艺进行改革。目前一般选用改性沥青厚质防水涂料。

5.3.2　冷库工程防潮施工

5.3.2.1　施工前准备

（1）沥青冷库内楼面、地面及内墙面选用60号沥青；外墙面、屋面选用10~30号石油沥青做粘结材料。

（2）油毡选用350号或者500号石油沥青油毡。

（3）软木砖由软木颗粒压制而成，厚度为27mm、75mm及100mm多种，按照设计要求准备材料。

5.3.2.2　施工作业条件及基层的要求

（1）认真熟悉图纸，掌握隔热、防潮层与主体结构的关系及节点做法。

（2）防潮、隔热层所用的材料进场后要取样复验，合格后方准使用。

（3）基层必须坚实平整，无松动和起皮现象。用2m靠尺检查，平整度应小于5mm，且允许平缓变化，每米内不多于1处。

（4）基层各种预埋件(木砖、木龙骨、螺栓等)和穿墙(板)孔洞应事先留好，位置准确，不得遗漏及错位。

（5）平面与立面的转角处应抹成圆弧或钝角。

（6）隔热层直接做在水泥砂浆基层上时，水泥砂浆中不得掺有吸潮的附加剂。

5.3.2.3　施工工艺顺序

清理基层→涂刷冷底子油→附加层施工→二毡三油防潮层施工→保护层施工→防潮层质量检查验收→做软木隔热层→涂刷热沥青两道→做钢丝网防水砂浆面层→养护→检查验收。

5.3.2.4　施工操作要点

1. 清理基层

将基层浮浆、杂物清理干净。

2. 涂刷冷底子油

（1）冷底子油配制：先将沥青加热至不起泡沫，使其脱水，装入容器中冷却至 80℃，缓慢注入汽油，开始每次 2~3L，以后每次 5L，随注入随搅拌至沥青全部溶解为止。要远离火源，且配合比（按照重量计）为汽油 70%，沥青 30%。

（2）喷刷冷底子油：基层清理干净以后，用胶皮辊刷或油漆刷均匀涂于基层上，不得漏刷；也可以用机喷方法施工。如果基层比较潮湿时，喷刷冷底子油应在水泥砂浆找平层初凝后立即进行，以保证胶结材料与基层有足够的粘结力。

3. 附加层施工

所有转角处均应铺贴二层附加油毡。铺贴时要按照转角处的形状下料，并仔细粘贴密实。附加层的搭接宽度不小于 100mm，如图 5-11 所示。

4. 二毡三油防潮层施工

（1）油毡在铺贴前，应在平坦宽敞的地面上摊开，用扫帚将其表面的撒布物清扫干净。清扫时不得损坏油毡，扫完后要将油毡反卷，放在通风处备用。

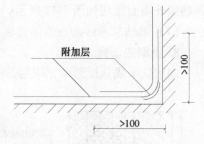

图 5-11 转角处铺贴附加层

（2）沥青胶结材料的加热温度不应高于 240℃，使用温度不得低于 190℃。

（3）粘结油毡的沥青胶结材料的厚度一般为 1.5~2.5mm，最厚不超过 3mm。油毡之间以及油毡与基层之间，采用满粘法施工工艺。

（4）油毡的搭接长度和压边宽度不应小于 100mm，上下两层和相邻两幅油毡的接缝应相互错开，上下层油毡不得采用垂直铺贴。

（5）粘贴时应展平压实，使油毡与基层、油毡与油毡之间彼此紧密粘贴。油毡搭接缝口部位应用铺贴时挤出的热沥青仔细封严。

（6）防潮层施工的环境温度不应低于 5℃。夏季施工时应避免日光暴晒，以免引起沥青胶结材料流淌，导致油毡滑动。

5. 保护层施工

当采用绿豆砂做保护层时，应先将油毡表面涂刷 2~4mm 厚的沥青胶结材料，趁热将事先预热的绿豆砂（3~5mm 粒径）撒布一层，并用辊子压实，使其嵌入沥青胶结材料中。

6. 防潮层质量检查验收

防潮层完工后，应严格检查验收。防潮层应满铺不间断，接缝必须严密，各层间应紧密粘结。铺贴后，油毡防潮层应无裂缝、损伤、气泡、脱层和滑动现象。穿过防潮层的管线应封严，转角处无损伤。凡发现缺损处应及时修补。

7. 软木隔热层施工

一般冷库工程的隔热层铺贴软木砖 4 层，总厚度 200mm。具体操作方法如下：

（1）对软木块的规格、尺寸要挑选加工，进行分类。长短不齐的应刨齐，且不应受潮，每层的厚度要均匀一致。

（2）基层表面要弹线、分格，确保粘贴位置准确。

（3）将挑选分类的软木块浸入热沥青中，使其沾满沥青，然后铺贴于基层上。第一层铺贴好后，立即在木块表面上满涂一道热沥青，然后再粘贴第二层，粘贴方向同第一层。两层软木块的纵横接缝应错开。

（4）铺贴时，软木块缝间挤出的沥青必须趁热随时刮净，以免冷却后形成疙瘩，影响平整。

（5）每层软木块铺贴完后，应检查其平整情况，若有不平处，应立即刨平，然后铺贴下一层。

（6）铺贴地面时，要随铺贴随用重物压实。外墙面铺贴时，要随铺贴随支撑，防止翘起和空鼓。从第二层起，每块软木块均应用竹钉与前一层钉牢（每块可钉 6 颗竹钉）。软木隔热层外墙面做法如图 5-12 所示，地面做法如图 5-13 所示。

（7）铺贴软木砖的石油沥青标号，应和防潮层所用的石油沥青标号相同。

8. 涂刷热沥青

四层软木隔热层铺贴完毕后，应在其表面涂刷热沥青两道。

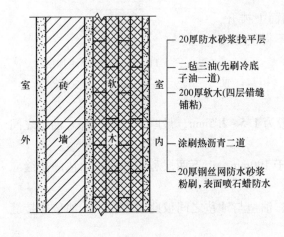

图 5-12　软木隔热层外墙面做法

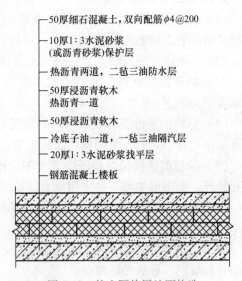

图 5-13　软木隔热层地面构造

9. 钢丝网防水砂浆面层

软木隔热层表面可按照设计要求钢丝网防水砂浆面层。注意施工时不得损坏表面防潮层及软木隔热层。

另外，根据设计要求，隔热层也可以用聚苯乙烯泡沫塑料板或现场浇筑发泡聚氨酯。聚苯乙烯泡沫塑料板可用沥青胶粘贴，或用醋酸乙烯乳液粘贴，其配合比为 1 :（1.5~2.0）（乳液与水泥的重量比），点粘即可。每层粘贴施工时同样要错缝。

10. 养护

防水砂浆面层完工后，注意及时湿养护 14d，最后进行质量验收。

5.3.3　冷做法施工工艺

对传统工艺改革后，根据冷库工程防水、防潮、隔汽、防腐蚀等特点，以及要求施工时能与基层粘接牢固等条件，目前选用改性沥青厚质防水涂料进行施工。

1. 厚质防水涂料的特点

（1）水性单组分涂料，无污染。

（2）冷作业，而且无需搅拌称量即可刮涂使用，施工容易，快速完工。

（3）能在潮湿基面上施工，涂层不会产生起泡起鼓。

（4）能与水泥、混凝土、钢铁、木材、塑料等基层粘结；也可以在任何防水层上修补、堵漏，粘结牢固，防水可靠。

（5）具有耐候性、耐酸碱性、耐燃性，抗紫外线老化性能优异。

（6）适用范围广，包括屋面、地面、地下防水工程、防腐、道路等均可使用。

2. 厚质防水涂料的应用

根据上述材料特点，厚质防水涂料在冷库工程的不同部位使用时，应该符合下列规定：

（1）防潮层：当采用二毡三油防水材料时，可用 3mm 厚防水涂料代替。

（2）隔汽层：当涂刷二道热沥青时，可用 1mm 厚防水涂料代替；当采用一毡二油防水材料时，可用 2mm 厚防水涂料代替。

（3）胶结材料：软木隔热层可选用厚质防水涂料作为胶结材料，此时厚度一般为 1mm。

（4）施工方法：厚质防水涂料无需搅拌，可直接使用刮涂法，刮涂在水泥砂浆或混凝土基面上。每次涂刷厚度均应小于 1mm，待前道涂层实干（约 4h）后，方可再涂第二次。48h 后防水层涂膜坚固，方可继续其他工序施工。

（5）参考用量：厚度为 1mm 时，每平方米用料约 2.4～2.6kg。

5.3.4　冷库工程防潮、隔热施工注意事项

（1）冷库防潮层、隔热层施工应特别注意防火、防毒。现场应备有粉末灭火器等防火器材，并要注意通风。

（2）当采用场浇筑发泡聚氨酯做隔热层时，由于原料中含有氯、苯、氰化物，并产生光气等刺激性毒物，因此在操作时必须注意安全，做好防护工作，防止中毒。

课题 4　管道接口防水施工

5.4.1　管道接口方式分类

对于非金属管道，如钢筋混凝土管、混凝土管、石棉水泥管、陶管类等，其常见接口方式有抹带接口、承插接口、套环接口三种。

5.4.2　抹带接口施工

1. 水泥砂浆抹带接口

水泥砂浆抹带接口方式适用于设置在土质较好地基上的管道，施工要点如下：

（1）局部处理：管道直径 $d \leq 600mm$ 时，刷去抹带部分管口浆皮；$d \geq 600mm$ 时，将抹带部分管口凿毛刷净，并润湿接口部位。

（2）抹压水泥砂浆成半椭圆形砂浆带，带宽 120～150mm，厚 30mm，并赶光压实。

（3）覆盖养护。

2. 钢丝网水泥砂浆抹带接口

钢丝网水泥砂浆抹带接口方式适用于设置在土质较好地基上的管道，施工要点如下：

（1）局部处理：凿毛抹带接口管口。

（2）抹 1：2.5 水泥砂浆层，厚 15mm。

（3）放入钢丝网，钢丝网为 10mm×10mm 方格网，两端插入基础混凝土中固定，再抹压 10mm 的水泥砂浆。

（4）覆盖养护。

抹带接口具体构造做法如图 5-14 所示。

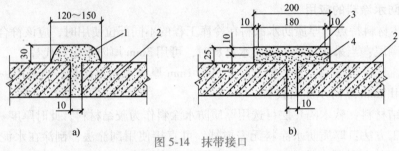

图 5-14　抹带接口

a）水泥砂浆抹带接口　b）钢丝网水泥砂浆抹带接口

1—1：2 水泥砂浆　2—管壁　3—钢丝网　4—1：2.5 水泥砂浆

5.4.3　承插接口施工

1. 沥青油膏承插接口

沥青油膏承插接口方式适用于土质较差、容易产生不均匀沉降的管道，施工要点如下：

（1）局部处理：清理管道接口部位。

（2）将填料用小锤轻轻敲进接口间隙环缝，使其密实、饱满、平整，填料凹入承口边缘不大于 5mm。

（3）覆盖养护。

2. 水泥砂浆承插接口

水泥砂浆承插接口方式适用于设置在土质中的管道，施工要点如下：

（1）局部处理：清理管道接口部位。

（2）用模具定型，填筑水泥砂浆。

（3）覆盖养护。

承插接口具体构造做法如图 5-15 所示。

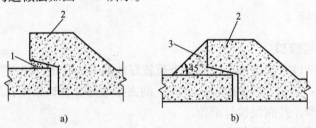

图 5-15　承插接口

a）沥青油膏承插接口　b）水泥砂浆承插接口

1—沥青油膏　2—管壁　3—1：2 水泥砂浆

5.4.4　套环接口施工

套环接口方式适用于高压管道，施工要点如下：

（1）冲刷套管和管子的接合面。

（2）将油麻丝塞入套管中心。

（3）用 1 ： 3 ： 7（水：水泥：石棉）石棉水泥浆封口。

（4）养护。

套环接口具体构造做法如图 5-16 所示。

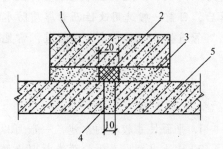

图 5-16　套环接口
1—套环　2—油麻　3—石棉水泥
4—水泥砂浆　5—管壁

5.4.5　管道接口成品保护

（1）钢筋混凝土管、混凝土管、石棉水泥管、陶土管承受外压时容易损坏，所以搬运和安装过程中不能碰撞，不能随意滚动，要轻放。

（2）回填土时，不可将土块直接砸在接口抹带部位。

5.4.6　管道接口施工质量检验

管道接口的施工质量要求和检验方法见表 5-9。

表 5-9　管道接口的施工质量要求和检验方法

序号	项目	质量等级	质量要求	检验方法
1	管道承插接口	合格	接口结构和所用填料符合设计要求和施工规范规定；灰口密实、饱满，填料表面凹入承口边缘不大于 5mm	观察和尺量检查
		优良	接口结构和所用填料符合设计要求和施工规范规定；灰口密实、饱满，填料表面凹入承口边缘不大于 5mm，环缝间隙均匀，灰口平整、光滑，养护良好	
2	管道抹带接口	合格	抹带材质、高度和宽度符合设计要求，并无间断和裂缝	观察和尺量检查
		优良	抹带材质、高度和宽度符合设计要求，并无间断和裂缝，表面平整，高度和宽度均匀一致	

单 元 小 结

本单元主要内容是水池、水箱、冷库工程以及管道接口等构筑物的防水施工。

水池：对于平面尺寸较大的水池，一般选用延伸性较好的防水卷材或者防水涂料防水。对于平面尺寸较小的水池，则可以采用刚性防水，还可以采用金属防水层防水。

水箱：钢筋混凝土水箱箱体一般采用的防水方式为混凝土结构自防水，再在箱体内壁上做刚性防水、涂膜防水或者卷材防水。

冷库工程：传统的防潮材料采用石油沥青油毡，常用的做法是二毡三油防潮层。隔热材料可以用软木、聚苯乙烯泡沫塑料板或现场发泡式硬质聚氨酯泡沫塑料；对传统工艺进行改革后，目前一般选用改性沥青厚质防水涂料。

管道接口：对于非金属管道，常见接口方式有抹带接口、承插接口、套环接口三种。

综合训练题

一、判断题

1. 平面尺寸较小的水池，一般可以采用卷材防水。（　　）

2. 水池也可以采用涂膜卷材复合防水的做法。（　　）

3. 水箱防水混凝土可以采用人工搅拌。（　　）

4. 水箱壁混凝土浇筑时，混凝土放料要均匀，最好由水箱壁上的两个对称点同时、同方向放料。（　　）

5. 冷库工程中，当防潮层采用二毡三油防水材料时，可用2mm厚防水涂料代替。（　　）

二、填空题

1. 水池涂膜防水施工要求施工气温在_____以上。

2. 在管道穿越箱壁或者箱底处，可以采用_____、_____、_____等方法。

3. 水池金属防水层施工方法可以分为_____和_____两种。

4. 冷库工程中，传统的防潮层做法是_____。

5. 平面尺寸较大的水池，由于其结构易产生变形开裂，一般选用延伸性较好的_____或者_____。

6. 对于非金属管道，常见接口方式包括_____、_____、_____三种。

三、简答题

1. 如何选择水池的防水方案？

2. 简述水池卷材防水工程和涂膜防水工程施工工艺。

3. 水池卷材防水层质量通病有哪些？如何防治？

4. 水箱砂浆防水层的施工中，对材料的要求有哪些？

5. 冷库工程传统做法的弊端有哪些？进行工艺改革后一般采用怎样的做法？

6. 厚质防水涂料的特点有哪些？

单元6 实践性教学

【单元概述】

单元概述：本单元为实践教学。主要介绍了卷材防水、刚性防水、涂膜防水工程的技术要求，工程质量检测内容以及工程质量验收所用的相关表格。

【学习目标】

了解建筑工程防水的施工过程、施工工艺和施工方法，了解相关规范和规程，了解设计对工程的技术要求。掌握防水材料质量的检测项目和方法，掌握工程质量验收标准及相关资料的整理工作。通过实践，了解和掌握质量检验及常出现的质量通病与防治，巩固理论知识。

1. 实习时间安排

根据实际情况，选择合适的工地，选择一至两个具体的实际工程，进行为期一周左右的现场指导教学，教学内容由现场工程技术人员和教师共同指导完成。

2. 学习内容

（1）开工前的技术准备：仔细审阅工程图纸，掌握设计对工程的技术要求，掌握对材料的检测方法和工程质量验收及《建筑工程施工质量验收统一标准》（GB 50300—2013）、《地下工程防水技术规范》（GB 50108—2008）、《屋面工程质量验收规范》（GB 50207—2012）、《建筑地面工程施工质量验收规范》（GB 50209 — 2010）、《屋面工程技术规范》（GB 50345—2012）、《地下防水工程质量验收规范》（GB 50208—2011）等国家标准，参加技术交底会及关于该工程的相关会议。

（2）工程质量验收及标准要求

1）屋面找平层：找平层的厚度和技术要求应符合表6-1的规定。项目内容及验收要求应符合表6-2和表6-3的规定。屋面找平层检验批质量验收记录表见6-4。

表6-1 屋面找平层的厚度和技术要求

找平层分类	适用的基层	厚度/mm	技术要求
水泥砂浆	整体现浇混凝土板	15~20	1：2.5~1：3（水泥：砂）体积比，水泥强度等级不低于42.5级
	整体材料保温层	20~25	
细石混凝土找平层	装配式混凝土板	30~35	C20混凝土，宜加钢筋网片
	板状材料保温层		C20混凝土

表 6-2　屋面找平层主控项目内容及验收要求

项　次	项目内容	质量要求	检验方法
1	材料质量及配合比	找平层的材料质量及配合比必须符合设计要求	检查出厂合格证、质量检验报告和计量措施
2	排水坡度	屋面(含天沟、檐沟)找平层的排水坡度必须符合设计要求	用水平仪(水平尺)、拉线和尺量检查

表 6-3　屋面找平层一般项目内容及验收要求

项次	项目内容	质量要求	检验方法
1	交接处和转角处细部处理	基层与突出屋面结构的交接处和基层的转角处均应做成圆弧形,且整齐平顺	观察和尺量检查
2	表面质量	水泥砂浆、细石混凝土找平层应平整、压光,不得有酥松、起砂、起皮现象;沥青砂浆找平层不得有拌合不匀、蜂窝现象	观察检查
3	分格缝位置和间距	找平层分格缝的位置和间距应符合设计要求	观察和尺量检查
4	表面平整度允许偏差	找平层表面平整度的允许偏差为 5mm	用 2m 靠尺和楔形塞尺检查

表 6-4　屋面找平层检验批质量验收记录表

单位(子单位)工程名称					
分部(子分部)工程名称				验收部位	
施工单位				项目经理	
分包单位				分包项目经理	
施工执行标准名称及编号					
	施工质量验收规范的规定			施工单位质量检查评定记录	监理(建设)单位验收记录
主控项目	1	材料质量及配合比			
	2	排水坡度			
一般项目	1	交接处和转角处细部处理			
	2	表面质量			
	3	分格缝位置和间距			
	4	表面平整度允许偏差	5mm		
施工单位检查评定结果		专业工长(施工员)		施工班组长	
		项目专业质量检查员		年　月　日	
监理(建设)单位验收结论		专业监理工程师: (建设单位项目专业技术负责人)		年　月　日	

2）卷材防水层：卷材防水层应采用高聚物改性沥青防水卷材、合成高分子防水卷材或沥青防水卷材。所选用的基层处理剂、接缝胶粘剂、密封材料等配套材料应与铺贴的卷材性能相容。

在坡度大于 25% 的屋面上采用卷材做防水层时，应采取固定措施。固定点应密封严密。铺设屋面隔汽层和防水层前，基层必须干净、干燥。干燥程度的简易检验方法，是将 $1m^2$ 卷材平坦地干铺在找平层上，静置 $3\sim4h$ 后掀开检查，找平层覆盖部位与卷材上未见水印即可铺设。

卷材铺贴方向应符合下列规定：

①屋面坡度小于 3% 时，卷材宜平行屋脊铺贴。

②屋面坡度在 3%~15% 时，卷材可平行或垂直屋脊铺贴。

③屋面坡度大于 15% 或屋面受振动时，沥青防水卷材应垂直屋脊铺贴，高聚物改性沥青防水卷材和合成高分子防水卷材可平行或垂直屋脊铺贴。

④上下层卷材不得相互垂直铺贴。

卷材厚度选用应符合表 6-5 的规定，卷材搭接宽度应符合表 6-6 的规定。项目内容及验收要求见表 6-7 和表 6-8，卷材防水层检验批质量验收记录见表 6-9。

表 6-5　卷材厚度选用表 （单位：mm）

防水等级	合成高分子防水卷材	高聚物改性沥青防水卷材		
		聚酯胎、玻璃胎、聚乙烯胎	自粘聚酯胎	自粘无胎
I 级	1.2	3.0	2.0	1.5
II 级	1.5	4.0	3.0	2.0

表 6-6　卷材搭接宽度 （单位：mm）

卷材类别		搭接宽度
合成高分子防水卷材	胶粘剂	80
	胶粘带	50
	单缝焊	60，有效焊接宽度不小于 25
	双缝焊	80，有效焊接宽度 10×2+空腔宽
高聚物改性沥青防水卷材	胶粘剂	100
	自粘	80

表 6-7　卷材防水层主控项目内容及验收要求

项次	项目内容	质量要求	检验方法
1	卷材及配套材料质量	卷材防水层所用卷材及其配套材料必须符合设计要求	检查出厂合格证、质量检验报告和现场抽样复验报告
2	卷材防水层	卷材防水层不得有渗漏或积水现象	雨后或淋水、蓄水检验
3	防水细部构造	卷材防水层在天沟、檐沟、檐口、水落口、泛水、变形缝和伸出屋面管道的防水构造，必须符合设计要求	观察检查和检查隐蔽工程验收记录

表 6-8 卷材防水层一般项目内容及验收要求

项 次	项目内容	质量要求	检验方法
1	卷材搭接缝与收头质量	卷材防水层的搭接缝应粘(焊)结牢固,密封严密,不得有皱折、翘边和鼓泡等缺陷;防水层的收头应与基层粘结并固定牢固,缝口封严,不得翘边	观察检查
2	卷材保护层	卷材防水层上的撒布材料和浅色涂料保护层应铺撒或涂刷均匀,粘结牢固,水泥砂浆、块材或细石混凝土保护层与卷材防水层间应设置隔离层,刚性保护层的分格缝留置应符合设计要求	观察检查
3	排汽屋面孔道留置	排汽屋面的排汽道应纵横贯通,不得堵塞。排汽管应安装牢固,位置正确,封闭严密。	观察检查
4	卷材铺贴方向、搭接宽度允许偏差	卷材的铺贴方向应正确,卷材搭接宽度的允许偏差为−10mm	观察和尺量检查

表 6-9 卷材防水层检验质量验收记录表

单位(子单位)工程名称				
分部(子分部)工程名称			验收部位	
施工单位			项目经理	
分包单位			分包项目经理	
施工执行标准名称及编号				

		施工质量验收规范的规定	施工单位检查评定记录	监理(建设)单位验收记录
主控项目	1	卷材及配套材料质量		
	2	卷材防水层		
	3	防水细部构造		
一般项目	1	卷材搭接缝与收头质量		
	2	卷材保护层		
	3	排汽屋面孔道留置		
	4	卷材铺贴方向		
	5	搭接宽度允许偏差	−10mm	

施工单位检查评定结果	专业工长(施工员)		施工班组长	
	项目专业质量检查员		年 月 日	
监理(建设)单位验收结论	专业监理工程师: (建设单位项目专业技术负责人):		年 月 日	

3）刚性防水：刚性防水适用于防水等级为Ⅰ、Ⅱ级的屋面防水，不适用于设有松散材料保温层的屋面以及受较大振动或冲击的和坡度大于15%的建筑屋面。

要求细石混凝土不得使用火山灰质水泥。当采用矿渣硅酸盐水泥时，应采用减少泌水性的措施。粗骨料含泥量不应大于1%，细骨料含泥量不应大于2%。混凝土水胶比不应大于0.55；每立方米混凝土水泥用量不得少于330kg，含砂率宜为35%~40%，灰砂比宜为1：2~1：2.5；混凝土强度等级不应低于C20。

要求混凝土中掺加膨胀剂、减水剂、防水剂等外加剂时，应按配合比准确计量，投料顺序得当，并应用机械搅拌，机械振捣。细石混凝土防水层的分格缝，应设在屋面板的支承端、屋面转折处、防水层与突出屋面结构的交接处，其纵横间距不宜大于6m。分格缝内应嵌填密封材料。

要求细石混凝土防水层的厚度不应小于40mm，并应配置双向钢筋网片。钢筋网片在分格缝处应断开，其保护层厚度不应小于10mm。细石混凝土防水层与立墙及突出屋面结构等交接处，均应做柔性密封处理，细石混凝土防水层与基层间宜设置隔离层。

项目内容及验收要求见表6-10和表6-11，细石混凝土防水层检验批质量验收记录见表6-12。

表 6-10 细石混凝土防水层主控项目内容及验收要求

项次	项目内容	质量要求	检验方法
1	材料质量及配合比	细石混凝土的原材料及配合比必须符合设计要求	检查出厂合格证、质量检验报告、计量措施和现场抽样复验报告
2	细石混凝土防水层	细石混凝土防水层不得有渗漏或积水现象	雨后或淋水、蓄水检验
3	细部防水构造	细石混凝土防水层在天沟、檐沟、檐口、水落口、泛水、变形缝和伸出屋面管道的防水构造必须符合设计要求	观察检查和检查隐蔽工程验收记录

表 6-11 细石混凝土防水层一般项目内容及验收要求

项次	项目内容	质量要求	检验方法
1	防水层施工表面质量	细石混凝土防水层应表面平整、压实抹光，不得有裂缝、起壳、起砂等缺陷	观察检查
2	防水层厚度和钢筋位置	细石混凝土防水层的厚度和钢筋位置应符合设计要求	观察和尺量检查
3	分格缝位置和间距	细石混凝土分格缝的位置和间距应符合设计要求	观察和尺量检查
4	表面平整度允许偏差	细石混凝土防水层表面平整度的允许偏差为5mm	用2m靠尺和楔形塞尺检查

表 6-12 细石混凝土防水层检验批质量验收记录表

单位(子单位)工程名称				
分部(子分部)工程名称			验收部位	
施工单位			项目经理	
分包单位			分包项目经理	
施工执行标准名称及编号				

施工质量验收规范的规定			施工单位检查评定记录	监理(建设)单位验收记录
主控项目	1	材料质量及配合比		
	2	细石混凝土防水层		
	3	细部防水构造		
一般项目	1	防水层施工表面质量		
	2	防水层厚度和钢筋位置		
	3	分格缝位置和间距		
	4	表面平整度允许偏差	5mm	

施工单位检查评定结果	专业工长(施工员)		施工班组长	
	项目专业质量检查员			年 月 日
监理(建设)单位验收结论				
	专业监理工程师: (建设单位项目专业技术负责人):			年 月 日

4) 涂膜防水：涂膜防水屋面工程中屋面找平层质量验收标准与卷材防水屋面工程相同，以下主要介绍涂膜防水层的质量验收标准。

防水涂料应采用高聚物改性沥青防水涂料、合成高分子防水涂料。

要求涂膜应根据防水涂料的品种分层分遍涂布，不得一次涂成。应待先涂的涂层干燥成膜后，方可涂后一遍涂料。若需铺设胎体增强材料时，屋面坡度小于15%时可平行屋脊铺设，屋面坡度大于15%时应垂直于屋脊铺设。胎体长边搭接宽度不应小于50mm，短边搭接宽度不应小于70mm。采用二层胎体增强材料时，上下层不得相互垂直铺设，搭接缝应错开，其间距不应小于幅宽的1/3。

要求屋面基层的干燥程度应视所用涂料特性确定。当采用溶剂型涂料时，屋面基层应干燥。多组分涂料应按配合比准确计量，搅拌均匀，并应根据有效时间确定使用量。天沟、檐沟、檐口、泛水和立面涂膜防水层的收头，应用防水涂料多遍涂刷或用密封材料封严。

涂膜防水层厚度选用表见表6-13，项目内容及验收要求见表6-14和表6-15，涂膜防水层检验批质量验收记录表见表6-16。

表6-13　涂膜厚度选用表　　　　　（单位：mm）

屋面防水等级	合成高分子防水涂膜	聚合物水泥防水涂膜	高聚物改性沥青防水涂膜
Ⅰ级	1.5	1.5	2.0
Ⅱ级	2.0	2.0	3.0

表6-14　涂膜防水层主控项目内容及验收要求

项次	项目内容	质量要求	检验方法
1	涂料及膜体质量	防水涂料和胎体增强材料必须符合设计要求	检查出厂合格证、质量检验报告和现场抽样复验报告
2	涂膜防水层	涂膜防水层不得有渗漏或积水现象	雨后或淋水、蓄水检验
3	防水细部构造	涂膜防水层在天沟、槽沟、槽口、水落口、泛水、变形缝和伸出屋面管道的防水构造必须符合设计要求	观察检查和检查隐蔽工程验收记录

表6-15　涂膜防水层一般项目内容及验收要求

项次	项目内容	质量要求	检验方法
1	涂膜防水层厚度	涂膜防水层的平均厚度应符合设计要求，最小厚度不应小于设计厚度的80%	针测法或取样量测
2	涂膜	涂膜防水层与基层应粘结牢固，表面平整，涂刷均匀，无流淌、皱折、鼓泡、露胎体和翘边等缺陷	观察检查
3	涂膜保护层	涂膜防水层上的撒布材料或浅色涂料保护层应铺撒或涂刷均匀，粘结牢固水泥砂浆、块材或细石混凝土保护层与涂膜防水层间应设置隔离层，刚性保护层的分格缝留置应符合设计要求	观察检查

表6-16　涂膜防水层检验批质量验收记录表

单位（子单位）工程名称				
分部（子分部）工程名称			验收部位	
施工单位			项目经理	
分包单位			分包项目经理	
施工执行标准名称及编号				

施工质量验收规范的规定			施工单位检查评定记录	监理（建设）单位验收记录
主控项目	1	涂料及膜体质量		
	2	涂膜防水层		
	3	防水细部构造		

（续）

一般项目	1	涂膜施工				
	2	涂膜保护层				
	3	涂膜厚度				
施工单位检查评定结果			专业工长（施工员）		施工班组长	
			项目专业质量检查员		年 月 日	
监理（建设）单位验收结论						
			专业监理工程师：			
			（建设单位项目专业技术负责人）：		年 月 日	

5）复合防水：复合防水层是由彼此相容的卷材和涂料组合而成的防水层。复合防水层最小厚度应符合表6-17的规定

表 6-17　复合防水层最小厚度　　　　　　　　　　　　　　（单位：mm）

防水等级	合成高分子防水卷材+合成高分子防水涂膜	自粘聚合物改性沥青防水卷材（无胎）+合成高分子防水涂膜	高聚物改性沥青防水卷材+高聚物改性沥青防水涂膜	聚乙烯丙纶卷材+聚合物水泥防水胶结材料
Ⅰ级	1.2+1.5	1.5+1.5	3.0+2.0	(0.7+1.3)×2
Ⅱ级	1.0+1.0	1.2+1.0	3.0+1.2	0.7+1.3

3. 实习总结

通过实践教学，理论和实践相结合，由学生撰写实习报告，主要内容包括，工程实施的步骤、施工组织措施、施工中对遇到问题的解决方法、自己的认识体会等相关内容。

参 考 文 献

［1］ 瞿义勇. 防水工程施工与质量验收实用手册［M］. 北京：中国建材工业出版社，2004.

［2］ 陈登智，陈登斌. 防水工［M］. 北京：中国环境科学出版社，2003.

［3］ 全国建设工程质量监督工程师培训教材编写委员会，全国建设工程质量监督工程师培训教材审定委员会. 建筑工程施工质量监督（试行本）［M］. 北京：中国建筑工业出版社，2001.